植物の体の中では何が起こっているのか

動かない植物が
生きていくためのしくみ

嶋田幸久
萱原正嗣

はじめに

春のサクラに秋の紅葉、道端に咲く一輪の花——。

仕事や趣味で植物に触れる人でもなければ、こんなときぐらいしか、植物を意識することはないかもしれません。テレビで人気の自然番組も、登場するのはだいたい動物たち。植物が主役を張り、脚光を浴びることはそう多くありません。

そうなる理由は、植物が「動かない」ことにあるように思えます。動物たちは、生きるために動き回り、感情をあらわすかのごとく表情を変え、鳴き声をあげることもあります。そこに人間との近さを感じ、愛らしさや親しみを抱く人が多いのでしょう。

じっと動かず、ものいわぬ植物は、一見すると地味で退屈な存在です。けれども植物は、物静かな外見とは裏腹に、動物にはとても真似のできない数々の力を備えています。その力は、たしかに外からは見えにくいのですが、ベールをひとつひとつ剥いでいくと、植物が驚きの力を秘めていることが見えてきます。さらには、植物の起源をたどると、そこから生命の神秘さえも垣間見えてきます。

本書は、その驚きをひとりでも多くの人に感じてもらえることを願って書き上げました。

植物が生きる仕組みを研究する学問を「植物生理学」といいます。外からは見えにくい「植物の体の中」をさまざまな研究手法を用いて覗き込み、解き明かそうとする学問です。「植物生理学」は、農学（園芸学、森林学など）を含むすべての植物学の土台となる基礎科学です。

この分野の書籍は、一般書と専門書の区別がつきにくく、最新の成果は専門家から専門家に向けて書かれたものが多いのが現状です。本書は一般の読者に向けて、植物の生きる仕組みをできるだけ網羅的に、かつ最新の研究成果を盛り込むことを心がけてつくりました。植物生理学を専門とする研究者と、サイエンス・ライティングを得意とするライターがタッグを組み、最先端の専門的な内容を、植物の専門教育を受けたことのない人でも楽しく読めるように、かなりわかりやすく仕上げられたと、手前味噌ではありますが、そう自負しています。

本書は、さまざまな方に、さまざまなかたちで楽しんでいただけると嬉しく思います。農家の方や植木屋さんの方、八百屋さんや花屋さんをされている方、ガーデニングや家庭菜園を楽しんでいる方など、仕事や趣味で植物に触れる方には、本書で得た知識が、直接・間接に役立つ部分があるのではないかと思います。あるいは、純粋に「学ぶ」ことを楽しむ読み方ももちろんできます。大人の知的エンターテインメントとして、はたまた高校生や大学生が植物について学ぶ入り口としても、本書は十分役立つはずです。

私たち人間の暮らしは、食料にはじまり、木材や紙、さまざまな化学物質など、植物の存在に支えられています。それどころか、人間を含む地球上のほとんどの動物は、植物なしで生きることはできません。人間と植物は、人間がそのことを意識するかどうかにかかわらず、分かちがたい縁で結ばれているのです。

本書が、その縁の深さを実感し、植物のことを身近に感じるきっかけになれば幸いです。

目次『植物の体の中では何が起こっているのか――動かない植物が生きていくためのしくみ』

序章　動かない植物が見せる驚異の力

1章　光合成――太陽の力を生きる力に変える仕組み

2章　環境応答――生まれた場所で生き抜くための仕組み

3章　植物ホルモン――植物の成長を左右するカギ

4章　生活環——動かない植物が送る激動の一生

5章　呼吸と代謝——植物の起源のナゾに迫る

本文中のＵＲＬは２０１５年２月現在のものです。

本書に記載されている会社名、製品名などは、一般にそれぞれ各社の商標、登録商標です。

序章

動かない植物が見せる驚異の力

●地球を酸素の星にした、植物の祖先たち

人間をはじめすべての動物は、呼吸で大気中の酸素（O_2）を取り入れて生きています。その酸素が、地球が生まれた約46億年前には、大気中にほとんどなかったと聞くと驚くでしょうか？

酸素は、長い長い時間をかけて、少しずつ増えてきました。それがだいたい今と同じ濃度、大気の21％程度を占めるようになったのは、ほんの5億年ほど前のことです。地球にこの大きな変化をもたらしたのは、ひとえに植物の先祖の働きです。

原初の植物は、今から35億年ほど前、海の中で生まれたと考えられています。「植物」といっても、実際には単細胞生物の細菌の仲間で、私たちが想像する「植物」とは姿形がずいぶん違ったはずです。その植物の祖先が「光合成」という能力を手にしたことは、地球が豊かな生命を育む惑星へと変貌を遂げる大きな一歩となりました。それから8億年ほど経ったおよそ27億年前、シアノバクテリア（藍藻《らんそう》）という単細胞の原始的な植物が誕生したことが、その流れにさらなる拍車をかけました。それからゆっくりと数億年の時間をかけ、地球大気の酸素濃度は今と同じぐらいまで上昇したのです。

光合成は、太陽の光のエネルギーを活用し、二酸化炭素（CO_2）と水（H_2O）から、エネルギー源の炭水化物を得る働きです。酸素は、このときに余ったいわば「廃棄ガス」でした。しかも、そのころ地球上で暮らしていた微生物たちにとって、酸素は使い道がないどころか有毒でさ

えありました。金属を錆《さ》びつかせてしまうなど反応性の高い酸素は、微生物の体にも悪影響を及ぼす厄介な物質だったのです。

ところが、「禍《わざわい》を転じて福となす」ということわざがあるように、酸素のもつエネルギーを、生命活動に取り入れる生物があらわれました。その働きが、私たち人間のみならず、すべての動物たちにとって欠かせない「呼吸」です。植物が、酸素という「廃棄ガス」を大気に撒《ま》き散らしてくれたからこそ、人間をはじめ、あらゆる動物は、地球上で生きていけるようになったのです。

酸素は、陸上で生物が生きていくために、もうひとつ重要な変化を地球にもたらしました。酸素は紫外線に当たるとオゾン（O_3）という物質に変化し、それが上空に集まって、オゾン層を形成したのです。

紫外線は、生物にとって重要なＤＮＡ（デオキシリボ核酸）を破壊し、生命を脅かす危険な代物です。オゾン層ができたことで、生物は紫外線の害から逃れられるようになりました。私たち人間が、今日もこうして地上で生きていくことができるのは、呼吸のための酸素があり、オゾン層で紫外線から守られているためです。それは元を正せば、すべて植物のおかげなのです。

コラム◆酸素は生物にとって有害だった

酸素は、人間はじめ動物が生きていくうえで欠かせないものですが、本文でも触れたように、もともとの性質としては生物にとって有害なものです。

酸素は、生物を構成する有機物を酸化させる性質をもっています。鉄が酸化すると（錆びると）、もとの鉄の性質を失うことは、学校の理科の実験や日常生活でみなさんも経験されているはずです。それと似たようなことが生物の体内で起きると、体の機能やつくりに影響が出てしまうわけですから、生物にとっては一大事です。シアノバクテリア（藍藻）が酸素を撒き散らしながら繁殖を始めたことは、当時の地球に生まれつつあった原初の生命体にとって、とてつもない事態であったと想像できます。

さらに厄介なのは、酸素が紫外線を浴びると、「活性酸素」というきわめて反応性の高い物質に変化することです。

活性酸素は、体の老化を促進させ、多くの病気の原因となるきわめて有毒な物質です。「スーパーオキシド（O_2^-）」、「過酸化水素（H_2O_2）」という物質が、代表的な活性酸素です。

何やら恐ろしげな活性酸素ですが、その反応性の高さゆえに、生活のいろいろな場面で利用もされています。

たとえば、過酸化水素を3％程度の濃度に水で薄めたものは、「オキシドール」という消毒液として出回っています。過酸化水素の毒性が細菌を殺傷するために使われているのです。

スーパーオキシドの力を活用したのが、「メチルビオローゲン（商品名パラコート）」という除草剤です。「パラコート」を葉にふりかけると、スーパーオキシドが発生して葉は枯れます。

実は、この薬剤は人間にも有害で、ごくわずかでも誤って飲んでしまうと、呼吸困難に陥り生命を失うこともあります。過去に殺人に使われ、その名がメディアを賑わせたこともあるほどです。

やっぱり、活性酸素は恐ろしい物質なのね……、と決めつけるのは早計です。「薬も過ぎれば毒となる」、「毒にもなれば薬にもなる」という言い回しがあるように、毒と薬は紙一重、要は使い方次第、ということなのです（老化の元凶でもあり、取り扱い注意であることに変わりはありませんが……）。

●人の生命と暮らしを支える植物の働き

酸素やオゾン層のほかにも、私たち人間は植物からさまざまな恩恵を受けています。

酸素に次いで、人間が生きていくうえで欠かせないものは水と食料です。

水は地球上で、絶え間なく循環を続けています。それを「水循環」といい、海から蒸発した水蒸気は、雲になって地上に雨や雪を降らせ、それが、川になって海へと戻ります。土壌にも水分が蓄えられていますが、それを可能にするのは、植物の働きによるところが大きいと考えられています。木々の根が大地を耕す働きをして、土壌の隙間に水分が留まることができるのです。柔らかい土壌がなければ、地上に降った雨は、地中にしみこまず、地表付近をそのまま海に流れていきます。土壌に蓄えられた水は、徐々に地上にわき出すことにより、降雨が少ないときでも川の水源となります。水源に森林が求められるのは、理由があることなのです。

食料については、人間や動物が食べているものはすべて、植物の生命活動に依存しています。穀物（コメ・コムギ）や野菜、果実が植物そのものであるのは言うまでもありませんが、動物の肉にしても、それらの動物が育ったもとになっているのは植物です。

加えて、人間がただ生きていくという意味合いを超え、健やかで文化的な生活を営むうえでも、植物の力は欠かせません。その昔は、暖をとるには薪《まき》を燃やし、炭火を起こさなければならず、そのときの燃料は植物に頼っていました。18世紀後半に産業革命の原動力にもなった石炭は、およそ3億年前の植物が、大地の熱と圧力で数百万年の時間をかけて、化学変化を起こしたものです。人間の文化活動を支える紙も、植物がつくり出すセルロースという繊維質を主成分にしています。セルロースは、光合成産物からつくられる炭水化物です。

さらにさらに、先ほど触れた紫外線と関連して、人間や動物が健康を保つため、植物のお世話になっていることがあります。

紫外線の一部は、オゾン層を通り抜けて地上に降り注ぎます。生物は、それによって発生する活性酸素の有害な働きから身を守る必要があります。人間は、日陰に移動したり日傘を持ち歩いたり、あるいは日焼け止めクリームを塗ったりして、紫外線をいくらか防ぐことができますが、植物は、陽射しを浴びている間中ずっと紫外線にさらされます。そのため植物は、活性酸素の害を消す「抗酸化作用」をもつ物質（抗酸化物質）つくり出しています。

抗酸化物質としてよく知られるのは、多くの野菜や果物に含まれるビタミン、植物の花の色素であるアントシアンやカロテノイドなどの物質です。植物の色素は、虫や鳥をおびき寄せ、花粉を運んでもらうという意味合いのほかに、植物の体を紫外線から守る働きもしているのです。

これらの抗酸化物質は、人間の健康を保つうえでも重要な働きをしています。というのは、紫外線を浴びたときや、激しい運動をして大量の酸素を取り入れたとき、体内でつくられた活性酸素の害から身を守ってくれるからです。野菜や果物に含まれる抗酸化物質は、人間が老化を遅らせ、若さと健康を保つ作用があるといわれています。

このように、地球上の動物と私たち人間の暮らしは、植物によって支えられています。文字どおり、人間も動物も、植物なくしてこの地球上で生きていくことはできません。本書では、植物の功労を称え、植物の偉大さを感じてもらえるように、植物がどうやって生きているか、その仕組みを紐解いていきたいと思います。

●動かない植物がもつすごい力

植物の力は、動物の生き方と比較してみるとよくわかります。

動物と植物のいちばんの違いは、動物が自由に動き回れるのに対し、植物は根を生やしたところで一生を終えなければならないことにあります。

私たち人間は動物です。動き回ることに慣れている感覚からすると、生まれた場所でじっと動かない植物の生き方は、なんだかとても不自由に感じられます。動物に食べられたり踏みつけられたりしてもなす術がなく、暑さや寒さから逃れることもできません。

だからといってそれは、植物の生き方が動物と比べて劣っていることを意味するわけではありません。動物と植物は、まるで異なる生き方をしていますが、どちらにもそれぞれ優れたところがあります。だからこそ、動物も植物も、この地球上でたくさんの種が生存しているのです。動物は動くことで、植物は動かないことによって生き延びるという戦略をとりました。それは生存戦略の違いであって、地球上の生物の長い進化の過程で、どちらも自然淘汰をくぐりぬけてきたのです。

では、植物の動かない生き方のすごさはどこにあるのでしょうか？

それを、動物が動き回る理由と比較して考えてみたいと思います。

動物が動き回るいちばん大きな理由は、食べものを得るためです。あらゆる生物は生命活動を営むためにエネルギーやその他の栄養が必要で、動物は、自分以外の生物を食べることでその栄養を得ます。草食動物は植物を食べ、肉食動物は草食動物を食べて生きています。人間のように動物も植物も食べる雑食の動物もいます。いずれにしても、じっとしていては食べものを手に入れることができず、食べものを探して動き回ります。

植物は、先にも触れたとおり光合成によって、二酸化炭素と水からエネルギー源である炭水化物をつくり出します。生きていくために必要なエネルギーを自分でつくることができるわけです。さらに、ビタミンやある種のアミノ酸のように、生物が生きていくためには必要でも、動物にはつくり出すことのできない栄養を、すべて自分の体の中でつくり出す能力を備えています。このように優れた能力があるのに、わざわざエネルギーを消費して動き回るのはあまり得策ではありません。エネルギーの収支を考え、じっと動かず、生きていくために必要なエネルギーをつくり出すのが植物の生存戦略なのです。

なお、植物のように、生きていくために必要な栄養を自分でつくり出せる生物を「独立栄養生物」といい、動物のように栄養を他の生物に依存する生物を「従属栄養生物」と呼びます。要するに、ほかの生物を食べずに生きていける生物が「独立栄養生物」で、食べなければ生きていけない生物が「従属栄養生物」というわけです。これはきわめて大ざっぱな説明ですが、詳しいところは後ほどあらためて触れます。

動物が動き回る2つ目の理由は、子孫を残すための生殖の相手を探すことでしょう。

植物は、オス（雄しべの花粉）とメス（雌しべ）が同じ花の中に同居し、それが受粉して、タネ（種子）をつくるものもありますが、多くの種《しゅ》は、同じ個体どうしで受粉しないような仕組みを備えています。

では、動くことのできない植物は、いかにして別の個体と生殖活動をするのでしょうか？

植物は、そのために花粉を風や水に乗せて運んだり、虫や鳥をおびき寄せて虫や鳥の体に花粉をつけて運んだりする方法を編み出しました。花はそのために進化した生殖器官で、虫や鳥をおびき寄せるために鮮やかな色を備え、香りを放つようになったのです。

動物が動き回る3つ目の理由として、外敵や環境の変化から身を守るため、ということが挙げられます。肉食動物に食べられそうになったらいち早く逃げ、暑さ・寒さから逃れるために生息地を移す動物もいます。

生存に害を及ぼしかねないこうした環境の変化を「環境ストレス」と呼びます。動けない植物が、どのようにして外敵や環境ストレスから逃れるかというと、まず、植物は、暑さ・寒さの変化を先取りして感知する能力を備えています。動けない植物にとって、発芽や開花の時期を知るのは、生き延びて子孫を残すためにきわめて重要なことです。寒さが苦手な植物が、寒くなろうとしている時期にうっかり発芽してしまえば、それは自殺行為です。発芽と開花で仕組みは異なりますが、芽生えた場所で生涯をつつがなく全うできるように、植物は季節を感知する能力を備えているのです。

外敵への備えとしては、トゲや動物が苦手な物質をつくり、動物に食べられないような仕組みをもつ植物もいます。ただし、多くの植物は、植物が動物のエネルギー源になることからもわかるように、自分の体が動物に食べられる運命にあることをある程度、織り込んでいます。一部の葉や茎を食べられても、全体には支障が出ないような仕組みを備えているのです。

タネを包む果実に至っては、むしろ動物に食べられることで、子孫をどこか遠くへ運んでもらうことを期待してさえいます。タネは通常、動物の内臓で消化されないつくりになっていて、糞《ふん》として排出されることで、親が育ったのとは違う場所へと、子孫が生息場所を広げられます。「かわいい子には旅をさせよ」ということわざがありますが、植物は、子孫を自分の知らない場所へと送り出すために、動物にタネを運んでもらう戦略をとっているのです。

動き回れるかどうかという動物と植物の違いは、当然のことながら、体のつくりにもあらわれてきます。

動物は、同じ種であればほぼ同じような体のつくりになりますが、植物は同じ種でも、生育する環境が違えば、形や大きさが異なります。太陽の光を求めて茎を伸ばし、ときには茎や葉の向きを変え、葉の厚さも変えます。風の強さや自分の重さに耐えられるように、茎や幹を太くします。地面の下を目にすることは少ないでしょうが、水を求めて根を伸ばし、石のような障害物があればそれを避けていきます。こうした変幻自在の体づくりは、動けない植物が環境に応じて生きていくために身につけた芸当です。

●単純さが生み出す植物の芸当

植物が、なぜそんな芸当をやってのけられるかというと、植物の体が、動物と比べてきわめて単純につくられているからです。

生物の体は、似た形や機能をもった細胞が集まって「組織」をつくり、組織が集まって「器官」をつくり、器官が集まって「個体」を形成します。

動物の器官は、四肢（手足）や脳、目・鼻、心臓・血管、肺、胃など非常に種類が多く、関係性も複雑です。あまりに器官が多いので、理解のしやすさのために、似たような器官は「器官系」にまとめられているほどです。

一方、植物（維管束植物）の体は、「栄養器官」と「生殖器官」の大きく2つで成り立っています。非常に単純です。「栄養器官」というのは、植物の成長期に見られる器官のことで、大きく分けると「葉」と「茎」と「根」の3つしかありません。もうひとつの「生殖器官」とは、植物が子孫を残すときだけつくられる器官のことで、「花」と「果実」と「種子」からなります。ちなみに、はじめて聞く方は驚くと思いますが、花は、葉が変形したものと考える説が有力です（このあとのコラムを参照）。

植物の器官は、別の観点で分類してもやはり単純です。地上にある器官を「地上部」あるいは「シュート（shoot）」と呼び、「茎」と「葉」の単純な繰り返し構造からなります。反対に、地下に伸びる器官は「地下部」あるいは「根（ルート：root）」といい、これも「根」だけの繰り返し構造です。この「ルート」と「シュート」は相互に依存し、お互いを支え合う関係にあります。

動物は、多くの器官を組み合わせ、複雑な体をつくりあげます。それは、食べものを食べ、生殖相手を探し出し、外敵や環境の変化から身を守る必要があるからです。自分の外の世界を感知するための感覚器官（系）、動き回るための運動器官（系）、食べたものを消化するための消化器官（系）などの器官（系）は、動いて生きていくために、進化の過程でつくられてきた仕組みなのです。

これだけ複雑な仕組みがよくぞつくられたものだと驚きますが、複雑な仕組みには、複雑であるがゆえの弱点があります。どこかひとつが壊れると、全体が機能しなくなりやすいことです。

しかも、動物の多様な器官は、だいたいが1つか2つしかありません。病気や怪我などのアクシデントに見舞われ、その限られた器官を失ってしまえば、生存に大きな影響が出ます。トカゲのように、尻尾を切られてもまた生えてくる動物もいますが、基本的には器官そのものを一度失えば、それを再生することはできません。

植物は、ひとつの個体に同じ器官が複数あります。葉は茎から何枚も生えていて、1枚や2枚失ったところで生存そのものに影響はないばかりか、新たに葉を生やすこともできます。茎は途中で折れてもそこからまた茎を伸ばすことができます。単純な構造であるからこそ、動かずとも外界の変化に柔軟に対応することができるのです。

コラム◆花と文豪の意外な関係

私たち人間にとって、花は植物の代名詞といえますが、シアノバクテリア（藍藻）から始まる植物の二十数億年の進化の過程において、花を咲かせるようになったのは比較的、最近のことと考えられています。花の化石は、1億3000万年ほど前の地層で見つかったものがいちばん古く、それ以前に植物が花を咲かせていた証拠は見つかっていません。

本文で触れたように、花は葉が変形したものと考えられています。そのことを最初に指摘したのは意外な人物です。

ドイツの文豪ゲーテは、1790年に『植物変態論』という本を出し、「花は葉のメタモルフォーゼ（変形）である」と記しています。何もこれは偶然や思いつきではなく、ゲーテが文学作品を紡ぎ出す細やかな感性で、植物の生育をつぶさに観察したことから生まれた発見です。ゲーテは植物学のほか、地質学や気象学など、自然科学の分野でも多くの業績を残し、さらには、政治や法律の分野でも活躍した多才な人であったのです。

ゲーテの仮説は、それから約200年経った1991年、遺伝子レベルで実証されました。詳しい仕組みは後ほど（269ページ参照）触れますが、花をつくる遺伝子に異常がある個体は、花が咲くべきところに葉が生えてくることがわかったのです。

花の誕生は、植物のみならず、その後の生物の進化における画期的な出来事でした。花をつける植物を「顕花植物」といい、人間が食べるものの75％以上は、直接・間接に「顕花植物」に由来するといわれています。赤や黄色、紫やピンクなど、色彩で私たち人間を楽しませてくれる花の色彩は、虫や鳥など、花粉を運んでくれる動物たちを引きつけるためにつくられたものです。植物とこうした動物たちのあいだには、花粉を運んでもらうかわりに、動物たちの食べものになる蜜を提供する共生関係が築かれ、それが虫や鳥たちの多様性を育むことになりました。

●替えの利かない動物の体、再生する植物の体

失った器官を再生できるのも、動物と異なる植物の大きな特徴です。

動物の場合、たったひとつの受精卵が細胞分裂を繰り返し、ある段階で、分裂した細胞がどの器官のどの細胞になるかが決まります。ある細胞は目になり、別の細胞は心臓になるなど、人間なら母親のお腹の中にいるうちにはっきりと決まっていきます。

このように細胞の運命が決定づけられることを「分化」といい、通常は後戻りができません。目になった細胞はずっと目として生きることを宿命づけられます。ある器官や組織のなかで、細胞の入れ替わりは起きていますが、目になったはずの細胞が、あるとき突然、心臓になったり手足になったりすることはありません。そんなことが起きたら一大事です。

今、医療界では「iPS細胞（人工多能性幹細胞）」や「ES細胞（胚性幹細胞）」という、さまざまな細胞に変化しうる「万能細胞」が注目されています。あらゆる細胞に分化しうる性質を備えた細胞のことで、これらを応用して、難病で失われた組織や器官を回復し、治療に役立てることが期待されています。

「万能細胞」は人が人為的につくり出した技術ですが、植物は、失われた器官を再生する力を生まれつき備えています。この、ある器官に分化した細胞から別の器官を生み出すことのできる能力を、「分化全能性」と呼びます。

たとえば、田畑や庭先、道端に生える雑草は、刈り取っても刈り取っても何度も生えてきます。地上で見えている部分を刈り取っても、すぐにまた大きくなりますし、根っこまで引き抜いたと思っても、残った根からしぶとくまた芽が生えてきます。多くの動物では、こんなことは通常起こりません。手足を切り落とされたらそれでおしまいです。

ただ、この雑草のようなケースは、「分化全能性」を発揮しているわけではありません。地下に生える茎（地下茎）が傷つけられずに残っていて、そこから新たな芽が出て、地上部が伸びていることが多いからです。根に分化した細胞が、茎に再分化しているわけではありません。そうはいっても、切られた茎からまた茎が生えてくるというだけで、動物にはない特殊な能力を備えていることに変わりはありません。

本当の意味での植物の「分化全能性」をあらわす現象として知られるのが、大木の切り株に生える、「蘖《ひこばえ》」と呼ばれる芽です。この芽は、いちど茎（幹）になった（分化した）細胞が、「分化全能性」を発揮してそこから新たに芽をつくり出したものです。まさしく「iPS細胞」を使ってやろうとしているのと同じことを、自力で行なっているのです。

なお、「蘖」のように通常ありえない場所から生える芽を「不定芽《ふていが》」といい、同様に、通常ありえない場所から生える根を「不定根《ふていこん》」といいます。

●身近な「クローン植物」――植物の分化全能性

植物の「分化全能性」は、果樹栽培や園芸の現場で当たり前のように活用されています。

植物は、木の枝や草の茎を地面に挿《さ》すと、そこから根を生やして大きく育っていきます。この仕組みを応用したのが、果樹栽培などの現場で用いられる「挿し木」という手法です。

リンゴの「ふじ」、ナシの「二十世紀」など、果物の品種にはいろいろなものがありますが、それが品種として認められるためには、味や香り、色艶や形などの見た目が同じでなければなりません。オスとメスの遺伝子を組み合わせる「有性生殖」では、生まれてくる子が親とまったく同じ遺伝情報（ゲノム：52ページ参照）をもつことは可能性としてほぼありえず、子孫をつくるたびに、味も香りも見た目も変わっていってしまいます。「挿し木」の場合は、元の樹木とまったく同じ遺伝情報をもったものを新たに増やすことができるので、果樹栽培の現場でこの技術が重宝されているのです。

「挿し木」をさらに発展させたのが、園芸品種の樹木の栽培でよく使われている「接ぎ木」と呼ばれる手法です。サクラのソメイヨシノは、江戸時代末から明治時代のはじめに、当時の園芸家が苦労して、さまざまな種を交配させたすえに生まれた品種です。そこから150年近く、ひたすら「接ぎ木」で同じ遺伝情報を受け継いできました。

「接ぎ木」は、「台木」と呼ばれる土台となる木の幹に切り込みを入れ、そこに、育てたい木の幹や枝を挿し込んで育てる栽培方法です。接ぎ木と台木の間では傷の修復メカニズムが働いて、ひとつの植物個体が再生します。動物でいうと、半分が馬で半分が人間のギリシャ神話のケンタウルスのような生き物ができるわけです。接ぎ木の上の部分は、元の木と同じ遺伝情報をもっていて、同じ性質をもつ果物の木を増やすことができます。一般に、接ぎ木では、挿し木よりも強い植物をつくることができます。

そのほかにも、葉を土に挿して新たな個体を育てる「葉挿し」や、根の一部を地中に埋めて新たな個体を育てる「根伏せ（「根挿し」ともいう）」という方法もあります。「葉挿し」は、セントポーリアや、葉に水を多く含む多肉植物の栽培で、「根挿し」はスミレなどの宿根植物の栽培でよく使われる技術です。じつは「根挿し」で土に挿す部分は根ではなく地下茎で、地下にできた芽から地上部（茎と葉）を再生しており、「分化全能性」とは無関係です。一方、「葉挿し」は、いちど葉に分化した細胞から茎と根を再生するので、「分化全能性」が発揮されています。

なお、これらの栽培技術のように、ひとつの個体から次の個体をつくり出すことを、生物学では「栄養繁殖」、あるいは、「有性生殖」と対になることから「無性生殖」と呼び、無性的に繁殖して同じ遺伝子をもった生物のことを「クローン」といいます。オスとメスの「有性生殖」によってしか新しい個体をつくり出すことのできない多くの動物では、同じ遺伝子をもった個体が生まれてくることは、一卵性双生児を除いては原理的にありえません。人工的に「クローン動物」をつくり出す試みもなされていますが、今のところクローン羊のドリーをはじめ、限られた成功例しかありません。

●自分の重さに耐えるために——細胞壁の力

じっとしている植物は、ときには何mにも何十mにも大きくなるものがあります。地上では当然、重力がかかり、植物の体は自重に耐えられる構造と強度がなければなりません。人間は、骨と筋肉で自分の体を支えますが、骨のない植物は、いったいどうやって大きな体を支えているのでしょうか？

その秘密は、植物の細胞にあります。

生物は、動物も植物も細胞という部品からつくられています。動物の細胞と植物の細胞は、細胞の内と外を隔てる「細胞膜」、遺伝子を含む染色体がある「核」、細胞内で酸素呼吸（細胞呼吸）を行なう「ミトコンドリア」など、かなりの部分が共通していますが、いくつか違いも見られます。植物の細胞に特徴的なのが、光合成を行なう「葉緑体」と、細胞膜の外側で細胞を保護する「細胞壁」です。この硬い「細胞壁」があるからこそ、植物は自分の体の重さを支えることができるのです。

細胞壁の3割程度は、多くのブドウ糖（$C_6H_{12}O_6$）が鎖状に連なった繊維状の「セルロース」からできています。ブドウ糖は、光合成でつくられる炭水化物のひとつで、植物のエネルギー源になるだけでなく、自分の体をつくる材料としても使われているのです。

このセルロースの繊維の上に「リグニン」という物質が付着して、細胞壁は、何m、何十mにもなる木の重量を支える強度を得ます。建築用材にたとえると、セルロースが鉄筋、リグニンがコンクリートです。人間が鉄筋コンクリート建築を発明するずっと前から、植物は鉄筋コンクリートに似た構造を使って大きな体をつくり、台風などの自然災害にも耐えられる強度の構造物を、自然につくり出していたのです。

一方、細胞壁をもたない動物は、体が全体的に柔らかく、そのため自由に動き回ることができます。ただし、柔らかい細胞だけでは重力に抗することができず、人間のように骨（内骨格）で支えたり、昆虫のように体の外側を硬い殻のような外骨格で覆ったりしているのです。

コラム◆人類の細胞との出合い――フックの発見

細胞を英語でいうと「cell」ですが、これはもともと、「小さな部屋」を意味する言葉です。この「小さな部屋」を最初に発見したのは、近代科学の黎明期である17世紀後半に、イギリスで活躍した自然科学者ロバート・フック（1635～1703）とされています。フックは、バネにおもりをぶら下げると、バネが伸びる長さはおもりの重さに比例するという「フックの法則（弾性の法則）」を発見した人物でもあります。

フックはあるとき、瓶の栓に使われるコルクがなぜ弾力をもつのかと、疑問を抱きます。彼は、小さな穴が無数に空いているからではないかという仮説を立て、それを検証するため、当時広まり始めていた顕微鏡を使ってコルクの切片を観察してみました。すると予想どおり、コルクが壁に仕切られた四角い無数の小部屋から成り立っていることを突き止め、その小部屋に「cell」という名称を与えたのです。

この壁のようなものこそが、コルクの原料であるコルク樫の細胞壁です。コルクとして出回っているものは、細胞が乾燥して死滅し、フックは、細胞がかつていた場所を見ていたことになりますが、細胞壁は、細胞そのものが死んでもそのまま残り続ける丈夫な構造をしています。植物は、この丈夫な細胞壁をもつ細胞を、レンガやブロックのように積み上げて何m、何十mと背丈を伸ばすのです。

●水と栄養を運ぶ輸送システム――維管束の発達

海から地上へ進出した植物は、地上の環境に適応して進化し、多様な種《しゅ》が誕生しました。進化した順に、コケ植物・シダ植物・裸子植物・被子植物に分けられます。

最初に陸上に生息域を広げたコケの仲間と考えられる植物は、河口や海辺のような水際で、地面にへばりつくように生きていました。地上ではじめて背を伸ばしたのが、湿った場所で生息するシダの仲間と考えられる植物です。4億年ほど前の地層から見つかった「リニア類」と呼ばれるその植物の化石は、50cmほどの高さがありました。背を伸ばした理由は、周囲の植物と競争して、太陽の光を浴びやすくするためと考えられています。おそらく植物は、光合成を効率よく行なうために背を伸ばしたのです。

このとき問題になったのが、重力への対応と水の確保です。

水中では、浮力のおかげで大きな重力にさらされることはありませんが、地上で背を伸ばせば、自分の重さを自分で支える構造が必要になります。そのため植物は、強度のある細胞壁を発達させてきたと考えられています。

陸上で背を伸ばしはじめた植物にとっては、水をどのように確保するかがもうひとつの大きな問題になりました。海で生まれた植物の祖先にとって、水はいつでもどこでも、当たり前に手に入るものでしたが、陸上に進出した植物には、水はとたんに貴重な資源となったのです。

詳しくは次章で触れますが、光合成は葉で行なう活動で、それには水が必要です。背を伸ばした植物の葉のまわりの大気中には、二酸化炭素はふんだんにあっても、水はわずかに水蒸気として含まれるのみです。利用できるのは、湿った地面に含まれる水分だけでした。

このとき、シダの仲間が獲得したのが「維管束《いかんそく》」という組織です。これは、水や無機物を地表から体の先端まで吸い上げるとともに、光合成でできた炭水化物を全身にくまなく送るための仕組みです。背を伸ばしたことで、水の運搬だけでなく、栄養を全身に届ける仕組みも必要になったのです。その後、「維管束」は植物が陸上で生きていくうえで必須の組織となり、裸子植物・被子植物にも受け継がれていきます。

●水を運ぶ「死んだ細胞」、栄養を運ぶ「核のない細胞」――導管と篩管

「維管束」は、「木部《もくぶ》」と「篩部《しぶ》（師部《しぶ》とも書きます）」という大きく2つの部分からなります（図0・1）。

「木部」の役割は、植物の体を支え、水を根から葉へ送り届けることです。シダ植物と裸子植物では、「仮導管（仮道管とも書きます）」がこの両方の役割を担い、被子植物では、分厚い細胞壁をもつ「木部繊維細胞」が幹の強度を高め、「導管（道管とも書きます）」で水を吸い上げます。

実は、「木部」の細胞の多くは、「導管」がつくられる過程で死んでしまいます。「導管」や「仮導管」に水を通すためには、水の通り道が必要で、そのため、縦に積

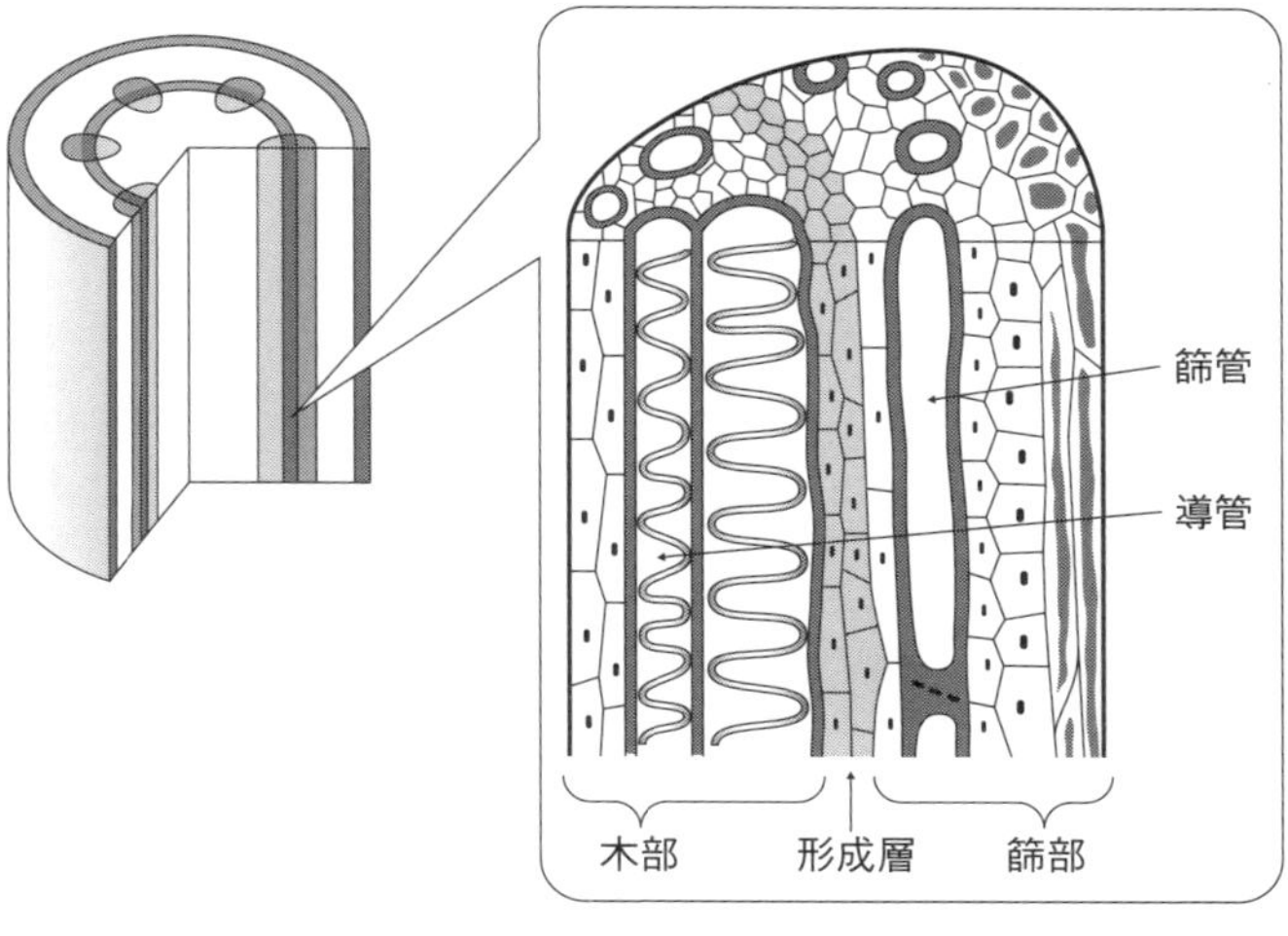

図0.1：茎の維管束（双子葉植物）

み重なった細胞が死に、細胞内部が空っぽになり、上下の細胞壁を失って、1本のパイプのようになるのです。これは植物の細胞の自殺によるものです。

「篩部」には「篩管（師管）」があり、光合成の産物である炭水化物を体中に送り届ける働きをします。茎や幹の内側に「木部」があり、外側に近いところに「篩部」があるという位置関係です。

「篩部」の「篩管」は、生きた細胞からできています。細胞が上下に接するところは篩《ふるい》のように穴が開いていて、それが「篩管」という名前の由来になっています。

ただ、「篩管」をつくる細胞は生きているものの、「核」をもたない特殊な構造をしています。このため、篩管細胞の隣には、篩管細胞が生きていくために必要なタンパク質を供給する「伴細胞」がついています。

●タネをつくって子孫を残す――種子植物の誕生

裸子植物と被子植物は、どちらも「種子植物」に分類されます。コケ植物とシダ植物は、胞子で子孫を残していましたが、胞子は乾燥に弱いうえ、受精が成功するのは運任せの要素が強く、効率の悪さが難点でした。その難点を克服し、子孫をつくる可能性を高めるために生殖の方法を変え、生まれた子孫の生存可能性を高めるため、タネ（種子）をつくったと考えられています。それが、今から3億6000万年ほど前のことです。

裸子植物がもっとも繁栄したのは、中世代（約2億5000万年〜6500万年前）のころと考えられています。裸子植物のなかでももっとも原始的なソテツが最初に繁栄し、少し遅れてイチョウが、さらに遅れてマツやヒノキ、スギなどの針葉樹が出現しました。現存する裸子植物は800種ほど確認されていて、そのほとんどが、ソテツか針葉樹（球果類）のいずれかに分類されます。

なお、裸子植物の何が「裸」なのかというと、受精後に「種子」になる「胚珠《はいしゅ》」と呼ばれる部分です。いずれ子になる場所が剥き出しになっていて、傷つきやすいのが裸子植物の難点でした。そこで、「胚珠」を保護する「子房《しぼう》」を発達させたのが「被子植物」です。「子房」は受精後に「果実」となり、「種子」を保護するとともに、動物に食べてもらうことによって、「種子」を遠くへ運んでもらうための誘いの役割を果たしています。今日、私たちが普通に見かける植物の大半は、「被子植物」だといっていいでしょう。

「被子植物」は、枝や葉のつけ方、葉の形、花の色や形など、見た目はきわめて多様ですが、芽生えたばかりの体は非常に単純な構造をしています。その芽生えの形の特徴から、「被子植物」は大きく2つのグループに分けられてきました。1本の軸（「胚軸」といいます）に2つの子葉《しよう》をつけた「双子葉植物」のグループと、子葉を1つだけもつ「単子葉植物」のグループです。学校でもこのように教わっているはずですが、近年になって遺伝子を解析する研究が進み、これは必ずしも正確ではないことがわかってきました。なお、「子葉」というのは、植物の芽生えがもつ、地上で最初に光合成を行なう葉のことです。

いま明らかになっていることをまとめると、次のようになります。

まず、もっとも原始的な被子植物として「原始的双子葉植物」が登場し、次に単子葉植物と、より進化した「真正双子葉植物」に分かれたのではないかということです。「原始的双子葉植物」と「真正双子葉植物」は、子葉を2つもつ点では似ていても、進化の流れを考えると、同じ仲間というよりは、祖先と子孫に近い関係にあるのです。

●一筋縄ではいかない「植物」の定義

じつは、ここまでかなり漠然と「植物」という言葉を使ってきましたが、生物学の歴史を振り返ると、何が「植物」かを定義するのは、それほど単純な話ではありません。

生物を分類する方法の基礎を築いたのは、18世紀のスウェーデンの科学者リンネ（1707〜1778）です。リンネはスウェーデン各地の生物を調査しながら、自然界の生物を分類するシステムを考え出し、研究成果を『自然の体系』（1735年）という本にまとめました。そして1758年までに、4400種の動物と7700種の植物を分類しましたが、彼の分類法にはいくつかの限界がありました。

ひとつは、リンネが「種」を不変なものと考え、形態的な特徴によって他の生物から区別しうるものとして「種」を定義したことです。その考えは、リンネの死から80年ほど経った1859年、チャールズ・ダーウィンが『種の起源』をあらわし、「進化」という概念を発表したことで見直され始めます。20世紀に入ると、生物学の研究は遺伝子レベルの解明が進み、進化の過程で遺伝情報（ゲノム）がどのように変化したかを考慮に入れるようになりました。

もうひとつの限界は、リンネが自然界の生物を、「動物」と「植物」の2つにきれいに分けられると考えたことです。この分類法は「二界説」と呼ばれ、リンネの死後も長らく採用されてきましたが、分類学の研究が進むにつれて、この分類法には無理があることがわかってきました。「二界説」では、細菌や菌類は「植物界」に分類されますが、これらは細胞壁をもつものの、光合成を行なう葉緑体をもちません。また、細菌のなかには、細胞内にはっきりとした「核」をもたないもの（原核生物）もいることが知られてきました。

植物の定義としては、「陸上で光合成を行なう、核をもつ生物（真核生物）」というところに落ち着くのでしょうが、植物という生物を考えるうえでもっとも重要な能力のひとつは光合成です。そのため、植物学において「植物」を考える際には、何よりもまず、光合成を重視します。核をもたない「原核生物」のシアノバクテリア（藍藻）や、水中で暮らす各種の藻類（紅藻類・褐藻類・緑藻類など）も、「植物」として考えることが多く、その射程範囲は、研究者によって異なるのが現状です。

コラム◆木と草の違いはどこにあるか？

ここで、植物学の重大問題について触れてみましょう。重大、というのは大げさかもしれませんが、答えの出ていない問題であることは間違いありません。それは、「木と草の違いはどこにあるか？」という問いです。

一般的には、簡単に見分けがつくと思われる「木」と「草」ですが、研究者が納得するような、植物学的に厳密な定義というのはなされていません。大ざっぱに定義すると、「木」は地上に出ている茎が太くなって「幹」となり、多年にわたって生育する植物。「草」は茎が太くならず、おおよそ1年以内で枯死する植物、ということになるでしょうか。

なお、植物学の用語では、「木」のことを「木本《もくほん》」、「草」のことを「草本《そうほん》」と呼びます。また、「木本」のように何年も生育を続ける植物を「多年生植物」、「草本」のように1年で寿命を終える植物を「一年生植物」と呼びます。

植物学では厳密に定義するのが困難な「木本」は、住宅や家具の材料になる木材や、紙の原料であるパルプの製造に使われていて、私たちの日常生活において欠かすことのできないものです。

木材に強度を生み出し、紙をつくるための繊維質を形成するのに一役買うのが木の細胞壁です。細胞壁の成分のなかでもリグニンは強度を保つのに重要な役割を果たしますが、紙をつくる際には厄介者で、リグニンを取り除くのは紙パルプをつくるうえで重要な工程です。

●植物はこんなふうに生きている

生まれた場所でじっと動かず生きている植物ですが、その一生は変化に富んでいます。植物の一生は、タネ（種子）の芽生えで始まります。地上では太陽の光を求めて茎を伸ばして葉を繁らせ、地下では水を求めて根を伸ばします。

葉では、照りつける太陽の光のエネルギーを活用し、葉の裏側の気孔から取り入れた二酸化炭素と根から吸い上げた水から炭水化物を合成し、全身に栄養分として送り届けます。それが、植物が生きていくためのエネルギー源になり、体をつくる材料にもなります。光合成の過程で吐き出されるのが、本章の冒頭でも触れた、動物が生きていくうえで欠かせない酸素です。

成長を続け環境が整うと、植物は花を咲かせ、花粉が雌しべに受粉し、受精を経て、子孫の生命を宿したタネ（種子）をつくります。「一年生植物」はそこで短い生涯を終え、「多年生植物」は、翌年もまた子孫を残すための準備に取り掛かります。

芽生えた場所で生き続けるため、植物はその変化に富む一生のそのときどきで、じつに巧妙な仕組みを働かせています。

タネは、つくられてすぐに芽を出すことはまずありません。たいていの場合、タネの状態で夏や冬を越します。暑さの苦手な植物は夏のあいだを、寒さの苦手な植物は冬のあいだを、タネのまま過ごします。夏や冬に乾期がやってくる土地の植物は、そのことを知っていて、乾期のあいだは眠り続けます。これを「種子の休眠」といいます。

タネは、眠りから目覚めるタイミングを知るための仕組みも備えています。光や温度、水分量の変化を感知して、自分が育つのに適した季節の訪れを感じ、休眠から目覚めて芽を出し、根を生やします。これが「発芽《はつが》」です。タネの中には、発芽した際に植物になる「胚《はい》」と呼ばれる部分と、その栄養を蓄えている「胚乳《はいにゅう》」という貯蔵組織があります。「胚乳」は、タネが芽生えてから立派に光合成ができるようになるまでの栄養源で、子の自立のために親が残した贈りものといえます。

私たちの食生活に欠かせない米や麦は、タネそのものです。胚（胚芽）の部分は、精米・精白の際に取り去ることが多いのですが、胚乳に含まれている栄養で、私たち人間は生きています。

芽を出してからは、光を求めて茎や葉を、水を求めて根を伸ばします。たとえば、木々が生い茂る森のなかで、光を横から受けた植物は、光の来る方向を感知して茎を曲げます。これが「光屈性」という性質です。

こうして晴れて光を満々と浴びられるようになった植物は、そのまま横に茎を伸ばすのではなく、今度は垂直方向に伸ばします。それは、植物が重力をも感知しているからです。通常、太陽の光は重力と反対方向から降り注ぎます。このことを本能で知っている植物は、重力と反対方向に茎を伸ばそうとします。これを「重力屈性」といい、茎は重力に反して伸びる方向を決めることから「負の重力屈性」と呼びます。

モヤシが、ひょろひょろと細長く伸びるのは、土の中で光を浴びていないことを感じた芽生えが、重力の反対方向に太陽の光があると信じて懸命に生きようとしている姿です。最初の光を受け取れるまでは、全エネルギーを細長く伸びることに費やします。

根っこでは、重力屈性が茎とは逆の方向に働きます。これを「正の重力屈性」といい、根は下へ下へと伸びようとする性質があります。地中を下に行けば水があることと、地上部を支えるためにも下へ根を伸ばす必要があることを、植物は知っているのです。

タネが発芽の時期を見きわめているように、植物は、花を咲かせる季節も見きわめています。このとき植物は、日の長さ、というよりもむしろ、夜の長さを測っています。日の長さの変化は、季節の変化より1ヶ月半ほど先んじています。1年でいちばん日の長い6月下旬の夏至からおよそ1ヶ月半後に真夏が訪れ、1年でいちばん日の短い12月下旬の冬至からおよそ1ヶ月半後に真冬が訪れます。花は、植物が子孫を残すための生殖器官です。適切な時期にタネをつくるためには、適切な時期に花を咲かせなければなりません。夜の長さや温度を手がかりに、植物は花を咲かせるタイミングを探っているのです。

本書では、その仕組みを、植物学の最新の知見を織り交ぜながら紹介します。植物の体の中で何が起きているか、動かない植物がどのようにして生きているか、知れば知るほど驚きの仕組みを、ご堪能ください。

●生物の性質を左右するＤＮＡの働き

さて、この章の最後に、植物学と遺伝学の関係について簡単にまとめておきます。というのも、遺伝学を抜きにして、「植物学の最新の知見」に触れることはできないからです。植物の研究は、ここ20年ほどで飛躍的に進みました。それは、遺伝子の働きを解明する研究技術の高度化によってもたらされたといって過言ではありません。

遺伝子とは、日本語の字面からすると、「遺伝」の「因子」（原因になるもの）というニュアンスが想像されます。実際、もともとの遺伝学は、親から子へ、たとえば背格好とか目鼻立ちとかが受け継がれる、つまり遺伝するには何らかの理由があるはずだ、というところから研究が始まりました。

現代の遺伝学につながるきっかけをつくったのが、メンデル（1822〜1884）という人です。ここでは深く触れませんが、遺伝には何らかの因子があること、つまり遺伝子の存在を、綿密な実験を繰り返して証明し、「メンデルの法則」という遺伝学の基本法則を確立しました。ちなみに、メンデルは当時のオーストリア（今のチェコ領）で修道士をしていて、その傍ら、修道院の庭で、何千個ものエンドウを交配させて、どういう形質がどのように遺伝するかを突き止めたのです。

今では、「遺伝子」という言葉は、その言葉のイメージよりも広がりをもって理解されています。遺伝子は、親から子への遺伝に限らず、生物の（つまり、動物も植物もあらゆる生物を含みます）特徴を決める設計図の根幹ととらえたほうがしっくりきます。

遺伝子の本体とされるのが、細胞の核の中の「染色体」にある「DNA（デオキシリボ核酸）」という物質です。「DNAの二重螺旋《らせん》」という言葉を聞いたことがある人もいるでしょう。DNAは長く連なって鎖のような形になり、その鎖が2本、緩やかに結びついて、螺旋状の二重の鎖が形づくられています（図0・2）。

二重鎖をつなぐのが、「塩基（ヌクレオチド）」と呼ばれる、DNAを構成する部品のひとつです。「塩基」にはA（アデニン）・T（チミン）・G（グアニン）・C（シトシン）の4種類があり、これらの並び（塩基配列）が、生物の遺伝情報そのものであることが突き止められています。

たとえばヒトの場合、23対の染色体に約30億対の塩基があることが知られ、そのなかに約

２万３０００の遺伝子があるとされています。ちょっとややこしいのですが、この約30億の塩基対すべてが、遺伝子として意味をもつわけではありません。ＤＮＡの塩基配列のなかには、遺伝子として機能しないと考えられる領域も多く含まれているのです。

そのことを、もう少し生物学的に詳しく説明すると、次のようになります。

遺伝子とは、タンパク質の設計図になっている部分のＤＮＡのことを指します。タンパク質は、生物の体内で、生物を特徴づける重要な役割を果たす物質で、アミノ酸という物質の組み合わせでつくられています。詳細は省きますが、「Ａ・Ｔ・Ｇ・Ｃ」の４文字で書かれたＤＮＡの塩基配列とアミノ酸の配列が対応関係にあり、ＤＮＡの塩基配列が読み取られると、その情報に基づ

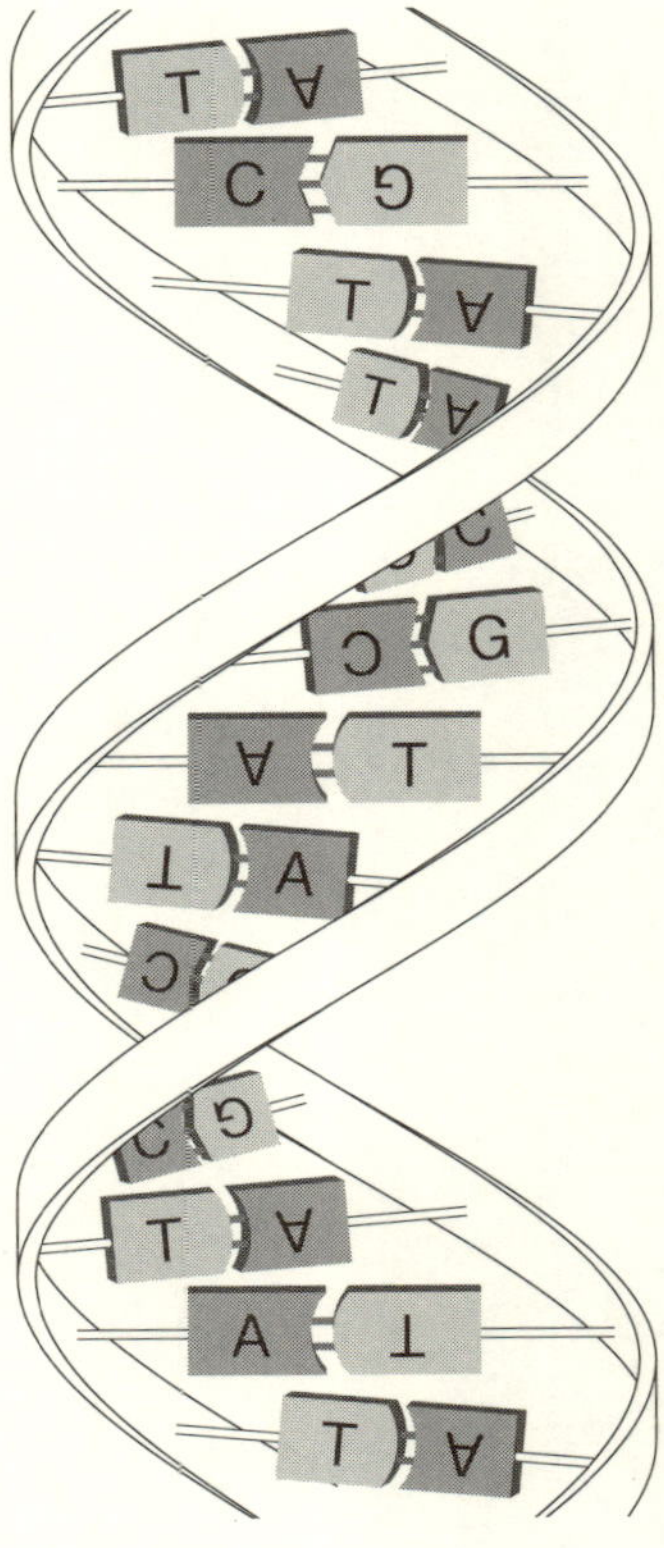

図 0.2：DNA の二重螺旋構造

いてタンパク質が合成される仕組みになっているのです。

DNAの塩基配列からタンパク質合成までの流れをもう少し詳しく見ておくと、DNAの塩基配列情報は、「RNA（リボ核酸）」の塩基配列情報にいったん置き換えられます。RNAはDNAの親戚のような物質で、DNAと同じく塩基をもちます（ただし、塩基の種類はDNAとやや異なります）。DNAからRNAへの情報の置き換えを、生物学の用語で「転写」といい、RNAの塩基配列からタンパク質が合成されることを「翻訳」と呼びます。また、特定の遺伝子から対応するタンパク質がつくられることを遺伝子の「発現」といいます。

先ほども触れたとおり、DNAの塩基配列は、すべてが遺伝子として意味をもつわけではありません。DNAの塩基配列のなかには、タンパク質のアミノ酸の配列と関係しない領域も含まれています。たとえば、遺伝子として意味のある塩基配列の隣には、遺伝子の発現を調節する「遺伝子発現調節領域（プロモーター）」と呼ばれる部分があり、遺伝子として意味をなさないDNAの領域が、さまざまなかたちで遺伝子の発現に関与していることがわかってきています。

生物の遺伝子は、常にすべてが発現しているわけではありません。必要なときに必要な場所で必要な遺伝子だけが発現する、あるいは発現を抑制されることで、複雑な生体反応が引き起こされています。

たとえば、ヒトには60兆個の細胞があるとされますが、その60兆個の細胞で、2万3000の遺伝子がすべて発現しているわけではありません。手なら手、心臓なら心臓といった必要な場所で、成長段階や生体内や周辺環境のときどきの状況に応じて、必要な遺伝子のスイッチがオン・オフされています。それによって複雑な生命反応が引き起こされているのです。

遺伝子のスイッチをオンにしたりオフにしたりするのは、特定のタンパク質の役割です。この役割を担うタンパク質のことを「転写調節タンパク質（あるいは転写調節因子）」と呼び、スイッチをオフにするものは「転写抑制因子」と呼ぶこともあります。

遺伝子やＤＮＡと関連して、「ゲノム」という言葉もよく耳にすると思います。「ゲノム（英語で genome）」とは、「遺伝子（英語で gene）の集合（英語で ome）」という造語です。ひとつの遺伝子はひとつのタンパク質の設計図になっていて、それらが集合することによって、生命が機能する（生きる）ために必要なすべての設計図がそろいます。つまり「ゲノム」とは生物の設計図なのです。「ヒトゲノム」とは、ヒトがもつすべてのＤＮＡのことであり、そこから読み取れるすべての遺伝情報に基づいて私たちの体はつくられて生きています。

こうした一連の仕組みは、植物のみならず、生物全般に共通するものです。分子生物学が20世紀の終わりごろから盛んになり、その恩恵を受けるかたちで植物学の研究も大いに進み、遺伝子の働きが植物の生きる仕組みとどのように関わっているか、多くのことがわかり始めています。

●植物の研究に欠かせないモデル植物

ここ20年ほどのあいだに、植物学が大きな発展を遂げた背景には、植物学の研究が、それまでとは違うかたちで進められるようになったことも挙げられます。それは、研究者たちが協力して、研究対象とする植物を絞り込み、それを徹底して解明する方法をとるようになったということです。

植物には、27万もの種類があり、それぞれ固有の特徴があります。種ごとの特徴の違いを解き明かすことも、科学的に意義深く、興味をそそられる研究ですが、ひとりひとりの研究者がバラバラに研究対象を選べば、多くの種について少しずついろいろなことがわかっても、植物全般について深く知るという意味ではあまり効率的ではありません。

それよりは、みなが研究対象を特定の植物に絞り込み、それを徹底的に研究したほうが、より効率的に、植物の全体像をつかみやすくなります。特定の植物を、ときには研究者どうしが協力し合い、ときにはお互いに競争しながら研究することで、植物への理解を深められるのです。それによって、調べられる種類はたしかに減りますが、ひとつの雛形ができることで、それとの違いを探りやすくなり、さまざまな種の研究を速めることも期待できます。

こうした植物を「モデル植物」といい、シロイヌナズナという植物が、「双子葉植物」の「モデル植物」として選ばれ、多くの研究者によって研究されています（同じようなことは動物でも行なわれていて、マウスが「モデル動物」としてよく知られています）。

シロイヌナズナがなぜモデル植物に選ばれたかというと、いくつかの理由があります。ひとつは栽培しやすいことが挙げられます。シロイヌナズナは、人間の生活環境に近い20℃ぐらいの温度ですぐに成長し、背丈もそれほど大きくならず、実験室内で育てることができます。特殊な栽培条件も、巨大な栽培施設も必要とせず、簡単に栽培することができるのです。

ふたつめは、ゲノムサイズが小さいことが挙げられます。シロイヌナズナの塩基対は約1億3000万、コムギの160億対と比べれば、およそ100分の1です。ゲノムサイズが小さいと、ゲノム、つまり全遺伝情報のなかから、目的の遺伝子を探しやすくなります。それが、シロイヌナズナがモデル植物として重宝されている大きな理由のひとつです。

なお、シロイヌナズナのゲノムサイズは、ヒトの30億塩基対より1桁以上小さいのですが、遺伝子の数では約2万7000と、ヒトよりもやや多くなっています。ゲノムの研究が進み始めた20世紀の終わりごろは、遺伝子の多さが生物の複雑さを決めていると考えられていましたが、いざフタを開けてみると必ずしもそうとはいえず、遺伝子以外の働きにも注目が集まるようになりました。最近の研究では、DNAの化学構造や、染色体の構造そのものが、遺伝子の発現・抑制に関わっていることが知られるようになっています。DNAの塩基配列情報を超えた遺伝研究を「エピジェネティクス」といい、植物の生きる仕組みとの関係についても、少しずつナゾが解き明かされています。

1章

光合成

——太陽の力を生きる力に変える仕組み

●地球の生命を支える光合成の力

光合成の源、太陽のエネルギーは偉大です。太陽が宇宙空間に放射するエネルギーの大きさは、3・8×10^{26}W《ワット》にもなると考えられています。大きすぎてすごさがわかりにくいほどですが、球体の太陽はあらゆる方向にエネルギーを放射していて、このうち地球に届くのは1・8×10^{17}W、太陽の全エネルギーの約20億分の1が地球に降り注いでいるわけです。ずいぶん少なくなったように感じるかもしれませんが、その太陽エネルギーが、地球の大気や海洋の運動、地球上の生命エネルギーの源になっています。

それがどれだけ大量のエネルギーかというと、仮に、地球上に降り注ぐすべてのエネルギーを100%人間が活用することができれば、1時間で人類が1年間で使うエネルギーをすべて賄うことができるといわれているほどです。

この話を引き合いに、太陽光発電がいかに素晴らしいか、が語られることがありますが、そこでは、太陽の光の大きな弱点が見落とされています。それは単位面積あたりのエネルギーの薄さで、1m^2あたりに換算すると1・4kWにしかならないことです。家庭やオフィスでよく見かけるタコ足配線の電源タップで使える電力が1・5kWですから、太陽光から膨大な電力を生み出そうと思えば、広大な敷地に太陽光発電パネルを敷き詰めなければなりません。しかも、最先端の太陽光発電パネルでも、光のエネルギーから電力への変換効率は20%弱程度です。

植物は、薄く広く地上に降り注ぐ太陽の光のエネルギーを利用するため、葉っぱを横に薄く広く伸ばしています。太陽の光のエネルギーを活用するには、面積が必要なのです。

葉っぱで太陽の光をかき集めた植物は、地球上に降り注ぐ太陽の光のエネルギーの約０・１％を吸収しているといわれます。意外に少ないようですが、光合成によって炭水化物に固定される化学エネルギーの総量は、世界のエネルギー需要の10倍近くに相当します。紛れもなく光合成は、この地球上で行なわれているもっとも巨大なエネルギー変換なのです。

ところが、これまた意外に感じるかもしれませんが、葉っぱが集めた光のエネルギーのうち、じっさいに光合成に活用できるのは４分の１弱でしかありません。さまざまなロスがあり、残りの４分の３強が使われずに失われてしまうのです。

しかも、多くの取りこぼしがありながら、せっかく光合成で生み出した炭水化物は、そのうちの大半が、植物自身が生きていくために消費されてしまい、人間をはじめ動物の食料になりうる炭水化物に変換されるのは、葉っぱが集めたエネルギー全体の５％ほどです。地球上に降り注ぐ太陽光のうちの０・１％のそのまた５％、地球に届くエネルギーのわずか０・００５％を元手に、植物は地球上の生命活動のほぼすべてを支えているのです。

●葉が光を集めるためのさまざまな工夫――葉の内側に隠された仕組み

光合成は、植物の葉で行なわれる生命活動です。植物にとって光は、生きていくエネルギーを得るために欠かせない、いわば動物にとっての食べもののようなものです。つまり、植物にとって十分な光を得られるかどうかはまさに死活問題、植物は葉で光を集めるため、葉の構造にさまざまな工夫を施しています。

葉を薄く広げるのもそのひとつですが、薄い葉の内側も、光を効率よく受け止められるようなつくりをしています。葉の断面（図1・1）を見てみると、あちこち穴の開いた袋の中に、大量のボール状の物体がひしめき合い、中央にはパイプのようなものがあるのがわかります。

葉をくるむ袋状のものは「表皮組織」と呼

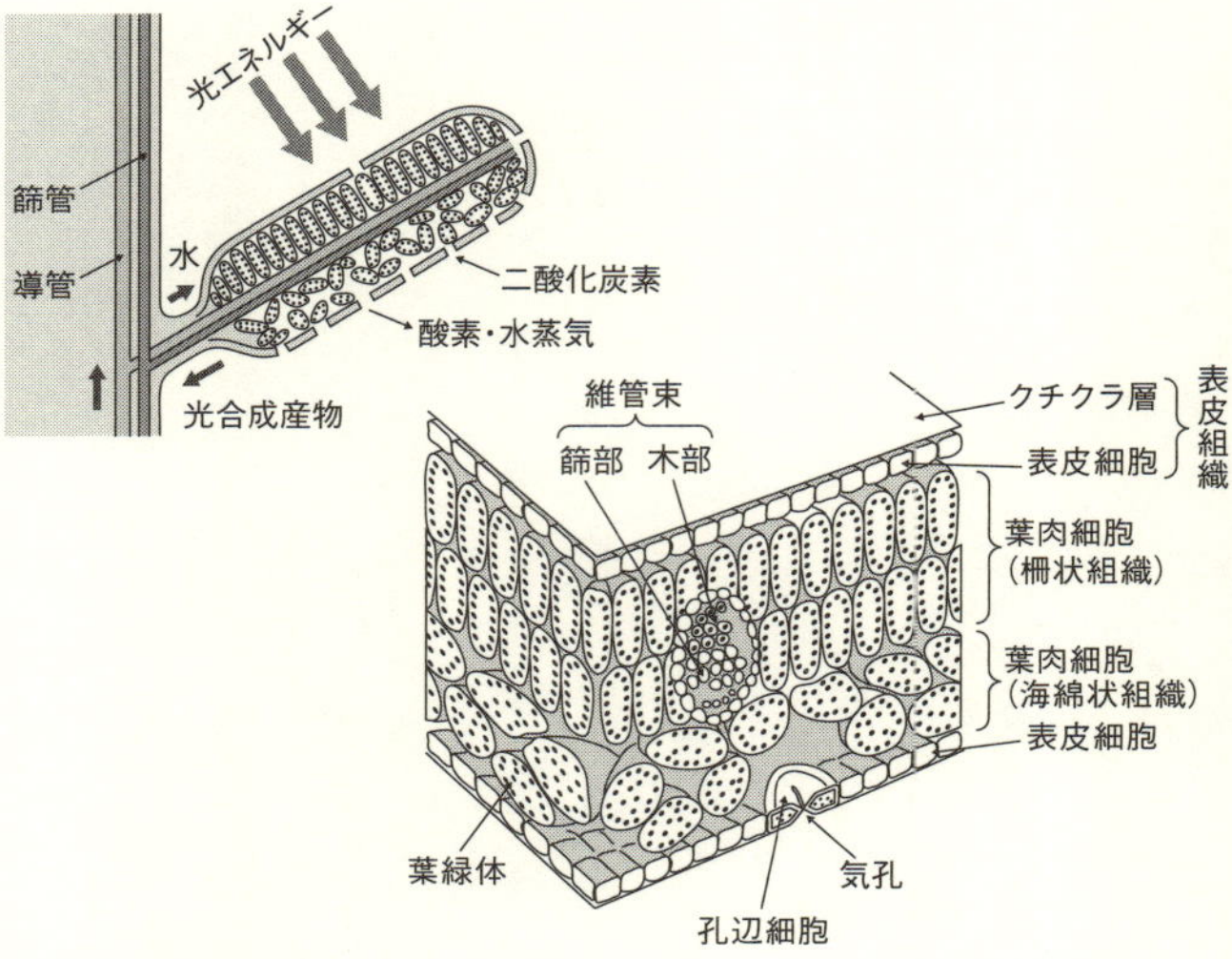

図 1.1：葉の断面図

ばれ、外気と接する葉のいちばん外側は、ロウに似た物質からなる「クチクラ層」と呼ぶ薄い膜を形成しています。クチクラ層は、水分をほとんど通さない性質があり、葉に送り届けられた水の蒸発を防ぎ、陸上で植物が暮らしていくうえで大きな役割を果たしています。クチクラ層の内側には、葉緑体をもたない「表皮細胞」があり、葉の内部を保護しています。

葉に水分を送り届けるのが、パイプ状の「維管束」です。これは、序章（38ページ）でも触れた茎の「維管束」とつながっていて、根から吸い上げた水分を「導管」（木部）で葉の隅々まで送り、葉の光合成でつくられた炭水化物を、「篩管」（篩部）で植物の体内に送り届けます。葉に見られる網目状の「葉脈」は、葉の「維管束」そのものです。

表皮組織に囲まれた葉の内部にあるボール状のものが「葉肉細胞」で、細胞1つあたり数十から100程度の「葉緑体」をもち、ここで光合成が行なわれます。葉の断面図を見て気づいた人もいるかもしれませんが、維管束を境目にして、葉の表側と裏側で葉肉細胞の並び方に違いがあります。表側（太陽の光が直接当たる側）は、細長い細胞が整列して並んでいるのに対し、裏側は、思い思いの形をした細胞が隙間を開けてランダムに陣取っています。前者は、柵のような形に見えることから「柵状組織」、後者は細胞がスポンジ（海綿）のような形に見えることから「海綿状組織」と呼ばれています。

葉の内部で、細胞がこのような形で並んでいることには意味があります。光が物質を通過する際、物質の境界で光が屈折し、光の向きが変わります。境界面がさまざまな角度に向いていると、光はあちこちに散乱します。透明なガラスを砕くと白く見えるのもそのためで、ガラスが粉々になって表面積が増え、何度も光が散乱しているのです。

これを葉の内部に当てはめて考えると、整然と並んだ葉の表側の「柵状組織」は透明なガラス、雑然と並ぶ葉の裏側の「海綿状組織」は砕け散ったガラスに相当します。「柵状組織」では光が屈折せずに葉の中まで届き、「海綿状組織」では光があちこちに乱反射します。つまり、葉肉細胞の配置は、葉の中に取り込んだ光を最大限利用して、多くの細胞が光を集められるような並びになっているのです。ツバキのような厚手の葉が、表面よりも裏面のほうが白っぽく見えるのは、葉の裏側の「海綿状組織」で光の散乱現象が起きているからです。

海綿状組織の細胞と細胞の隙間は、葉の内部でつながっています。表皮組織のあちこちに開いた穴から取り入れた二酸化炭素を、葉の内部の隅々まで送り届けられるようにするためです。

二酸化炭素を取り入れるための穴は「気孔」と呼びます。ソーセージのような形をした2つの「孔辺細胞」が動いて気孔を開閉し、二酸化炭素の吸収に加え、酸素や水蒸気の排出をコントロールします。気孔の開閉は、光や周囲の二酸化炭素の量など、周囲の環境に応じて行なわれ、外の状況が変わると、ものの数分で気孔の開閉が始まります。植物はじっとしているように見えて、実は見えにくいところで、けっこう俊敏に動いているのです。

気孔から水蒸気を排出する「蒸散」は、根から水分を吸い上げるために必要な仕組みですが、一方で、過度な蒸散は植物から水分を奪います。そのため、葉への水分供給が不足すると気孔を閉じて水分の蒸発を防ぎます。

「蒸散」には、もうひとつ重要な働きがあります。葉は暑さに弱く、内部の温度が上昇しすぎると異常を来たします。それを防ぐため、気孔を開いて水分を蒸発させ、そのときの気化熱で葉の内部の温度を下げるのです。ただし、暑いうえに水分が不足しているときはそうもいきません。貴重な水を失わないように、さまざまな不都合を承知で、気孔を閉じておくしかありません（蒸散の仕組みと、それに伴うジレンマについては、3章で触れます）。

●葉の中にある無数の「アンテナ」——葉緑体の内部構造

葉の内部で光合成を行なうのが、葉肉細胞内の「葉緑体」と呼ばれる「細胞小器官（オルガネラ）」です。「細胞小器官」とは、「核」や「葉緑体」など、細胞内にある特殊な構造体のことです。葉を乾燥から守る表皮細胞には葉緑体がなく、光合成も行なわれません。

ひとつひとつの葉緑体は、ラグビーボールのような形をしています。葉緑体の表面は、「葉緑体膜」という二重の膜で覆われ（外膜と内膜）、葉緑体と細胞を隔てる仕切りの役割を果たしています。同時に、膜を通じて光合成に必要な物質を取り入れ、光合成によってつくられた炭水化物を外へ運び出す働きもしています。

葉緑体の内部には、扁平な座布団、あるいは碁石のような形をした袋状のものがあり、それがところどころ何層も積み重なっています（図1・2）。この袋状のものは「チラコイド」、それが多層に重なったところは「グラナ」、チラコイドのないところは「ストロマ」と呼ばれ、「ストロマ」には液体が満たされています。多くの植物は、光合成が盛んなとき、光合成産物をデンプン（$(C_6H_{10}O_5)_n$）のかたちでストロマに蓄えます。

袋状のチラコイドの膜には、「光化学系（PS：Photosystem）」というタンパク質複合体が埋め込まれています。タンパク質複合体は、タンパク質とさまざまな分子が結合した物質です。「光化学系（PS）」には「光化学系Ⅰ」と「光化学系Ⅱ」の2種類があり、それぞれがいくつものタンパク質や分子からできています。働きの違いについては、後ほど詳しく触れます。

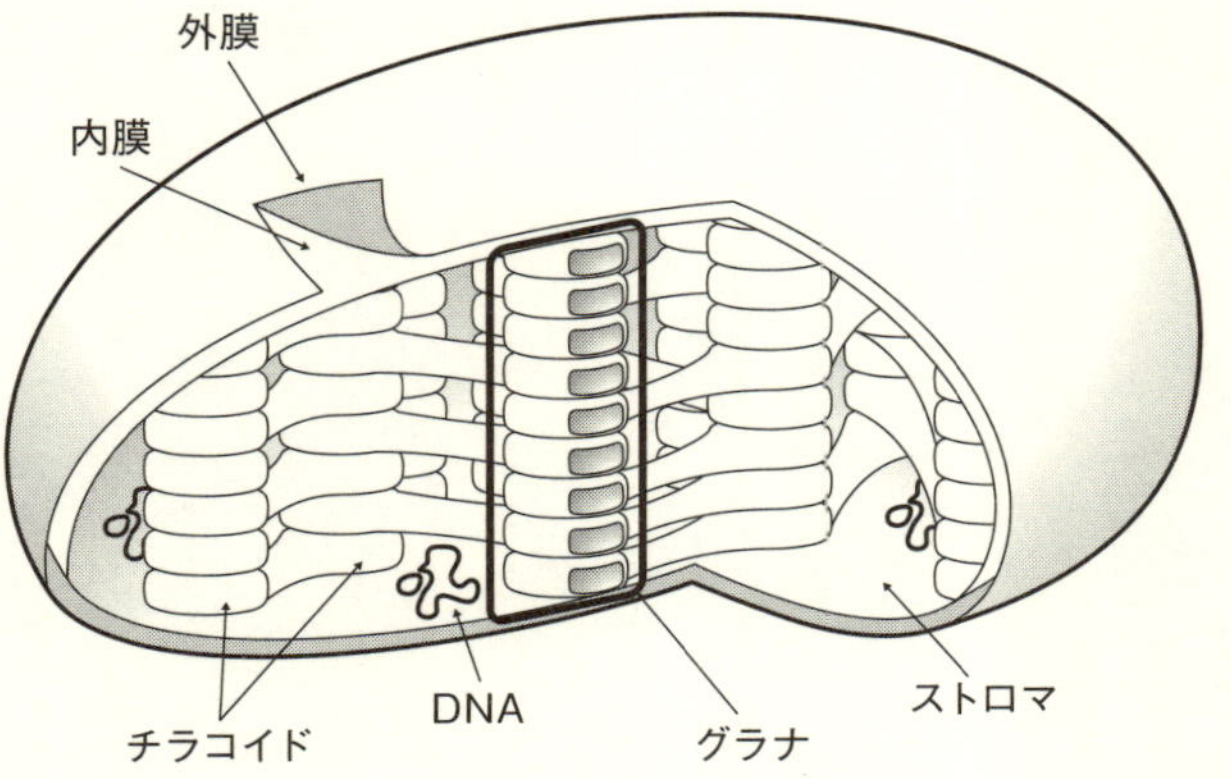

図 1.2：葉緑体の形と構造

「光化学系（ＰＳ）」の中には、「集光性クロロフィルタンパク質複合体（ＬＨＣ）」と呼ばれる部品が多く含まれ、多数の光合成色素（78ページ参照）が光を集めるアンテナの働きをします（以下では、この複合体のことを「アンテナ複合体ＬＨＣ」、あるいは単に「ＬＨＣ」と呼びます）。「ＬＨＣ」は、植物に含まれるタンパク質のなかでもっとも量が多いもののひとつで、光合成色素の主なものが、この複合体の名前の一部にもなっている「クロロフィル（葉緑素）」です。

「ＬＨＣ」で集めた光は、「光化学系（ＰＳ）」の「反応中心複合体」という部位に送られます。「反応中心複合体」は主に「クロロフィル」とタンパク質で構成され（80ページ参照）、アンテナで集められた光のエネルギーが光合成の反応に用いられます。いわば、「反応中心複合体」は、光合成反応にスイッチを入れる重要な役割を果たしています。

ここまで見てきたように、葉は、見た目の形も内部の構造も、光を効率的に集められるつくりになっています。薄い太陽光のエネルギーを活用するため、葉っぱ自体が薄く広がり、葉の内部の「葉肉細胞」も、集めた光を最大限に利用できるように配置されています。さらに、葉肉細胞の中の「葉緑体」では、「ＬＨＣ」がアンテナの役割を果たし、空から降り注ぐ光を効率よく集めています。

●光が強けりゃいいってもんじゃない——光合成速度の限定要因

光を集めるためにさまざまな工夫をしている植物ですが、光が強ければその分だけ活発に光合成を行なえるかというと、話はそう単純ではありません。植物が光合成を行なう速さは、光以外にも二酸化炭素の濃度や周辺の温度の影響を受けることがわかっています（光合成の速さは、一定時間に吸収される二酸化炭素の量で測ります）。

それは、長さの異なる板で桶をつくり、そこに水を溜めようとしても、最も低い板のところで水が溢れてしまうのと同じ理屈です。もっとも条件の悪いものがネックとなり、光合成の速度を制限します（図1・3）。これを光合成速度の「限定要因」といいます。

その関係をあらわしたのが、図1・4の3つのグラフです。いずれのグラフも説明をしやすくするために、光合成の特徴をやや強調して示しています。実際に光合成の

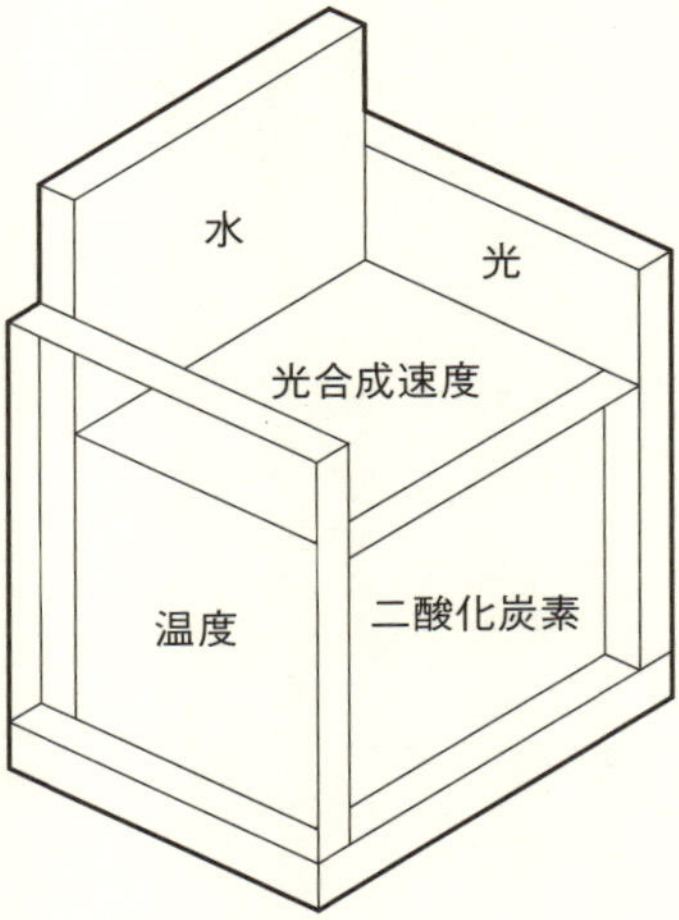

図 1.3：光合成速度の限定要因のイメージ

速度を測ってみても、必ずしもこのようにきれいなグラフとなるわけではないことはあらかじめご承知おきください。

①のグラフは、二酸化炭素濃度を一定にして、温度が10℃と30℃のときで、光の強さを変えると光合成速度がどのように変化するかを示したものです。

10℃のときも30℃のときも、光が弱いうちは（0〜L1あたりまで）、光の強さに比例して光合成速度も増しますが、10℃のときは比較的すぐに（光の強さがL1のあたりを超えると）、光を強くしても光合成速度が伸びを見せなくなり、30℃の場合も光を強くしていくと、いずれは（L2の

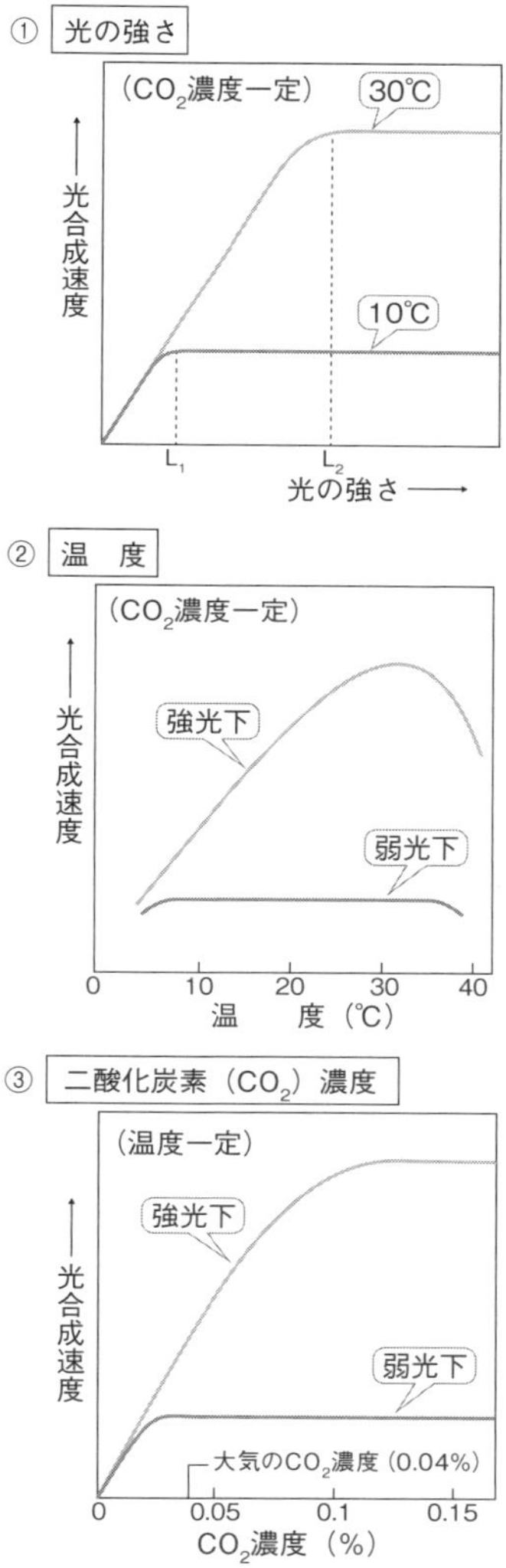

図 1.4：光合成速度の限定要因
（鈴木（2013）をもとに作成）

あたりで）光合成速度がほぼ一定に落ち着きます。なお、図中のL1やL2という印は、実際の光合成で、速度が急激に変わる「点」のような境があるわけではなく、説明をしやすくするために便宜的に置いたものだとご理解ください。また、グラフで平らになっているように記しているところも、実際には平らに近づいていく「漸近線」のようになっています。

と、いろいろ注釈は多いのですが、このグラフからどこが「限定要因」になっているかを読み解いてみましょう。結論からいうと、グラフが右肩上がりになっているところでは「光の強さ」が、光合成速度がほぼ一定になり、グラフが平らに近づくところでは、「温度」が「限定要因」になっています。

それをもう少し細かく見ると、光の強さが0～L1のあいだは、光を強くすると光合成速度が増すので、「光の強さ」が「限定要因」になっていることがわかります。光の強さがL1～L2のあいだは少し複雑です。10℃の場合（濃い線）は早々に光合成速度がほぼ一定となり、光の強さは光合成速度に影響を与えていないことから、「温度」が「限定要因」になっていると読み取れます。対して、30℃の場合（薄い線）は、光の強さが光合成速度を決めていることから、「光の強さ」が「限定要因」になっているのがわかります。

L2より右の領域については、グラフだけでは読み取ることができませんが、二酸化炭素濃度を上げることで光合成速度が増すようなら、二酸化炭素濃度が「限定要因」といえますし、温度を上げることで光合成速度が増すようなら、温度が「限定要因」になっています。

②のグラフは、二酸化炭素濃度を一定にして、光が強い場合（濃い線）と光が弱い場合（薄い線）で、温度による光合成速度の変化をあらわしたものです。光が弱いと温度に関係なく光合成の活動が停滞し、「光の強さ」が「限定要因」になっていることがわかります。一方、十分な光がある場合、30℃付近までは温度の上昇によって光合成が活発になり、「温度」が「限定要因」になっていることがわかります。

ちょっとわかりにくいのは、30℃を超えたあたりで、光合成速度は伸びを見せなくなるどころか低下を始めることです（グラフではやや極端に記していますが、実際にはもっとゆるやかです）。それは、植物が強すぎる光を苦手とし、そのため光合成速度が低下していると考えられています。

残る③のグラフは、温度を一定に、光が強い場合（濃い線）と光が弱い場合（薄い線）で、二酸化炭素濃度による光合成速度の変化を示したものです。①のグラフと似た形をしていることから、おおよそ察しはつくと思いますが、グラフが右肩上がりになっているところでは「二酸化炭素濃度」が、グラフがほぼ平らになるところでは「光の強さ」が、それぞれ「限定要因」になっています。

●葉は強すぎる光が苦手――光阻害と葉緑体の定位運動

植物が強すぎる光を苦手とする理由は、光合成の速度が、温度や二酸化炭素濃度がネックになり、どこかで頭打ちになるのに対し、葉緑体が吸収する光のエネルギー量は、ほとんど直線的に増えていくからです。図1・5のように、光が強くなればなるほど、吸収したはいいものの、光合成に使い切れない光エネルギーが増えていきます。そうなると、行き場を失ったエネルギーは、植物の体を傷つける活性酸素をつくるようになります。強すぎる光によって植物の体が傷つくことや、それから身を守ろうとして光合成速度を落とすことを「光阻害（光障害）」といいます。

植物は光がもたらす過剰なエネルギーから身を守るためのさまざまな仕組みを備えています。本章の冒頭で触れたとおりですが、葉っぱに降り注いだ光の多くが利用されずに失われてしまうのは、強すぎる光から身を守るためのトレードオフといえるのです。

植物が光から身を守る仕組みのひとつの方法は、光の強さに応じて葉の向きを変えることです。葉が光を吸収しすぎるのが問題なのであれば、葉に光が当たらないようにすればいいわけです。たとえば、マメ科の植物の多くは、ネムノキのように、昼夜で葉の角度を変化させる能力をもっています。同じくマメ科で真夏に葉を茂らせるフジは、光が比較的弱い朝夕には、太陽の光を葉の全面で受けられるように平らに寝かし、陽射しの強い真昼になると、葉を垂直に立ち上げて、葉に光が当たる量を少なくしています。

同じようなことが葉肉細胞の内部でも起きていて、葉緑体が、光の強弱に応じて細胞内における位置取りを変えます。葉緑体は通常、細胞膜の内側に張り付くように位置しています。細胞膜を介して提供される二酸化炭素を受け取りやすくするためです。ところが、光が強くなると、上から来る光を避けるように側面の細胞膜に身を寄せ、光が弱まると、再び上下の細胞膜付近に密集して、上から差し込む光を少しでも得られるようにします（図1・6）。

この動きを「葉緑体の定位運動」と呼びます。葉の向きを変えるには数時間単位の時間がかかりますが、葉緑体を動かすのは、もっと短い時

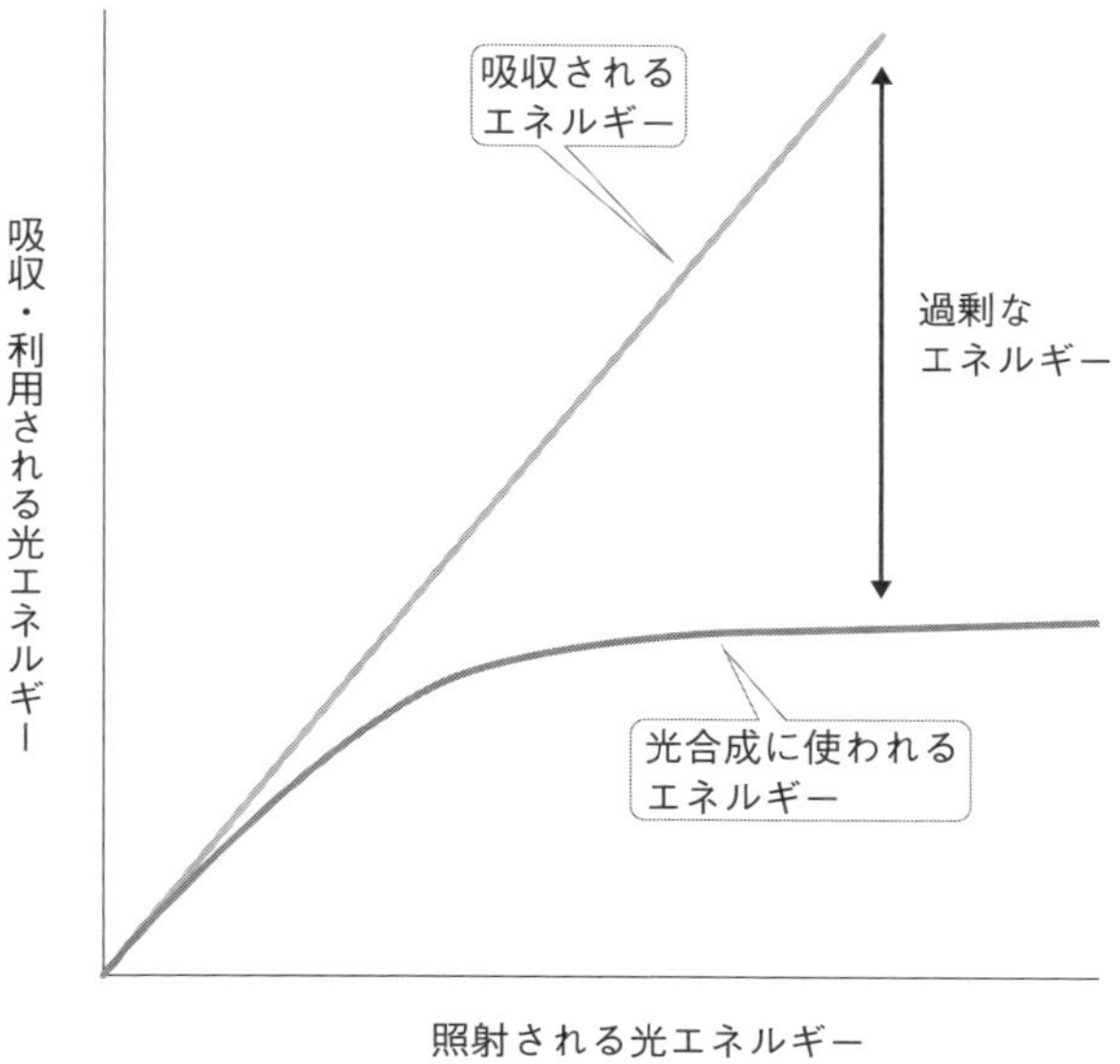

図 1.5：葉が吸収する光のエネルギーと光合成に利用されるエネルギーの関係
（園池（2008）をもとに作成）

間の出来事です。じっと動かないように見える植物ですが、葉の向きを変え、葉緑体の位置を変え、活発に動いているのです。

さらにさらに、葉緑体の中ではもっと素早い動きが起きています。

昼間の光が強いとき、「アンテナ複合体ＬＨＣ」は、「光化学系Ｉ」と「光化学系Ⅱ」の両方に結合していますが、突然の雲によって光が弱くなると、「アンテナ複合体ＬＨＣ」の一部が「光化学系Ｉ」から離れて「光化学系Ⅱ」へ移動します。後で触れるように、

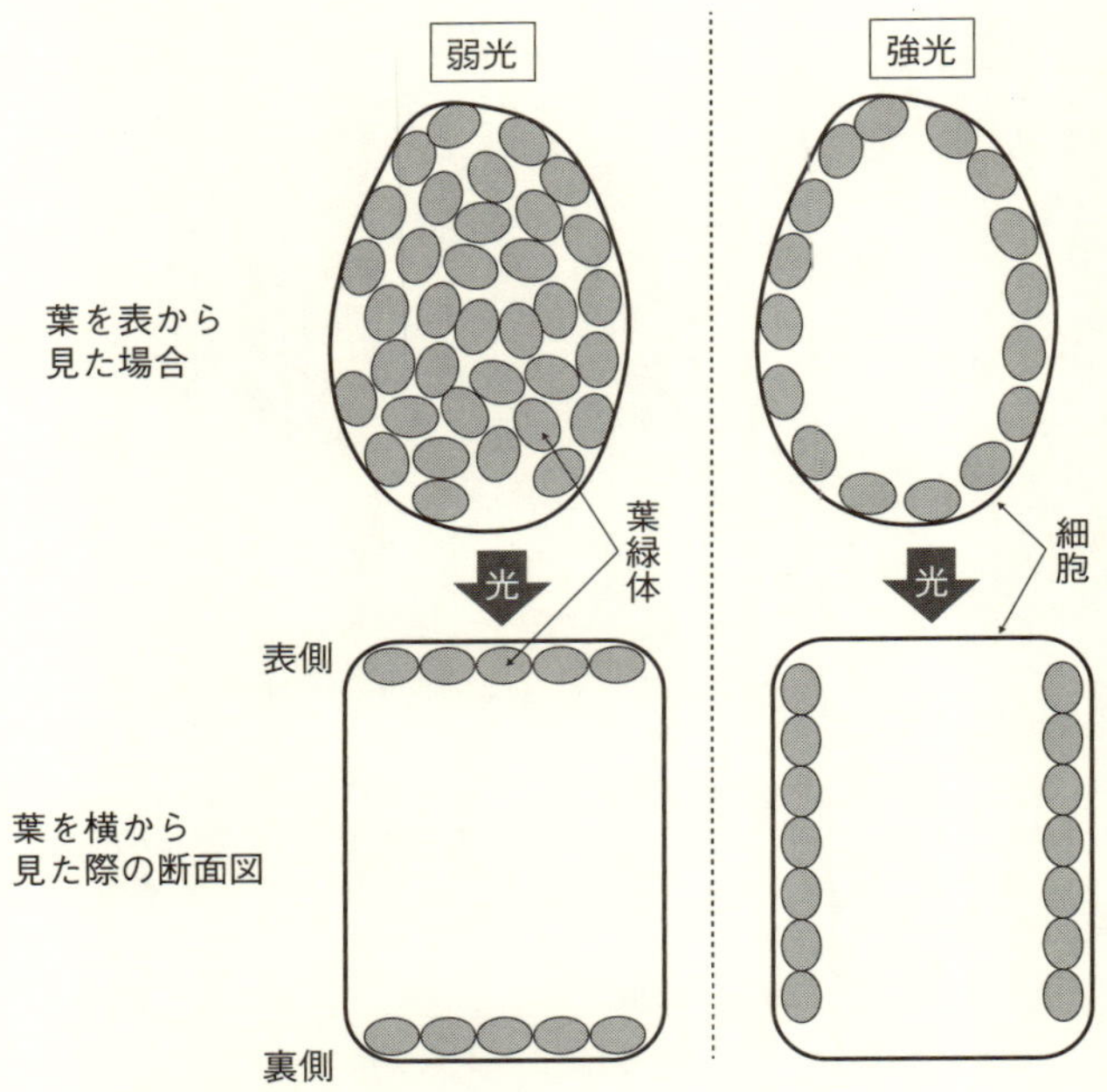

図 1.6：葉緑体の定位運動（園池（2008）をもとに作成）

光合成の反応では「光化学系Ⅱ」が先に働き、そこに「アンテナ複合体ＬＨＣ」を多く集めたほうが、光エネルギーを効率的に得られるようになるからです。

「ステート遷移」と呼ばれるこの仕組みのおかげで、太陽が降り注いでいるときも、突然、入道雲が出てきて日が陰ったときも、最適な速度で光合成を行なうことができるのです。

●日陰の人生をエンジョイする植物たち ―― 陽生植物と陰生植物

これらの仕組みが、光の強さに対応する短期的な対応だとすると、植物は、光とうまく付き合うための、より長期的な仕組みも備えています。

まず、同じ種の植物でも、強い光のもとで育った個体と弱い光のもとで育った個体を比べると、光を集める「アンテナ複合体ＬＨＣ」の量に違いが出ます。強い光のもとではアンテナの数が少なくなり、弱い光のもとでは多くなるのです。

加えて、植物がどの程度の光の強さを好むかは、種によっても違いがあります。明るく開けた草原のような日当たりのよいところで生育する植物は「陽生植物」と呼ばれ、強い光を好みます。草本では、イネやコムギ、トウモロコシなどの穀物、トマトやスイカ、メロンなど、大きな実をつける野菜と果実が、木本ではシラカバやアカマツなどが、その例として挙げられます。反対に、シダ植物やコケ植物など、森林の下層のように光が弱いところを好んで生育する植物を「陰生植物」と呼び、室内で栽培できる観葉植物の多くはこの仲間です。

両者の特徴は、光合成の速度の違いにはっきりとあらわれます。図1・7は、「陽生植物」の代表としてトマト、「陰生植物」の代表としてミヤマカタバミを例にとり、光の強さと光合成速度を調べたものです。

ここで、図中の「光補償点」について補足しておきましょう。このとき二酸化炭素の吸収量は0となり、これより光が弱まるとマイナスの値を示しています。なぜそんなことが起こるのかというと、植物も酸素を吸って二酸化炭素を吐き出す「呼吸」をしているからです。光が弱いと、光合成で二酸化炭素を吸収する量よりも、呼吸によって二酸化炭素を放出する量のほうが多くなり、それが長い時間続くと、植物は生きていくことができなくなります。つまり、「光補償点」というのは、植物が生存のために必要

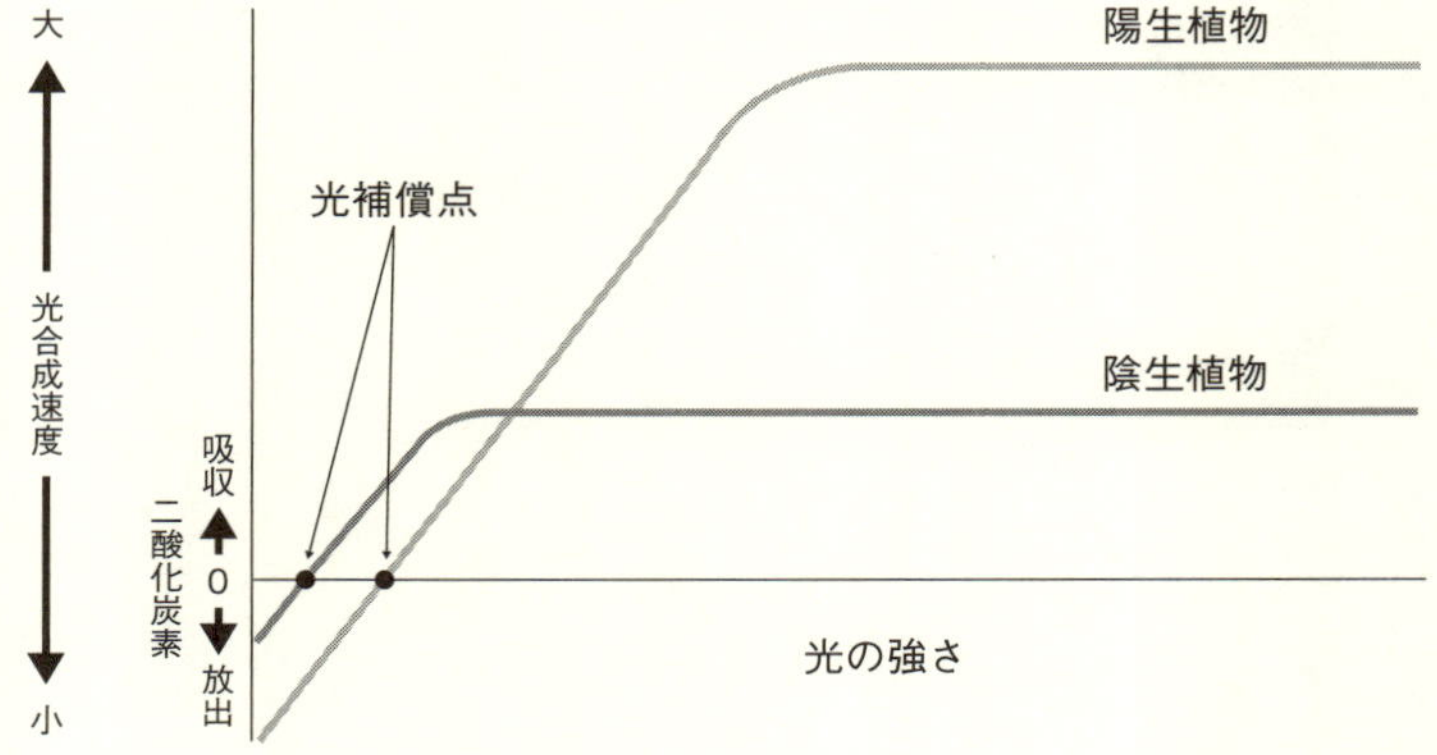

図 1.7：陽生植物と陰生植物の光合成速度

な光の量を示しています。

日なたを好む陽生植物は「光補償点」が高く、弱い光では生きられない代わりに、光が強まるのにあわせて光合成速度をはやめていきます。一方、陰生植物は弱い光でも生きられるよう「光補償点」が低くなっている反面、強い光を受けてもそれを光合成に活かすことができません。

陽生植物と陰生植物の特徴を、同じ個体のなかで兼ね備える植物もあります。木が生い茂る森林に生える樹木は、頂上付近（樹冠《じゅかん》）は日がよく当たるのに対し、地表付近や木の内側の葉にはあまり日が当たらず、同じ個体でも日当たりにずいぶんと差が出ます。シイやカシ、ブナなどの樹木は、1本の木のなかでそれぞれの環境に合うように葉を使い分けています。「光補償点」が高く日なたに適した「陽葉」と、「光補償点」が低く日陰でも光合成を行なえる「陰葉」の2種類の葉です。

「陽葉」と「陰葉」には、構造面でもいくつかの違いが見られます（図1・8）。「陽葉」は柵状組織が発達して肉

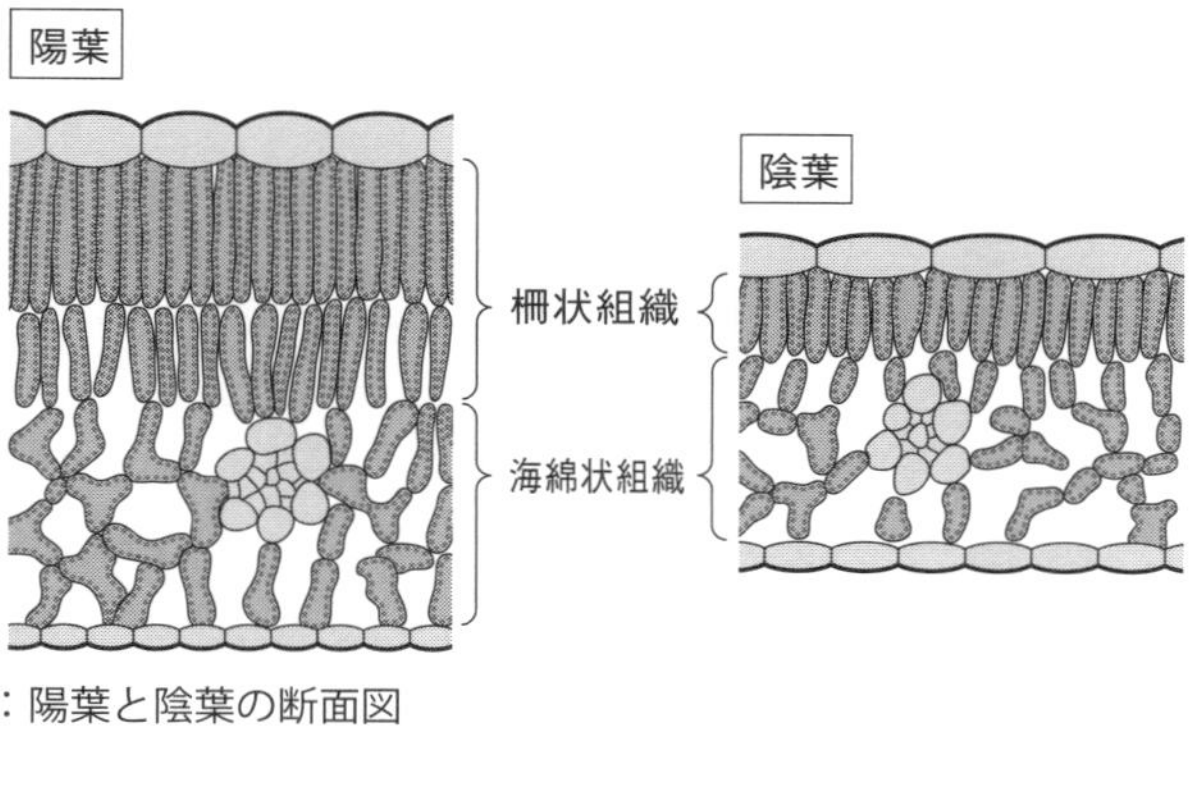

図 1.8：陽葉と陰葉の断面図

厚なのに対し、「陰葉」は柵状組織がわずかしかない薄い形をしています。日が当たる場所では、葉を分厚くして、多くの葉緑体で効率よく光合成を行ない、日当たりの悪い場所では、少ししか光が来ないことを見越して、葉を薄くしています。葉を厚くするには栄養やエネルギーが必要で、得られる光の量に合わせて、葉の厚さを調整しているのです。

さらに「陰葉」と「陽葉」では葉緑体にも違いがあります。少ない光を効率的に捕まえられるように、葉緑体の内部の「アンテナ複合体LHC」の量を増やしているのがその理由です。「陽生植物」と「陰生植物」の葉も、「陽葉」と「陰葉」のような特徴の違いが見られます。

樹木のなかには、成長に応じて光の強さに対する性質が変わるものもあります。それが、背が低いときには光が弱い森林下層で育ち、大きくなると強い光を好むようになる「陰樹」です。強い光でよく育つ「陽樹」が、まわりに大きな木がない環境でなければ育ちにくいのに対し、「陰樹」はまわりに大きな木があっても成長することができます。

●葉っぱはなぜ緑色なのか——光と色の関係

光合成を行なう植物の葉は、どの植物もみな緑色をしています。サクラもユリもイチョウも、みな葉っぱは緑色です。

植物の葉っぱはなぜ、みな揃いも揃って緑色をしているのでしょうか?

そんなこと考えたこともないという人もいるかもしれませんが、葉っぱが緑色をしているのは、葉っぱが光合成をしている証、といえるのです。

ちょっとここで、光とは何かを考えてみましょう。

詳しくはこの後のコラムで触れますが、「光」というのは「波」の性質をもっています。人間の目は、波1回分の振動の長さ（「波長」といいます）の違いを感じ取り、それを色の違いとして受け止めています。

人間の目に見える光を「可視光」といい、波長の長いものから順に、「赤・橙・黄・緑・青・藍・紫」の虹色が並びます（この光の並びを「光のスペクトル」といいます）。太陽から降り注ぐ光は、これらの波長の光が混ざり合うことで、人間の目には白色に見えています。

この白色光をプリズム（分光器）に当てると虹色が連続して並ぶことから、白色光にはさまざまな波長の（さまざまな色の）光が含まれていることがわかりました。異なる波長は異なる屈折率をもち、混ざり合って白く見えていた光からプリズムによって異なる波長の光が分かれ、色が並んで見えるのです。虹が七色に見えるのもプリズムと同じ原理で、空気中の水滴がプリズムの役割を果たし、太陽光にさまざまな波長の光が含まれていることを教えてくれます。

ちなみに、太陽の光がいくつもの色の光で成り立っていることを発見し、虹のような光の帯に、「スペクトル」という名をつけたのは、万有引力の法則を発見した物理学者のニュートン（1643～1727）です。

人間の眼には、赤・緑・青の三色の光を感じる受容器がついていて、その三色の光の組み合わせで、私たちは「色」を認識しています。「光の三原色」というのを聞いたことがあるでしょうか。赤・緑・青の三色の光を混ぜ合わせると白くなり、三色の光の配合により、人間の目に見える色を、理論上すべて再現できるという原理です。それは、人間の視覚の仕組みにもとづくものなのです。

「光の三原色」を踏まえると、葉が緑色をしている理由も見えてきます。葉が光合成に使うのは、主に太陽光に含まれる「赤色光」と「青色光」です。「緑色光」の一部は光合成に使われますが、残りは光合成に使われず、葉をすり抜け、あるいは反射して周囲に散乱します。人間が葉を緑だと感じるのは、その使われない「緑色光」を見ているからなのです。別の言い方をすると、葉が緑に見えるのは、葉が緑以外の色の光を吸収し、光合成をしている証でもあるのです。

コラム◆光合成がさらに面白くなる物理の話（光はなぜエネルギーをもつのか）

「光」が「波」の性質をもつことは本文で触れたとおりですが、波は波でも、光は電気と磁気（磁石）の両方の性質をもった「電磁波」の一種です。現代物理学では、「電磁波」は「波」としての性質に加え、「粒子」としての性質を併せもち、波長の短いものほど強いエネルギーをもつことが知られています。それが、光合成を作動させる「光エネルギー」

の正体です。

光を含む「電磁波」を波長の順に並べたのが図1・9です。波長の長い順から、電波（超長波・長波・中波・短波・超短波・マイクロ波）・赤外線・可視光・紫外線・放射線（X線・γ線）と並びます。

光と電波と放射線が同じ「電磁波」だといわれても、ピンとこないかもしれませんが、物理学的な性質から見れば、人間の目に見える「電磁波」を、「光」（可視光）と呼んでいるにすぎません。可視光が、「波長」によって色の違いをもたらすように、「電磁波」は、「波長」の違いによって異なる性質をもちます。

動物は種によって、感知できる「電磁波」の「波長」が異なります。昆虫は、紫外線から可視光の半分ぐらいまでを認識し、紫外線によって花弁（花びら）の中の蜜や花粉の状態を外から見ることができるとされています。ヘビは、視覚のほかに赤外線を感知する器官をもっています。赤外線は熱源から発せられる電磁波で、ヘビは熱を感知して餌

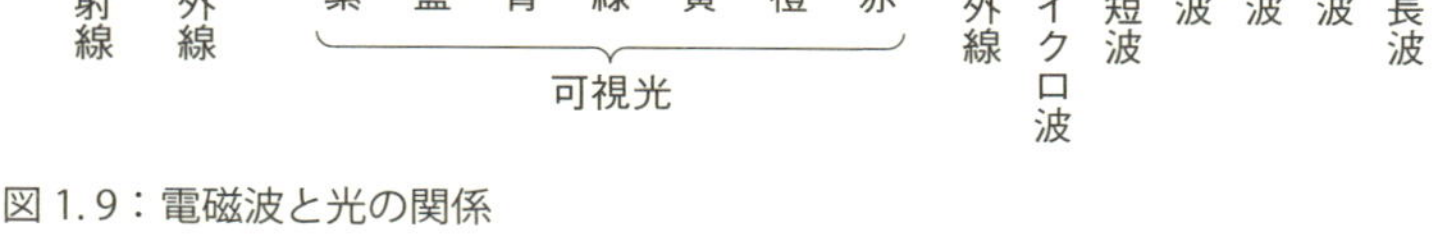

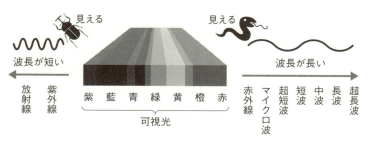

図1.9：電磁波と光の関係

になる動物を探しているといわれています。

波長の短い電磁波である「放射線」の粒子は、人体や生体に害をもたらしかねない強いエネルギーをもちます。細胞内の分子を壊し、あるいは生体内の酸素を活性化して毒性の強い活性酸素を発生させ、間接的に細胞内の分子を傷つける危険性もあります。それと同じように、「可視光」もエネルギーをもっています。それが光のエネルギーで、葉緑体が吸収する「赤色光」と「青色光」が、光合成を作動させるエネルギーの源となっています。

なお、光の粒子としての性質を最初に指摘したのが、光のスペクトルを発見したニュートンなら、光が波と粒子の二重の性質をもっていることを最初に発見したのは、20世紀の偉大な物理学者アインシュタインです。この2人がいなければ、光合成の仕組みは、いまだに闇の中……、だったかもしれません。

●緑の葉に含まれる「色々な」光合成色素

ここまでの話をまとめると、葉が緑色に見えるのは、葉緑体が主に緑以外の赤色光と青色光を吸収して光合成を行なうからです。光合成には使われなかった緑色光により、葉は緑に見えているわけです。

光を吸収しているのは、葉緑体の中にある「光合成色素」と呼ばれる物質です。光合成色素には、表1・1に示すようにいくつかの種類があり、それらが光のエネルギーを受け取る役割を果たしています。

それぞれの光合成色素が、どの波長の光を吸収するかを示すのが、図1・10の「光吸収曲線（吸収スペクトル）」です。グラフを見れば一目瞭然ですが、緑周辺の波長は、どの色素にも吸収されていません。

光合成色素のうち、葉緑体にもっとも多く含まれるのが「クロロフィル（葉緑素）」、日本語名が示すとおり緑色をした色素です。

クロロフィルには、いくつかの種類があり、光合成生物のほぼすべてに共通して見られる「クロロフィルa」は、光合成反応

色素			色	光合成生物						
				コケシダ・種子植物	緑藻類	褐藻類	ケイ藻類	紅藻類	藍藻類	光合成細菌類
クロロフィル	クロロフィル *a*		青緑	●	●	●	●	●	●	
	バクテリオクロロフィル類									●
	クロロフィル *b*		黄緑	●	●					
	クロロフィル *c*					●	●			
カロテノイド	カロテン（βカロテン）		橙	●	●	●	●	●	●	
	リコピン		褐赤							●
	キサントフィル	ルテイン	黄	●	●			●		
		フコキサンチン	褐			●	●			
フィコビリン	フィコシアニン		青					●	●	
	フィコエリトリン		紅					●	●	

表 1.1：光合成色素と光合成生物の関係

で特別な役割を果たします。

「アンテナ複合体LHC」に結合しているさまざまな光合成色素が幅広い波長の光を集め、そのエネルギーを、光合成反応にスイッチを入れる「反応中心複合体」に受け渡します。「反応中心複合体」の主要部品が「反応中心」と呼ばれる「クロロフィル*a*」で、最終的には、その「クロロフィル*a*」が光のエネルギーを受け取ります。

そのため、「クロロフィル*a*」は「主色素」と呼ばれ、その他は「補助色素」と呼ばれたことがあります。なお、陸上植物では、「クロロフィル*a*」と「クロロフィル*b*」の割合が約

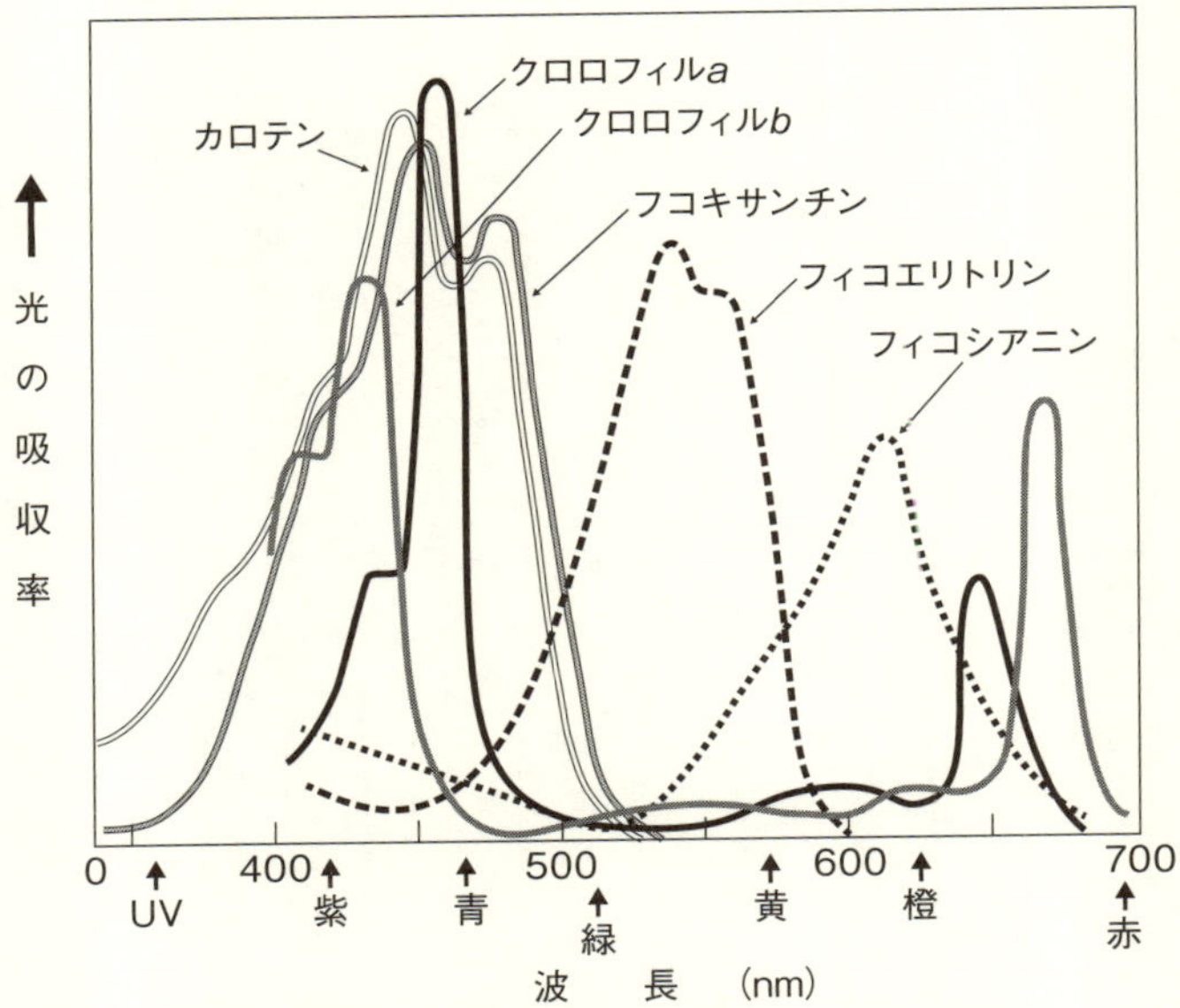

図 1. 10：光合成色素の光吸収率（鈴木（2013）をもとに作成）

3：1になることが知られています。

クロロフィル以外の光合成色素としては、大きく分けると、赤から黄色味がかかった「カロテノイド」、赤あるいは青の「フィコビリン」があり、それらのなかで細かな特徴が異なるいくつかの色素があります。

「カロテノイド」というのは、トマトやニンジンに多く含まれる色素で、分子の構造上、活性酸素の発生を抑える抗酸化作用があります（21ページ参照）。若さや健康を保つことができるとして、テレビの健康番組で取り上げられているのを目にしたことがあるのではないでしょうか。

近年の研究の成果により、このカロテノイドが植物の光合成装置のなかに組み込まれて、強力な抗酸化作用を発揮することが明らかにされています。光合成に使い切れない余った光のエネルギーをこれらの色素に渡して熱に変えているのです。この仕組みは「キサントフィルサイクル」と呼ばれ、活性酸素の発生を防いでいます。かつては補助的な色素のひとつにすぎないと考えられていた物質の隠されていた一面が明らかになったのです。

序章で、植物の定義は一筋縄ではいかない、この本では光合成を行なう生物をひとまず「植物」とするという話をしました（42ページ参照）。ひとくちに「光合成を行なう生物」（光合成生物）といっても、表1・1が示すとおり、細胞内にはひとつあるいは複数の光合成色素があり、植物の種類によってもっている色素にもバラつきがあります。

これらの光合成生物が、どのように進化の道筋をたどってきたか、いまわかっていることをまとめたのが図1・11です。

もっとも原始的なのが、細胞内に核をもたない「原核生物」の「光合成細菌」と「シアノバクテリア（藍藻）」です。これら共通の祖先から、「紅藻類」（ノリ）、「ケイ藻類」、「褐藻類」（コンブやワカメ）、「緑藻類」など、いずれも海水中や淡水中に生息する藻類が生まれてきました。「紅藻類」や「褐藻類」は、体内にそれぞれ赤や褐色の光合成色素を多くもち、見た目が緑色ではない、数少ない光合成生物のひとつです。そこから「緑藻類」がさらなる進化を遂げ、最初の陸上植物として「コケ植物」が生まれ、

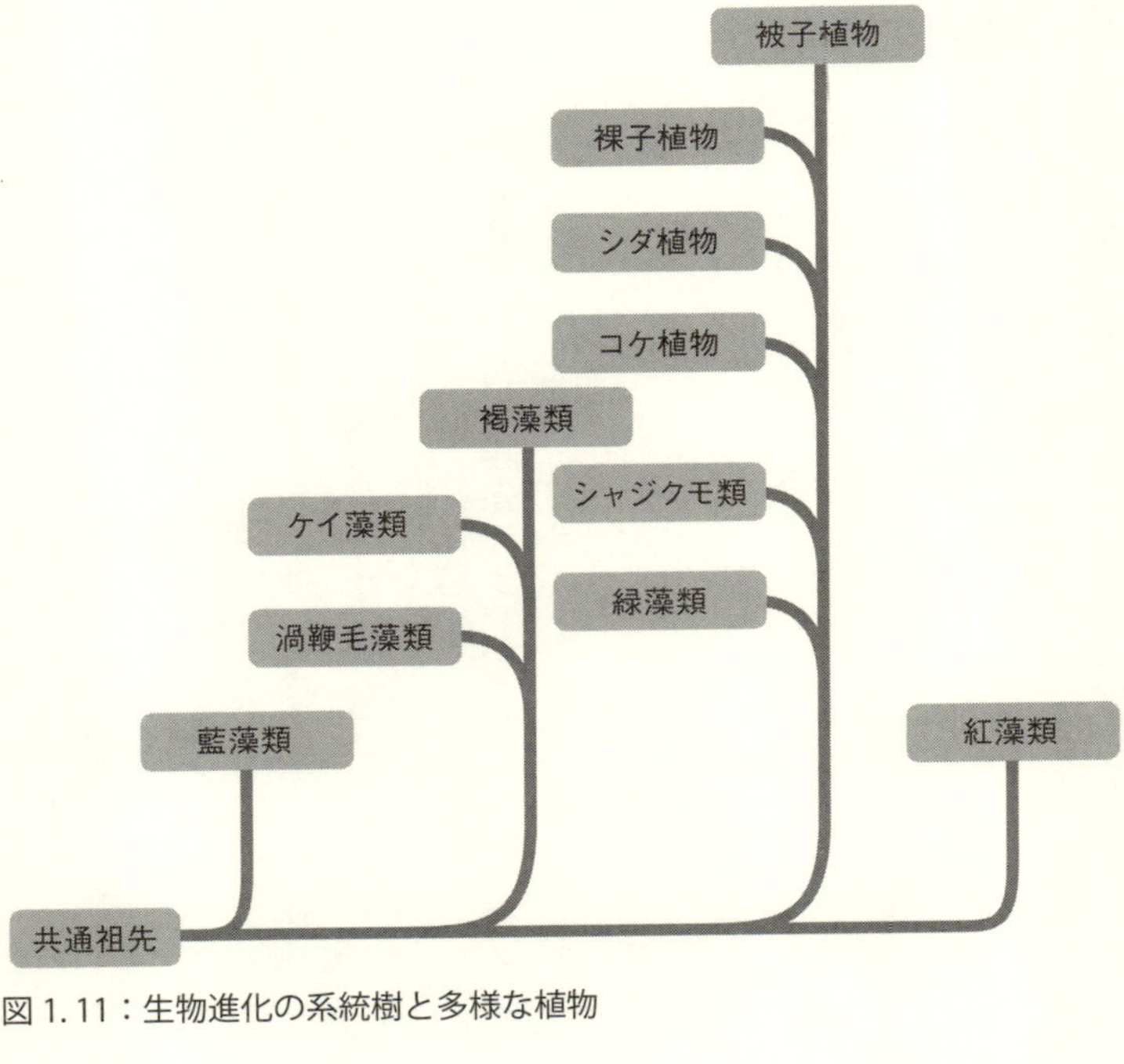

図 1. 11：生物進化の系統樹と多様な植物

順に「シダ植物」、「裸子植物」、「被子植物」へと進化の道筋をたどってきたと考えられています。

●化学式で見る光合成

さて、ここまでは光合成にまつわるさまざまな話をしてきましたが、いよいよここからが本題、光合成の仕組みをじっくり掘り下げていきます。いうなれば、ここまでは少し長めの肩慣らし。植物がどのようにして、太陽の光のエネルギーから、地球上の生物が生きていくために必要なエネルギーをつくり出すか、その植物ならではのスゴワザを、紐解いていきたいと思います。

最初にお断わりしておくと、ここからしばらくは、これまでとはギアがずいぶん変わります。「ちょっとついていくのが辛い……」と感じたら、ひとまず「光合成とは、エネルギーの変換作業である」（102ページ）や「炭素だけでは生きていけない」（112ページ）まで迷わず飛ばして、詳しい仕組みが知りたくなったら、またここまで戻ってきてください。

という前提で、まずは光合成の反応の概要をあらためて振り返っておきましょう。序章でも触れたとおり、光合成は、太陽の光のエネルギーを活用し、二酸化炭素（CO_2）と水（H_2O）からエネルギー源の炭水化物を得る働きです。光合成でつくられる炭水化物にはさまざまな種類がありますが、以下では説明を簡略化するために、便宜的にブドウ糖（$C_6H_{12}O_6$）と表記します。

光合成の反応を化学式であらわすと、次のようになります。

$6CO_2$（二酸化炭素）＋$12H_2O$（水） → $C_6H_{12}O_6$（ブドウ糖）＋$6H_2O$（水）＋$6O_2$（酸素）

ここで、矢印の前後で炭素（C）の動きに注目してください。炭素1つで構成される二酸化炭素（CO_2）分子6個が、光合成反応の結果、6つの炭素が結合したブドウ糖（$C_6H_{12}O_6$）1個に変換されています。

さらに、ブドウ糖（$C_6H_{12}O_6$）は、原子の数のうえでは「6（CH_2O）」と表現することができます。そう考えると、光合成とは、6つある二酸化炭素（CO_2）の酸素原子（O）の1つが、2つの水素原子（H）に置き換わる反応と見ることもできます。

このことは何を意味するのでしょうか？

それを理解するうえで重要なカギを握るのが、中学・高校の化学で習った「酸化」と「還元」の反応です。「〝酸化〟と〝還元〟って何だったっけ？」という人は、次のコラムを見ていただくとして、ここで起きている反応（酸素原子が水素原子に置き換わる反応）は、二酸化炭素（CO_2）の「還元」反応に相当します。すなわち、光合成とは、二酸化炭素（CO_2）を「還元」し、ブドウ糖（$C_6H_{12}O_6$）を合成する反応ということができるのです。

コラム◆光合成がさらに面白くなる化学の話（酸化と還元）

「酸化」と「還元」という言葉は覚えていても、「詳しいことは忘れてしまった……」、「結局何のことやらわからなかった……」という人も少なくないと思います。

学校で最初に教わるのは、物質に酸素がくっつく（錆びる）のが「酸化」で、物質から酸素が外れる（元に戻る）のが「還元」、という説明でしょう。少し高度になると、物質が水素を失うのが「酸化」で、水素とくっつくのが「還元」という説明になるでしょうか。

さらにもう一段高度になると、「酸化」と「還元」は、物質どうしの電子のやりとりだと説明されます（図1・12）。「酸化」は「物質が電子を失うこと」、「還元」は「物質が電子を得ること」というのが、詳しく光合成について学ぶ際には、前提として押さえておきたい知識です。

「酸化」と「還元」という2つの反応は、必ず同時に起こります。ある物質が「酸化」されて失った電子は、別の物質に受け渡され、その物質は「還元」されることになるからです。

このとき、相手を還元する物質を「還元剤」、相手を酸化する物質を「酸化剤」といいます。

「還元剤」は、相手に電子を与えることから自身は「酸化」され、「酸化剤」は、相手から電子を奪うことから自身は「還元」されます。慣れるまではちょっとややこしい関係ですが、この2つは必ずセットで起こる反応だということを頭の片隅に入れておいてください。また、還元剤が相手を還元する（電子を与える）力を「還元力」、酸化剤が相手を酸化する（電子を奪う）力を「酸化力」ともいいます。

もうひとつ、「酸化」と「還元」で押さえておきたいのは、「還元剤」から「酸化剤」への電子の受け渡しの際に、エネルギーが放出されることです。

物質にはそれぞれ、電子との固有の結びつきやすさがあります。水が高いところから低いところへ流れ、熱は温かいところから冷たいところへ伝わるように、電子は、電子と結びつきにくい（電

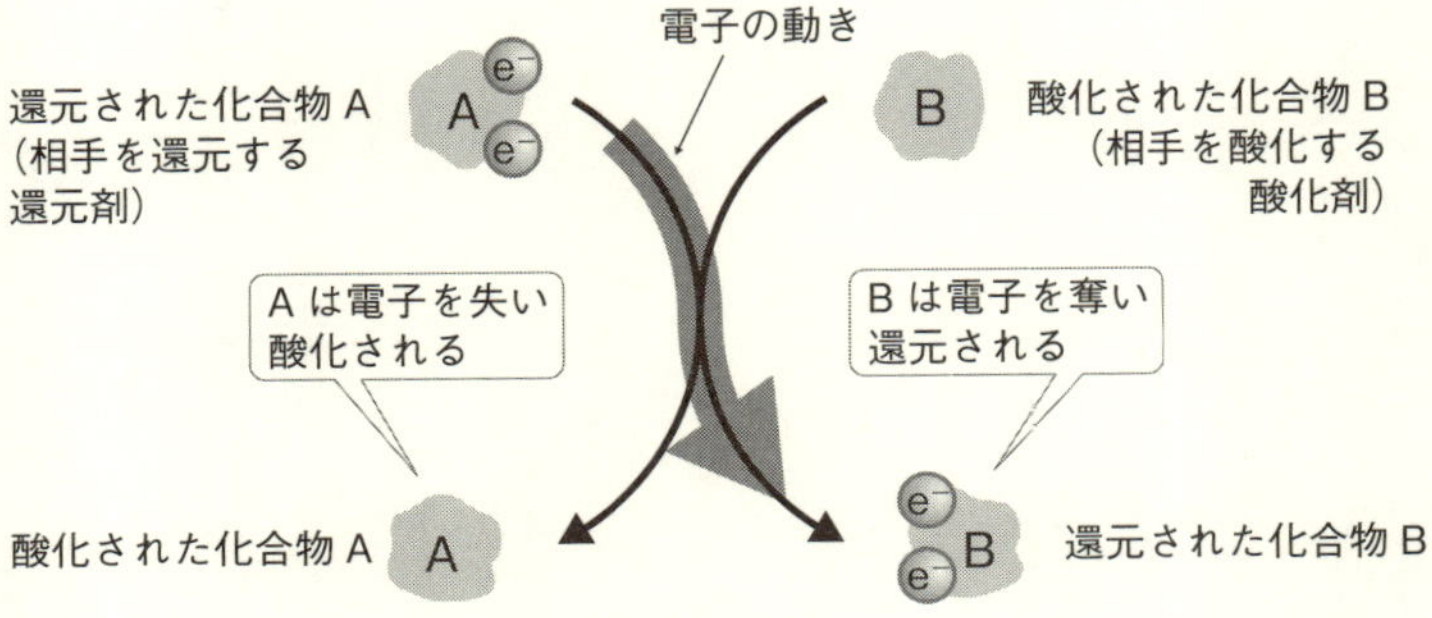

図1.12：酸化と還元は電子のやりとり（サダヴァ他（2010）をもとに作成）

子を与えやすい）物質から、電子と結びつきやすい物質へと伝わっていきます。このときの電子との結びつきやすさの指標を「酸化還元電位」と呼び、その差を「電位差」といいます。

水や熱の移動によってエネルギーが放出されるように、電子の伝達によってもエネルギーが放出されます。電子を与えやすい「還元剤」は、高いところにある物体が位置エネルギーを蓄えているのと同じように、電子というかたちで物質内に電位差のエネルギーを蓄えていることになるのです（図1・13）。

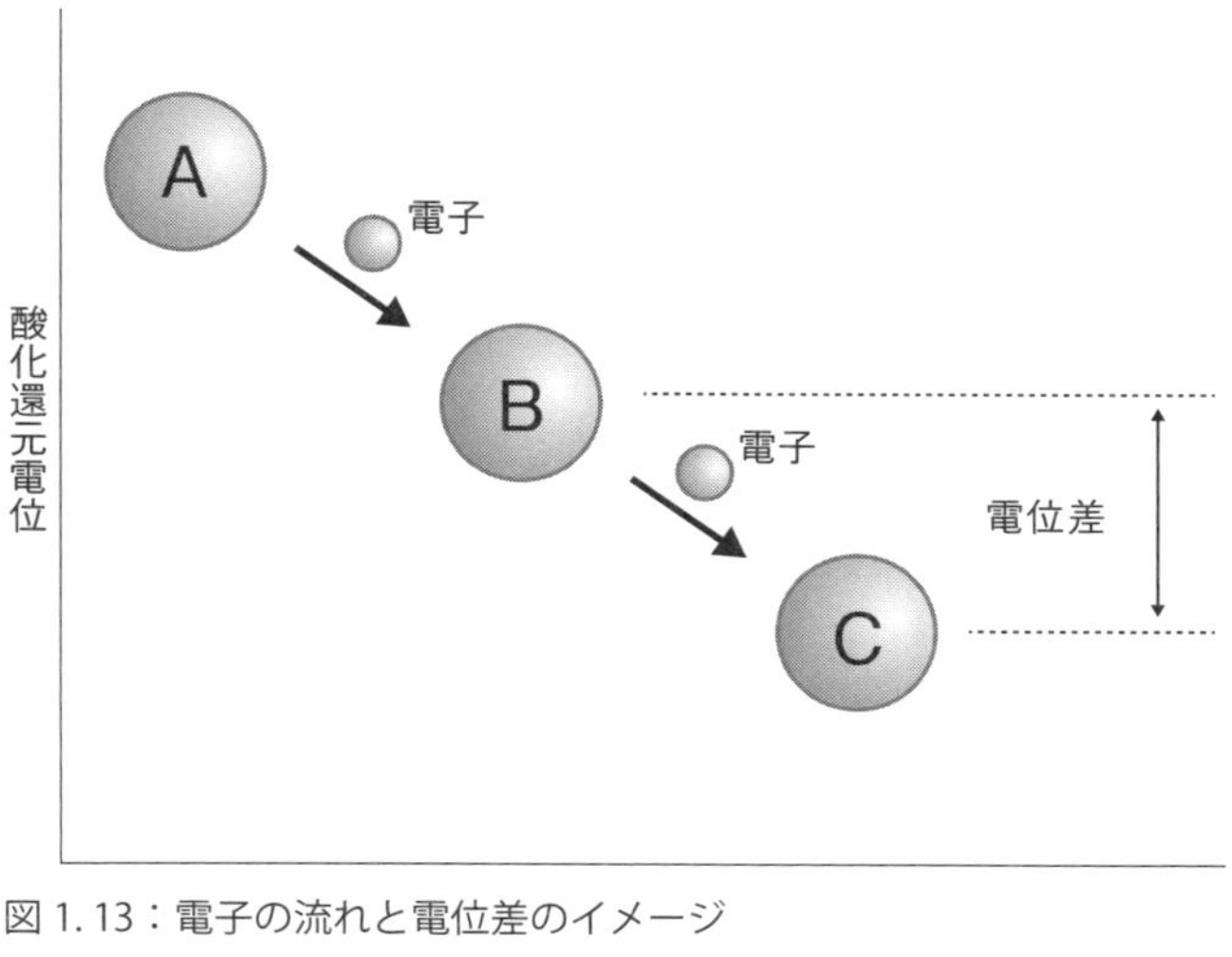

図 1. 13：電子の流れと電位差のイメージ

●光合成の2つの反応——チラコイド反応とストロマ反応

光合成は非常に複雑な反応ですが、大きく2つの段階に分けて理解することができます（図1・14）。

前半部分が、光エネルギーを「化学エネルギー」に変換する「光エネルギー変換反応」です。これは葉緑体のチラコイド膜の内部で起こることから、「チラコイド反応」とも呼ばれます。

「化学エネルギー」というのは、化学物質内部に蓄えられるエネルギーのことで、物質を燃焼すると光や熱が発生するのは、物質内の「化学エネルギー」が光や熱のエネルギーに変換されるからです。光のエネルギーを元手に「化学エネルギー」をつくり出すこと。それが、「チラコイド反応（光化学反応）」で起きていることです。

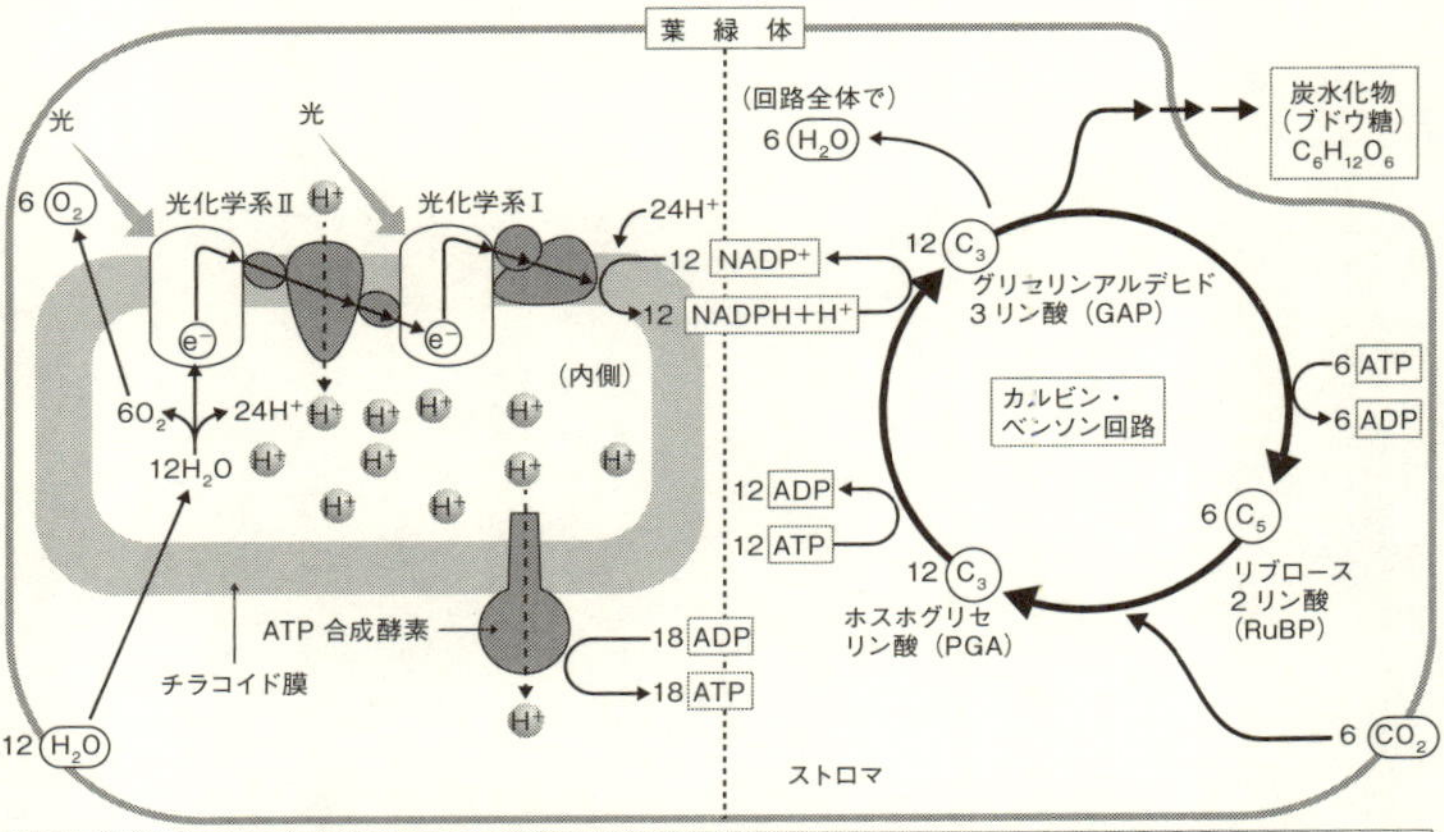

図1.14：光合成の全体像

光合成の後半部分が、二酸化炭素（CO_2）を還元してブドウ糖（$C_6H_{12}O_6$）を合成し、植物内に二酸化炭素を固定する「炭素同化反応」です。この反応は、葉緑体のストロマで起こることから「ストロマ反応」とも呼ばれ、これには「チラコイド反応」でつくられた「化学エネルギー」が使われます。

この2つの反応は連動して起こりますが、反応の特性には違いも見られます。「チラコイド反応」は光エネルギーに依存するのに対し、「ストロマ反応」は光エネルギーを直接的には利用しません。そのため、前者を明るいところで起こる「明反応」、後者を暗いところでも進む「暗反応」と呼ぶこともあり、少し前までは、中学や高校の生物の教科書ではこの名称が使われていました。それが近年あまり使われなくなったのは、「チラコイド反応」の一部の反応は光の有無に関係なく進むこと、「ストロマ反応」も、光のないところでは反応が進まないことが明らかになり、この名称は実態を正確にあらわしていないと考えられるようになったからです。

●光の力で電子が動く——チラコイド反応

図1・14を見ながら、光合成の前半部分、「チラコイド反応」の流れを追いかけていきましょう。図中で楕円に囲まれた袋状のものが葉緑体のチラコイド、その外側がストロマです。チラコイドの膜上には、「チラコイド反応」を司るいくつかの分子が埋め込まれていて、このうち2つは、

すでに触れた、光のエネルギーを受け取る「光化学系（PS）」というタンパク質複合体です（62ページ参照）。「光化学系（PS）」には「光化学系Ⅰ」と「光化学系Ⅱ」の2つがあり、非常にややこしいのですが、反応の順番としては「光化学系Ⅱ」が先に働き、そのあとで「光化学系Ⅰ」が作動します。

先ほど、光合成は、二酸化炭素（CO_2）を還元してブドウ糖（$C_6H_{12}O_6$）を合成する反応だと触れました。「還元」とは、物質が電子を受け取る反応で（85ページのコラム参照）、二酸化炭素は還元されて電子を受け取り、ブドウ糖が合成されます。二酸化炭素が電子を得るには、そのための電子の供給源が必要で、「チラコイド反応」は電子を用意する過程と見ることができます。

そこで重要な役割を果たすのが、2つの「光化学系（PS）」です。「光化学系（PS）」は光のエネルギーを電子のエネルギーに変換し、「チラコイド反応」全体で「還元力」（電子を与える力）を生み出す原動力となっています。

この反応で何が起きているかを細かく見てみましょう。

まず、「光化学系Ⅱ」の「アンテナ複合体LHC」が、光合成色素の働きにより、太陽の光エネルギーを捕まえます。すると、色素の分子に含まれる電子が、光エネルギーを受けとって、活性化されます（この状態を「励起状態」といいます）。このエネルギーは、「LHC」の分子を媒介して伝搬され、最終的には、「反応中心複合体」のまさに「反応中心クロロフィル*a*」にまで受け渡されます。

その結果、「反応中心クロロフィルa」の電子が「励起状態」となり、電子を他の物質に与える力（還元力）をもちます。「光化学系Ⅱ」の「反応中心クロロフィルa」から電子を受け取るのが、「電子伝達鎖」と呼ばれる分子群で、受け取った電子は「光化学系Ⅰ」に受け渡します。

この「電子伝達鎖」はもともと電子を受け取りやすい状態にあり、「光化学系Ⅱ」から電子を受け取ったときに還元され、その電子を「光化学系Ⅰ」に受け渡したときに酸化され、再び電子を受け取りやすい状態へと戻ります。

「光化学系Ⅰ」では、「光化学系Ⅱ」とよく似た反応が起こります。「ＬＨＣ」が捕まえた光のエネルギーが「反応中心複合体」の「反応中心クロロフィルa」に伝わると、「反応中心クロロフィルa」の電子が光のエネルギーによって「励起状態」となり、「クロロフィルa」から飛び出していきます。

このとき放出された電子を最終的に受け取るのが、「ＮＡＤＰ／ＮＡＤＰＨ」という不思議な名称の物質です。この物質は、電子の受け渡しにより、「ＮＡＤＰ」と「ＮＡＤＰＨ」という2つの状態を行き来する性質があり（だからこんな不思議な表記になっています）、「ＮＡＤＰ」は、電子を受け取る（還元）ときに水素イオン（H^+）と結合して「ＮＡＤＰＨ」へと変わり、反対に、「ＮＡＤＰＨ」が電子を失う（酸化）と、水素イオン（H^+）が分離して「ＮＡＤＰ」へと変わります。

還元される「ＮＡＤＰ」は電子を受け取る（相手から電子を奪う）「酸化力」をもった「酸化剤」、酸化される「ＮＡＤＰＨ」は相手に電子を与える「還元力」をもった「還元剤」となっています。

「チラコイド反応」の最後で、「光化学系Ⅰ」から電子を受け取った（還元された）「NADPH」は、このあとの「ストロマ反応」で重要な役割を果たします。二酸化炭素（CO_2）に電子を与える「還元力」をもった物質として、ブドウ糖（$C_6H_{12}O_6$）をつくる原動力のひとつとなるのです。この「NADPH」の「還元力」が、「チラコイド反応」によってつくられる「化学エネルギー」のひとつです。

なお、「NADP／NADPH」には呪文のような長い長い正式名称がありますが、ここでは略称と、それぞれの役割だけ押さえておけばそれで十分です。

●光合成を進める「電位差」のエネルギー

光合成は、光や温度、二酸化炭素濃度が一定の条件を満たした場合に、絶え間なく連続して起こる反応です。2つの「光化学系」の「反応中心クロロフィル*a*」が電子を失い酸化されたままでは、反応がそこで止まってしまいますが、そうならないのは、「反応中心クロロフィル*a*」がどこかから電子を受け取り、再び還元される仕組みがあるからです。「光化学系Ⅰ」の酸化した「反応中心クロロフィル*a*」に電子を供給するのは、先ほど触れた「電子伝達鎖」ですが、「光化学系Ⅱ」の「反応中心クロロフィル*a*」は、いったいどこから電子が提供されるのでしょうか……。

そこで注目したいのが、水分子（H_2O）から酸素分子（O^2）が生成される反応です。水の分解は、水の水素原子2つが1つの酸素原子に置き換わる「酸化」反応で、その過程で水が電子を失い、「光化学系Ⅱ」に供給されます。

よく、「植物は二酸化炭素を吸って酸素を吐き出す」という言い方をしますが、光合成の反応経路をつぶさに見ると、この表現はやや正確性を欠きます。酸素の発生は「チラコイド反応」の冒頭で起きているのに対し、二酸化炭素は、このあと見るように「ストロマ反応」で炭水化物の合成のために使われているからです。両者は、直接は関係しない別の反応で、光合成によって植物から吐き出される酸素は、二酸化炭素に由来するものではなく、水に由来するものなのです。

ここで、「チラコイド反応」の流れをまとめておきましょう。

「光化学系Ⅱ」は、光のエネルギーによって電子を失い（酸化）、水の酸化反応（酸素発生）によって失った電子が補充されます。続く「電子伝達鎖」は、「光化学系Ⅱ」から受け取った電子を「光化学系Ⅰ」に受け渡し、「光化学系Ⅰ」は、光のエネルギーによって失った電子を補充します。このとき、「電子伝達鎖」は、最初に電子を受け取った時点で還元され、電子を次の反応に受け渡す時点で、もとの酸化した状態に戻ります。

このようにまとめてみると、「チラコイド反応」の一連の流れにおいて、「光化学系」と「電子伝達鎖」は手を取り合い、「還元」と「酸化」を繰り返していることが見えてきます。

先のコラムのなかで（87ページ参照）、電子の受け渡しは「電位差」のエネルギーによって起こることを紹介しました。「チラコイド反応」におけるエネルギーの受け渡しを模式化したのが

図1・15の矢印の流れです。光からエネルギーを得て励起された電子が、水が高いところから低いところへ流れるように、電位差を利用して上から下へと受け渡されているのが見てとれます。

ここでは詳しい説明は省きますが、電位は値がマイナスになるほどエネルギーとしては大きくなります。光のエネルギーによって「反応中心」の電位が低下し（マイナス値が大きくなり、エネルギーが大きくなる）、その「電位差」のエネルギーが「チラコイド反応」を駆動します。それによって「NADPH」という「還元力」をもった物質がつくられ、後続の「ストロマ反応」を推し進める重要な力になります。たとえていうなら、歯車によって力学的なエネルギーが伝えられるように、光から受け取ったエネルギーが「電位差」のエネルギーに変換され、「NADPH」の「還元力」を媒介に、「ストロマ反応」が引き起こされているのです。

●生体内の「エネルギーの通貨」——ATPの生産

ちょっと先走って「ストロマ反応」の話をしてしまいましたが、「チラコイド反応」にはまだ

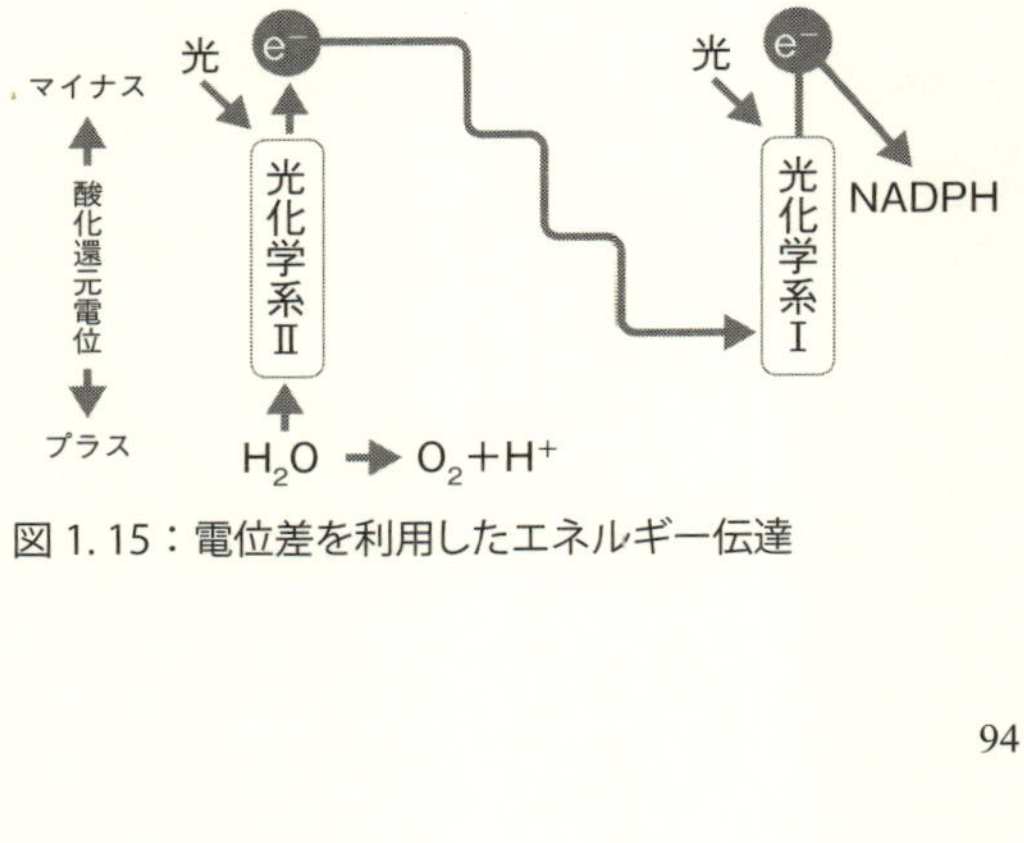

図 1. 15：電位差を利用したエネルギー伝達

続きがあります。反応の最終段階で、「NADPH」と並んで重要な、もうひとつの「化学エネルギー」がつくられます。それが、「ATP（アデノシン3リン酸）」という物質です。

「ATP」は、「ADP（アデノシン2リン酸）」という物質に分解されるときにエネルギーを放出し、それがあらゆる生命活動の源となります。植物を含むすべての生物は、細胞分裂や運動、体をつくる物質の合成など、生きていくために必要なエネルギーの受け渡しに、この「ATP」のエネルギーを利用しています。そのため、「ATP」は「エネルギーの通貨」とも呼ばれます。

「ATP」が便利なのは、「ADP」に一定の条件下でエネルギーを与えると、「ATP」を再生産できることです。「ATP」を「ADP」に分解してエネルギーを取り出したあと、新たにエネルギーを投入すれば、「ADP」から再び「ATP」をつくることができるのです。このグルグル循環するイメージと、その果たしている役割の大きさが、「ATP」が「エネルギーの通貨」と呼ばれるゆえんです。なお、ある物質とリン酸が結合する反応のことを、「リン酸化」といい、ADPからATPがつくられることも「リン酸化」反応のひとつです。

この「ATP」がもつ化学エネルギーが、後続の「ストロマ反応」で重要な役割を果たします。物質に電子を受け渡す還元反応を引き起こすには、「チラコイド反応」における光のエネルギーのように、外からのエネルギー投入が必要だからです。「ATP」の化学エネルギーによって二酸化炭素（CO_2）が還元され（電子を受け取り）、ブドウ糖（$C_6H_{12}O_6$）が合成されます。植物は、この「ATP」も、光のエネルギーを元手につくり出しています。

●2つの反応をつなぐ2つの「化学エネルギー」——ATPとNADPH

光合成で「ATP」が登場するのは、「チラコイド反応」の最終段階です。このとき「ADP」にエネルギーが投入され、「ATP」がつくられます（リン酸化）。このときの「ATP」を合成するエネルギーがどこからやってくるかというと、重要なカギを握るのが、水素から電子がとれた水素イオン（H^+）です。

水素原子は、正（プラス）の電荷をもつ「陽子（プロトン）」と、負（マイナス）の電荷をもつ1つの「電子」からできています（水素は、水素以外の原子に含まれる「中性子」をもちません）。つまり、水素イオン（H^+）は陽子そのものであるため、生化学の分野では、水素イオンのことを「プロトン」と呼ぶのが通例です。

「チラコイド反応」において、「プロトン」は2つのルートで増えていきます。

ひとつが、「光化学系Ⅱ」に電子を供給する水分子の酸化反応です。このとき、水分子（H_2O）は水素原子（H）2つと酸素原子（O）1つに分解され、酸素原子は2つ結びついて酸素分子（O_2）になります。このとき、水素原子は電子を失い2つの「プロトン」が生成されます。奪われた電子は、すでに触れたように（91ページ参照）、「光化学系Ⅱ」の「クロロフィルa」に補充されます。

もうひとつは、「電子伝達鎖」が関わるルートです。「電子伝達鎖」では、電位差を利用して電子が受け渡される際、エネルギーが放出されます。そのエネルギーを活用して、ストロマからチラコイド内に「プロトン」が能動的に組み入れられるのです。

すると、図1・16に示すように、チラコイド内のプロトン濃度が高くなり、一方でストロマのプロトン濃度は低下し、チラコイド膜を挟んでプロトンの濃度差（濃度勾配）が生まれます。このとき、チラコイド内のプロトンはストロマへ移動しようとしてエネルギーをもちます。それは、ダムに溜まった水が下に落ちようとして位置エネルギーをもつのと同じような、物理的なエネルギーです。

ここで重要な役割を果たすのが、チラコイド膜に組み込まれた「ATP合成酵素」というタンパク質です。プロトンがチラコイドからストロマへ移動する通り道（チャネル）をつくり、そのときのプロトンが通過するエネルギーを活用して、「ADP」から「ATP」を合成（リン酸化）します。ダムが放水のエネルギーを電力に変えて水力発電を行なうように、「ATP合成酵素」は、プロトンの濃度勾配がもっていたエネルギーを利用して、「ADP」から「ATP」を合成するのです。

面白いことに、この「ATP合成酵素」は、まるで電気エネルギーを回転エネルギーに、あるいは回転エネルギーを電気エネルギーに変換するモーターのような分子構造をしています（図1・16）。プロトンがチラコイドからストロマへ移動する際、モーター部がプロトンを運ぶ流れによって回転し、それによって生じたエネルギーで「ATP」が合成されています。

「チラコイド反応」で生成された「ATP」と、「還元力」をもつ「NADPH」の2つの化学エネルギーは、この後の「ストロマ反応」を駆動する原動力となります。「ATP」は、「ストロマ反応」で二酸化炭素の還元反応を引き起こすエネルギー源として、「NADPH」は、二酸化炭素を還元してブドウ糖を合成する「還元剤」として利用されます。「ATP」と「NADPH」の2つの化学エネルギーが、「チラコイド反応」と「ストロマ反応」をつなぐ役割を果たしています。

なお、「チラコイド反応」において、「ADP」から「ATP」がつくられる一連の反応を、光のエネルギーを源に「リン酸化」が起こることから「光リン酸化」と呼びます。

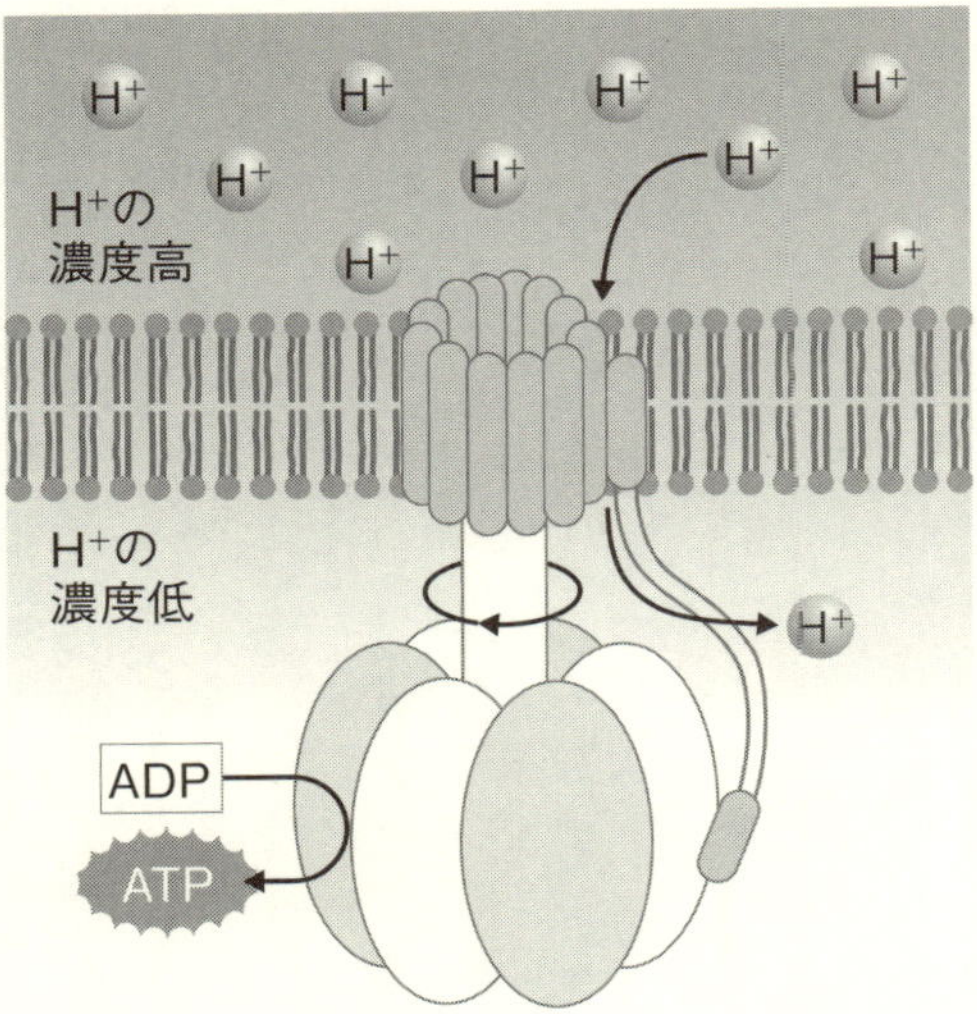

図 1.16：ATP 合成酵素

●炭素は巡るよ、どこまでも――ストロマ反応

続いて、光合成の後半部分の「ストロマ反応」です。その名のとおり、葉緑体のストロマで反応が起こり、植物内に二酸化炭素を固定し、ブドウ糖を合成することから、「炭素同化反応」とも呼ばれます。炭水化物は、「ATP」と「NADPH」の2つの化学エネルギーを活用し、二酸化炭素（CO_2）を還元してつくられます。

「ストロマ反応」は、炭素化合物の分解や合成が連続して起こる化学反応で、その全体像は、図1・17に示したように、大きく3つの段階に分けられます。図中の「C」の右下の数字は、分子中にいくつの炭素が含まれているかを示しています。

最初に起こるのが、「二酸化炭素固定」と呼ばれる、二酸化炭素（CO_2）がもつ炭素（C）を植物内の炭素化合物に固定する一連の反応です。ストロマに二酸化炭素が供給されると、「RuBP（リブロース2リン酸）」という5つの炭素からなる化合物が二酸化炭素と反応し、6つの炭素からなる化合物が合成され、すぐに、3つの炭素からなる「PGA（ホスホグリセリン酸）」という2つの化合物に分解されます。

なお、ここで登場する炭素化合物の正式名称を、記憶に留める必要はありません。重要なのは、炭素（C）の数の変化です。反応の冒頭、二酸化炭素（CO_2）分子1つと「RuBP」（C_5）分子1つが反応し、炭素6つが1セットになっていることが、まずは押さえておくべきポイントです。

この「二酸化炭素固定」反応を進めるのが、「RuBisCO（ルビスコ）」という酵素です。酵素というのは、物質の化学反応を促進する触媒の働きをするタンパク質のことで、ルビスコは二酸化炭素と「RuBP」（C_5）の結合・分解を取りもちます。

「二酸化炭素固定」に続くのは、「還元と糖産生」というひと続きの反応です。この過程で、「チラコイド反応」で生成された「ATP」がエネルギーとして投入されます。前の反応で2つに分解された「PGA」（C_3）は、「ATP」が「ADP」に分解される際に放出されたリン酸と結合し（リン酸化）、「NADPH」から電子を受け取って（還元）、炭素3つからなる「GAP（グリセルアルデヒド3リン酸）」が合成されます。そして、2つの「GAP」（C_3）を

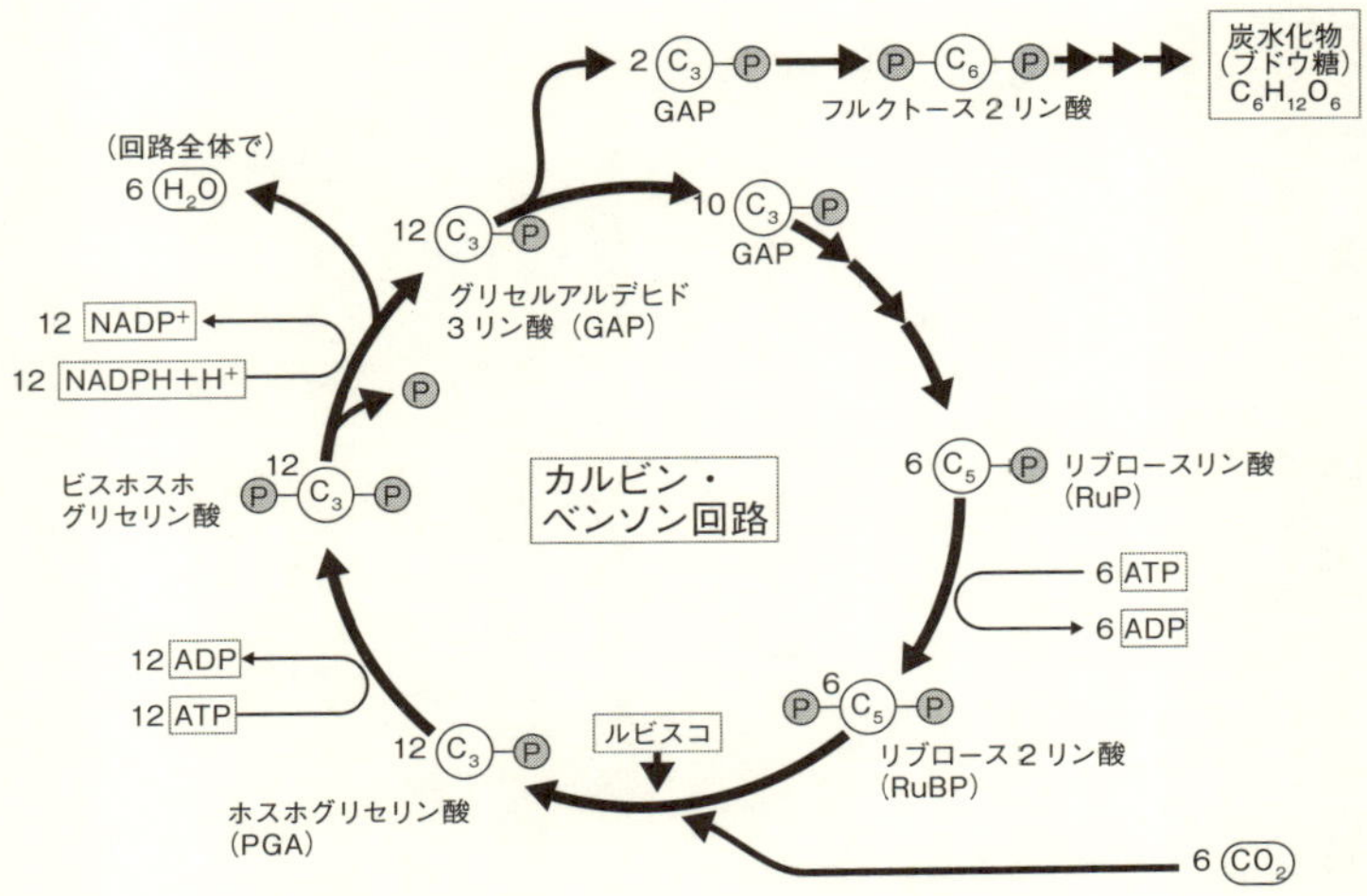

図 1.17：ストロマ反応（カルビン・ベンソン回路）

もとにして、ブドウ糖がつくられます。

この段階では、「GAP」の6分の1だけがブドウ糖の合成に使われ、残りの6分の5は、この後の反応で使われます。電子を与えた「NADPH」は酸化され（電子を放出し）、「NADP」の状態に戻り、「チラコイド反応」で電子を受け取る役割を再び果たせるようになります。

次の段階は「RuBP再生」です。その名のとおり、残った6分の5の「GAP」（C_3）から「RuBP」（C_5）を再生する反応で、「ATP」を必要とするいくつかの反応からなります。

このように、「RuBP」（C_5）が二酸化炭素と反応することから始まった「ストロマ反応」は、「RuBP」が再生されてスタート地点へと戻り、再び二酸化炭素と反応できるようになります。つまるところ、「ストロマ反応」とは、二酸化炭素と「ATP」、「NADPH」の投入によりグルグル回り続ける回路です。この仕組みは、カルビンとベンソンという2人の研究者が発見したことから、「カルビン・ベンソン回路」とも呼ばれ、カルビンは、1961年にノーベル賞を受賞しています（回路の発見報告は1950年）。

ここで、84ページの化学式と「ストロマ反応」全体を振り返り、反応の前後で炭素（C）の収支を確認しておきましょう。図1・17にあるように、ブドウ糖（$C_6H_{12}O_6$）を1分子つくるのに、二酸化炭素（CO_2）は6分子必要です。回路を1周させて取り込めるのは二酸化炭素1分子ですから、回路6周でブドウ糖1分子がつくられる計算です。別の見方をすれば、回路1周ごとに、二酸化炭素1分子が1つずつ、植物の体内に固定されていることになります。

じつは、ここまで便宜的に、光合成によってブドウ糖がつくられると説明してきましたが、これは厳密な意味での正確性を欠いています。反応の過程でブドウ糖にリン酸が結合した物質はつくられますが、ブドウ糖そのものがつくられることはないからです。それなのに説明にブドウ糖を使ったのは化学式で表現しやすいこと、化学式とあわせて回路の流れで炭素の収支をつかみやすいのが主な理由です。

光合成の「ストロマ反応」（カルビン・ベンソン回路）でつくられる物質は、厳密にいえば、炭水化物である「グリセルアルデヒド3リン酸（GAP）」（C_3）です。「GAP」は、あるときは葉緑体の「ストロマ」内で「デンプン（$(C_6H_{10}O_5)_n$）」をつくるもととなり、あるときは葉緑体の外へ運び出されて細胞質で「ショ糖（$C_{12}H_{22}O_{11}$）」をつくるもとになります。葉緑体のデンプンはエネルギーの貯蔵用として、ショ糖は全身にエネルギーを送るために使われます。なお、ショ糖もデンプンもどちらも「炭水化物」です。

●光合成とは、エネルギーの変換作業である

ここまでの話をまとめると、光合成は次のように定義し直すことができます。

光合成とは、光のエネルギーを、「NADPH」と「ATP」という2つの化学エネルギーに変換し、この2つの化学エネルギーを使って二酸化炭素（CO_2）を還元し、炭水化物を合成する反応で

ある――。

光合成でつくられる炭水化物は、二酸化炭素が還元されて電子が増えた分だけ、エネルギーを多く物質内部に蓄えています。このようにして炭水化物に蓄えられた化学エネルギーは、植物自身が生きていくためだけでなく、動物が植物を食べることで、動物が生きていくエネルギー源にもなります。それが、植物が「独立栄養生物」として、地球上の生命活動を支えているということの意味なのです。

というふうに見てくると、光合成とは、光のエネルギーを元手に、化学エネルギーを蓄えた炭水化物をつくり出す、エネルギーの変換作業ということもできます。

そもそもの話、「エネルギー」とは何でしょうか。

物理学では、エネルギーとは「仕事をする力」、「ものを動かす力」と説明されますが、生物学、あるいは生化学の分野では、「動きや変化をもたらす力」ととらえておくとわかりやすいかもしれません。

エネルギーというのは、無から有をつくり出すことはできません。できるのは、すでに存在するエネルギーを変換することだけです。

木材でも石炭でも石油でも、燃焼させると熱が発生するのは、物質に蓄えられていた化学エネルギーが熱エネルギーに変換されるからです。熱エネルギーを使って水を沸かし、発生した蒸気でタービンを回して発電すれば電気エネルギーが生まれ、蒸気をそのまま動力として使えば（これが蒸気機関です)、運動エネルギーを生み出すことができます。いずれもすべては、元のエネルギーがかたちを変えているにすぎません。

生命活動も、この原則から逃れることはできません。

すべての生物が、生きるためのエネルギーを何らかのかたちで外部に頼り、それを変換して生命活動を営んでいます。植物は、光のエネルギーをいったん化学エネルギーに変え、そこから生きるためのエネルギーを得ています。動物は動物で、植物がつくり出したブドウ糖を食べることで、そこに蓄えられた化学エネルギーを取り出して、生命活動のエネルギーを得ています。

生命活動とは、物質に蓄えられた化学エネルギーを取り出し、生きるためのエネルギーに変える、エネルギー変換作業だということができるのです。

●地球上最多のタンパク質は不器用でうっかり者?――ルビスコの光呼吸

話を「ストロマ反応」に戻しましょう。「二酸化炭素固定」反応で登場した「ルビスコ」という音の響き、何かと似ていなくはないでしょうか。そうですね、食品メーカーの「ナビスコ」です。

ここまで本書を読んでいただいた人はよくおわかりだと思いますが、生物学や植物学の世界では、物質名やら器官名やら、聞き慣れない用語が頻出し、言葉を覚えるのもひと苦労です。そこで、新たに発見した酵素に、聞き慣れた名前に似せた名称をつけることで、名前を覚えやすくしようとしたという、嘘のような本当の話です。

通常、酵素というのは、生体内で化学反応を促進する役割を担いますが、この「ルビスコ」は、酵素でありながら反応速度が遅いという、弱点ともいえる不思議な特徴をもっています。仕事の遅い「ルビスコ」が、動物や植物の生命活動を支える大量の炭水化物をつくり出すには、人海戦術しかありません。そのため、葉の水溶性タンパク質の総量の半分近くをルビスコが占め、地球上で最も大量に存在するタンパク質だといわれています。

さらに厄介なことに、「ルビスコ」は仕事が遅いうえにうっかり者でもあります。「ルビスコ」が結びつけるべきは、「RuBP（リブロース2リン酸）」（C_5）と二酸化炭素（CO_2）であるはずが、二酸化炭素濃度が低くなると、つい酸素（O_2）と反応させてしまうのです。すると、ブドウ糖（$C_6H_{12}O_6$）の合成に必要な炭素（C）の数が1つ足りなくなり、本来であれば「PGA（ホスホグリセリン酸）」（C_3）が2セットつくられるはずが、「PGA」（C_3）は1つしかつくられなくなってしまいます。

それだけならまだしも、このときに「ルビスコ」は、ブドウ糖の合成に何の役にも立たないどころか、正常な「ストロマ反応」の邪魔をする、炭素2つからなる化合物をもつくり出してしまいます。

その邪魔者は、「光呼吸」という複雑な反応を経て、「PGA」（C_3）につくり直されるのですが、この「光呼吸」がまた曲者です。「ストロマ反応」を回すために必要な「ATP」と「NADP

H」を消費して、さらに、それまでせっせと固定してきた炭素の一部を分解し、二酸化炭素として放出する無駄使いをしてくれるのです。酸素を吸収して二酸化炭素を放出するところから、「呼吸」という名がつけられたわけですが、二酸化炭素から炭水化物を合成するという観点からすると、足を引っ張る反応以外の何ものでもありません。

「光呼吸」は、高温で乾燥した環境でより多く発生します。本章の冒頭付近で触れたように、乾燥した環境では、内部の水分の蒸発を防ぐため、葉は気孔を閉じる必要がありますが、それに伴い、内部の気体の交換もできなくなってしまいます。すると、光合成が進むにつれて二酸化炭素濃度が低くなると同時に酸素濃度が高くなり、「ルビスコ」は「RuBP」が酸素と反応することを触媒するケースが増えるのです。

このように不都合かつ非効率な反応を、植物がなぜもち続けているか、理由はよくわかっていませんが、ひとつ興味深い説があります。それは、一見して無駄な反応をするのは、奥に何らかの意味があるからで、強すぎる光から身を守るための防御策となっているのではないかという説です。強すぎる光がなぜ有害かはすでに何度か見たとおりですが、そうならないよう、あり余ったエネルギーを逃がすべく、葉の内部にたまった酸素を使って「光呼吸」をしているのではないかと、考えられているのです。

●暑さを味方に変えたC_4植物

この何とも厄介な「光呼吸」を抑える仕組みをもった植物もいます。それが、トウモロコシやサトウキビなど、高温を常とする熱帯性の植物です。

これらの植物も、やはり暑い盛りには、水分の蒸発を防ぐため気孔を閉じますが、「光呼吸」が起きない仕組みを備えていて、光合成の速度が低下することはありません。これは、より進化した光合成のメカニズムです。

仕組みを見る前に、まず、名前の確認をしておきましょう。この章で主に説明してきた、高温環境下で「光呼吸」を行なうことが確認される植物を「C_3植物」と呼び、「光呼吸」を抑える仕組みをもった植物を「C_4植物」と呼びます。名前の由来は、「二酸化炭素固定」反応において、二酸化炭素が結合して最初につくられる化合物の炭素（C）の数にあります。「C_3植物」は、炭素3つからなる「PGA（ホスホグリセリン酸）」を、「C_4植物」は、炭素4つからなる「オキサロ酢酸」を、それぞれ最初の反応でつくり出します。

「C_4植物」の大きな特徴は、二酸化炭素を固定するために、2つの反応経路をもつことです。ひとつは、これまで見てきた「C_3植物」と共通の「カルビン・ベンソン回路」、もうひとつが、「C_4植物」に固有の「C_4回路」です。

この2つの回路は、「C_4植物」の葉の、別々の細胞にあります（図1・18）。「C_4回路」は葉の周囲に位置する「葉肉細胞」、「カルビン・ベンソン回路」は葉の中心付近に位置する「維管束鞘細胞」と、物理的に離れたところに陣取っています。

反応の順番としては、先に「葉肉細胞」で「C_4回路」が作動し、その後、「維管束鞘細胞」で「カルビン・ベンソン回路」が働いて、最終的に炭水化物が合成されます。反応経路全体の流れは、図1・19に示したとおりです。

「葉肉細胞」の「C_4回路」では、気孔から取り込んだ二酸化炭素（CO_2）を、炭素3つからなる「PEP（ホスホエノールピルビン酸）」と結合させ、炭素4つからなる「オキサロ酢酸」を合成します。このとき、二酸化炭素と「PEP」（C_3）を結びつける酵素を「PEPカルボキシラーゼ」といいます。

「オキサロ酢酸」（C_4）は、前段の「チラコイド反応」でつくられた「NADPH」の「還元力」により、同じく炭素4つからなる「リンゴ酸」に変換されます。「リ

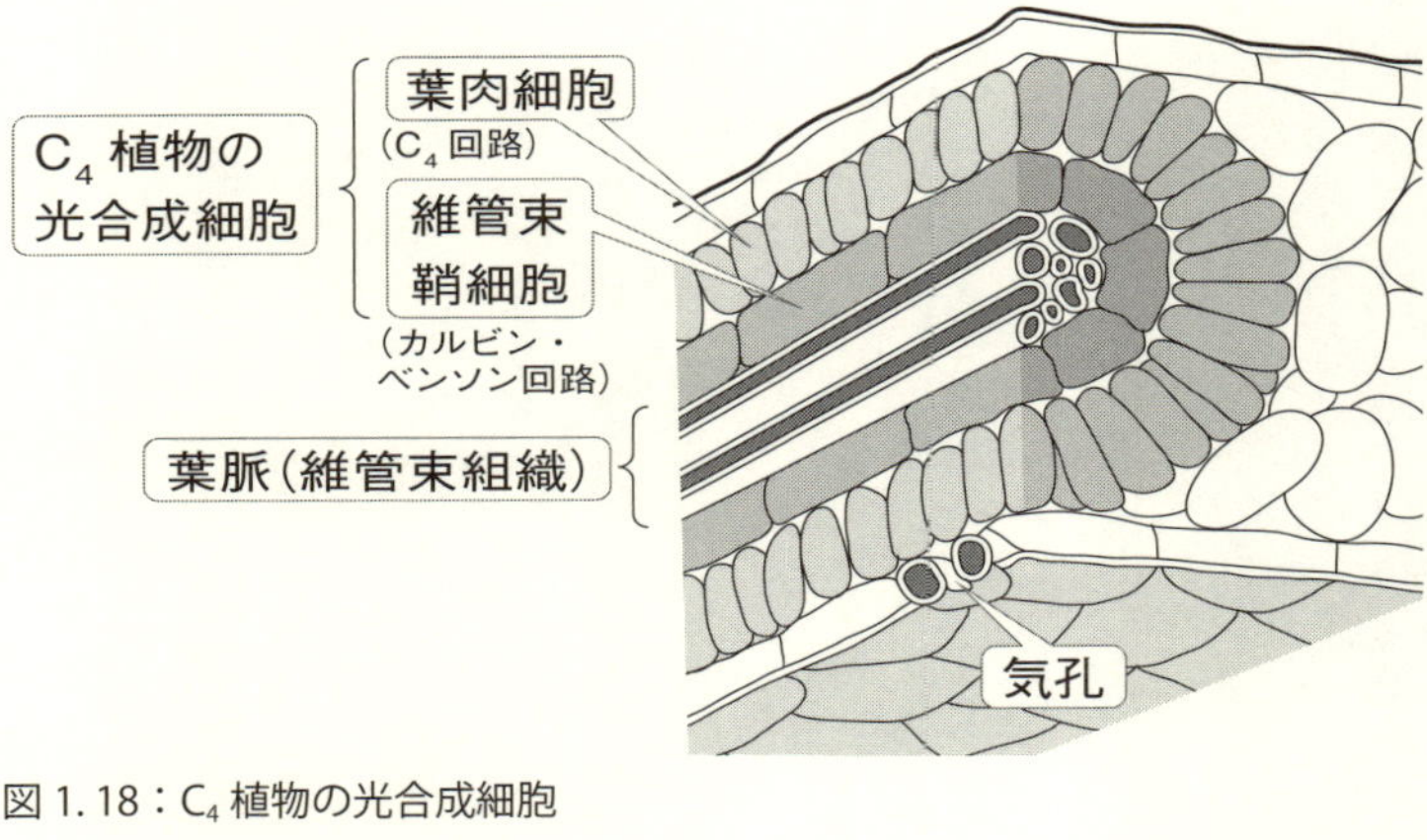

図 1.18：C_4 植物の光合成細胞

ンゴ酸」（C_4）は、「維管束鞘細胞」の葉緑体に送られて二酸化炭素を放出し、炭素3つからなる「ピルビン酸」になって「葉肉細胞」に送り返されます。「ピルビン酸」（C_3）は、「ATP」のエネルギーを利用してリン酸化され、「C_4回路」のスタート地点である「PEP」（C_3）が再生されます。

「維管束鞘細胞」の「カルビン・ベンソン回路」は、「C_3植物」とほぼ同じ反応経路をたどります。違うのは、二酸化炭素の供給源です。「葉肉細胞」の「C_4回路」から「リンゴ酸」（C_4）を「ピルビン酸」（C_3）に分解する際に放出された二酸化炭素を使い、炭水化物が合成されます。

●手間をかけるのにはワケがある――C_4回路の意義

以上の流れだけ見ると、二酸化炭素から炭素化合物を合成し、それを分解して二酸化炭素をつくるのは単なる二度手間でしかありません。おまけに、その手間のために「NADPH」と

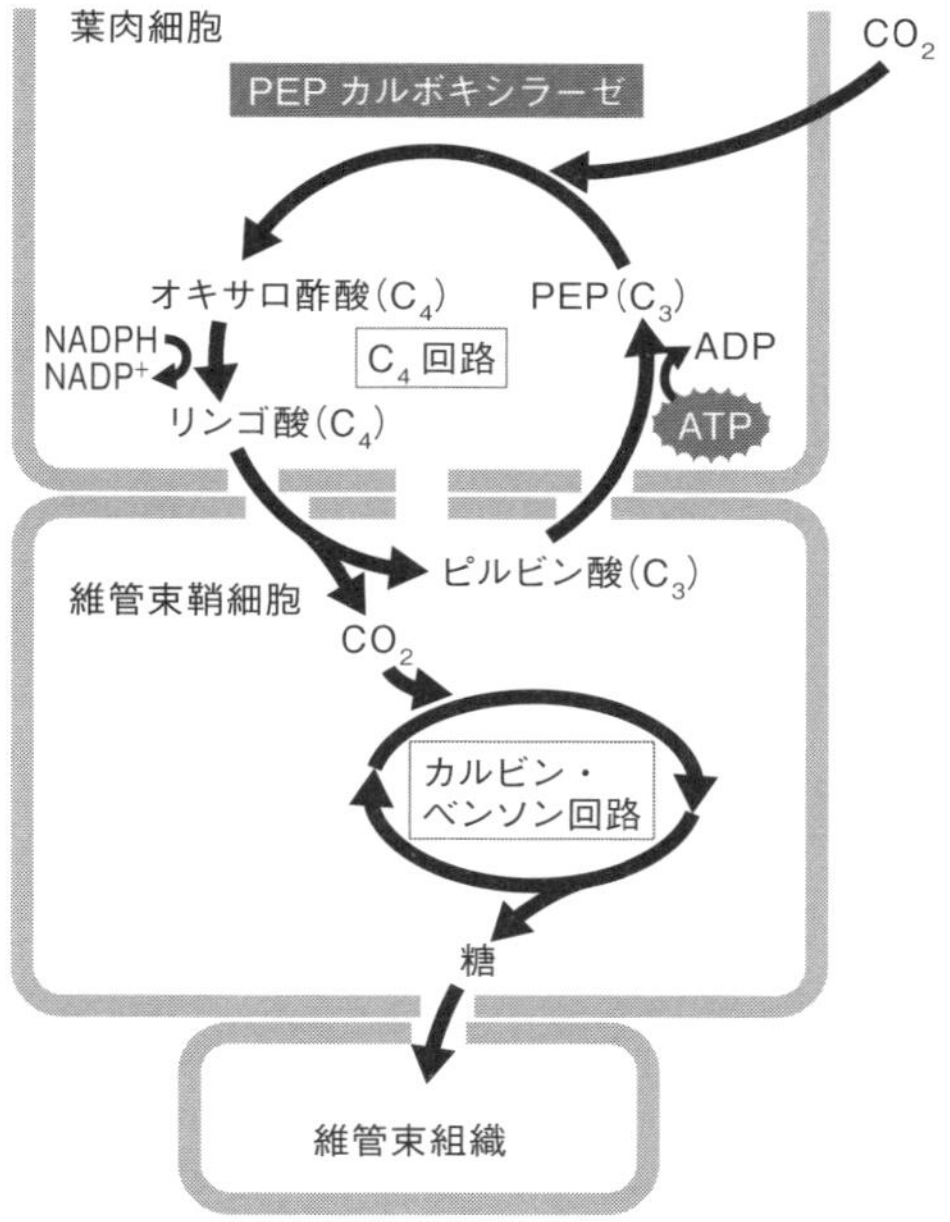

図 1.19：C_4 植物の光合成

「ATP」を使うのは、損をしているようにも見えます。

「C_4回路」の利点は、この反応経路を回すことで、「維管束鞘細胞」内に二酸化炭素を濃縮できることです。「C_4植物」が「C_3植物」と比べて高温・乾燥に強いのはそのためです。高温・乾燥環境下で水分の蒸発を防ぐために気孔を閉じ、葉の内部の二酸化炭素濃度が低下しても、「C_4回路」によって二酸化炭素を濃縮し、光合成を効率的に行なうことができるのです。

ただし、「C_4植物」が「C_3植物」より優れているかというと、必ずしもそうはいえません。なぜかというと、「C_4植物」は、二酸化炭素の濃縮に、「チラコイド反応」でつくられた「ATP」と「NADPH」の2種類の化学エネルギーを消費しているからです。二酸化炭素濃度が光合成の「限定要因」になるような環境では、コストをかけてでも二酸化炭素を濃縮することに利点はありますが、光の強さが光合成の「限定要因」になるような、光がそれほど強くない環境では、二酸化炭素の濃縮にエネルギーを投入しても光合成速度を高めることはできず、割に合わなくなってしまうのです。

なお、「C_3植物」に見られる二酸化炭素固定反応は、およそ35億年前に起源があるとされますが、「C_4回路」をもった植物は、およそ1200万年前に地球上に出現したと考えられています。

このとき地球に何が起きたかというと、二酸化炭素濃度の大幅な低下です。恐竜が地球を支配していた1億年ほど前までは、大気中の二酸化炭素濃度は現在の4倍ほどありましたが、その後、二酸化炭素濃度が低下するにつれ、高温・乾燥下で光合成を効率的に行なうため「C_4植物」が進化して生まれてきたと考えられています。

●砂漠を生き抜く進化した光合成――CAM植物

「C_4植物」よりも乾燥にさらに強く、「C_4回路」と似た二酸化炭素固定経路をもつ植物がありま す。サボテンやパイナップルに代表される、砂漠のような乾燥地帯に適したこれらの植物を、「CAM植物（ベンケイソウ型有機酸代謝植物）」と呼びます。名前の由来は、これらの植物に共通する二酸化炭素固定経路が、葉に水分を貯蔵する多肉植物のベンケイソウで見つかったことにあります。

「CAM植物」においても、光のエネルギーから「ATP」と「NADPH」をつくる「チラコイド反応」は、日の当たる日中に進行します。ところが、乾燥地に生える「CAM植物」は、暑い盛りの日中、水分の蒸発を防ぐために気孔を一切開かず、二酸化炭素を取り入れることができません。

その代わり、涼しい夜間に気孔を開いて二酸化炭素を取り込み、「C_4回路」によく似た反応経路で、「オキサロ酢酸」から「リンゴ酸」を合成し、細胞内の「液胞」に溜め込み二酸化炭素を濃縮します。朝になって日が差し始めると再び気孔を閉じて、「チラコイド反応」が動き始めるのに合わせて、「液胞」に蓄えた「リンゴ酸」を取り出し、二酸化炭素を放出して、「カルビン・

ベンソン回路」で二酸化炭素固定反応を進めます。この、二酸化炭素の濃縮と固定という2つの反応が、同じ「葉肉細胞」の中で進行するのが「CAM植物」の特徴です（図1・20）。

「CAM植物」は、二酸化炭素の濃縮と固定という2つの反応を、物理的には同じ「葉肉細胞」の中で、夜と昼で時間帯を分けて行ないます。「C_4植物」が、「葉肉細胞」と「維管束鞘細胞」という物理的に異なる場所で反応を2つに分けたのと対照的です。水の乏しい苛酷な環境で生き抜こうとする植物の工夫には、さまざまなかたちがあるのです。

●炭素だけでは生きていけない
——さまざまな有機物の合成

空気中の二酸化炭素（CO_2）から炭素（C）を固定し、ブドウ糖をつくり出す光合成は、植

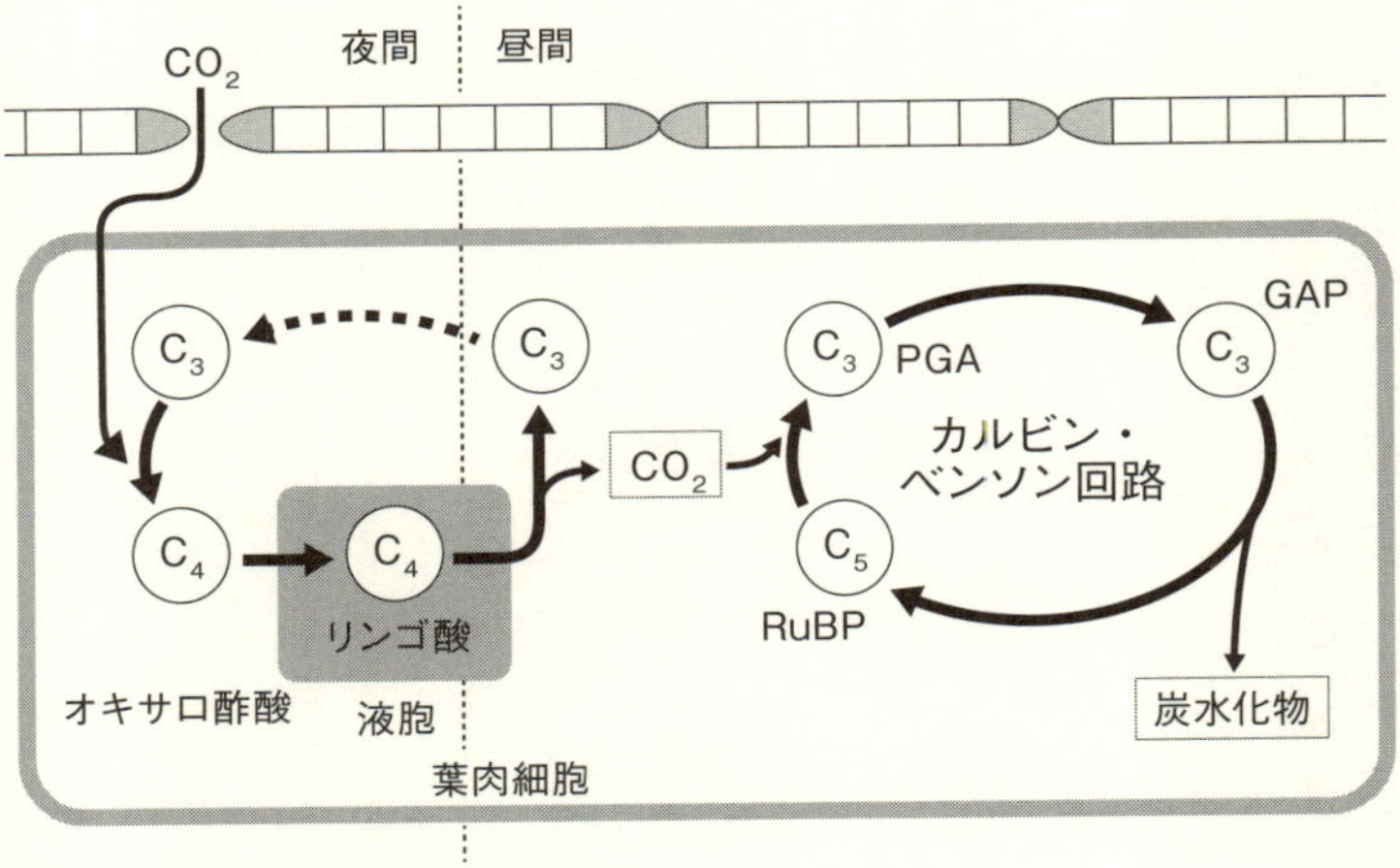

図 1.20：CAM 植物の光合成

物が「独立栄養生物」として生き、「従属栄養生物」に食料（栄養）を提供するという意味で、きわめて大きな意味をもちます。

けれども、植物自身も、光合成によってつくられる炭水化物だけでは生きていくことができません。生物の細胞は、炭水化物に加えてタンパク質（アミノ酸の結合体）や核酸（ＤＮＡ・ＲＮＡ）、脂質（糖質と並ぶ生物のエネルギー源）などのさまざまな「有機物」と、水と無機塩類からなる「無機物」からできていて、これらの物質をつくるための素を、どこかから取り入れる必要があるからです（それぞれの物質の性質については、表１・２を参照）。

なお、「有機物」や「無機物」が何かというのは、なかなか簡潔に定義するのが難しい大問題ですが、ひとまずここでは、炭素（Ｃ）を含むものは「有機物」、そうでないものは「無機物」だと理解しておいてください。「ひとまず」と断ったのは、二酸化炭素（CO_2）や、それがイオン化した炭酸イオン（CO_3^{2-}）は、炭素を含んではいるものの「無機物」に分類されるからです。こういう話を始めると、すぐに迷路に迷い込んでしまうので、「有機物」と「無機物」の定義を巡る問題については、このあたりに留めておきます。

植物が「独立栄養生物」と呼ばれるゆえんの本質は、外界から「無機物」さえ取り入れれば、糖質をはじめさまざまな「有機物」を体内で合成することができ、生きていくために外界から「有機物」を取り込む必要がないことにあります。

それが、「従属栄養生物」である動物との大きな違いです。動物は、体内で「無機物」から「有機物」を合成することができず、生きていくために必要な「有機物」を、植物や他の動物に依存する、つまり、植物や他の動物を「食べる」必要があります（図1・21）。

もちろん、植物といえども、「無機物」という栄養がなければ「有機物」を合成できないわけで、厳密には完全に「独立」して生きているわけではありませんが、「有機物」を摂取する必要がないことから、「独立栄養生物」と呼ばれています。

なお、生物が生体内で、単純な物質から複雑な物質（主に有機物）を合成する化学反応を「同化」といいます。植物にとっては光合成がその代表例で、「同化」の反応を進めるにはエネルギーの投入を必要とします。光合成では、「ATP」と「NADPH」という2つの化学エネルギーが投入され、「同化」

物質		特徴
水 (H_2O)		溶媒としていろいろな物質を溶かす。光合成や呼吸などの化学反応に使われる。
有機物	タンパク質	多数のアミノ酸が結合した高分子化合物。酵素や転写調節因子として働く。主な構成元素は、C・H・O・N・S。
	核酸	DNA（デオキシリボ核酸）とRNA（リボ核酸）（49ページ参照）。構成元素は、C・H・O・N・P。
	脂質	「脂肪」は細胞のエネルギー源となり、「リン脂質」や「糖脂質」は細胞膜などの生体膜の成分となる。主な構成元素は、C・H・O・P。
	炭水化物	ブドウ糖（グルコース）などの「単糖類」、それらが多数結合した「多糖類」に大きく分けられる。主としてエネルギー源になり、セルロースは細胞壁の主成分となる。主な構成元素は、C・H・O。

表1.2：細胞を構成する主な物質の特徴

の反応が進みます。

●光合成産物はどこへ行くか

「独立栄養生物」である植物のもうひとつの重要な働きが、外界から窒素（N）を含む「無機物（無機窒素化合物）」を取り入れ、さまざまな「有機窒素化合物」をつくり出すことです。この反応でつくられるのが、アミノ酸やビタミン、タンパク質（アミノ酸の結合体）や核酸（DNA・RNA）、ATPやクロロフィル（葉緑素）など、生命活動の維持に欠かせない重要な物質です。この反応は「窒素同化」と呼ばれ、植物や菌類、一部の細菌だけがもつ特殊な能力です。

少し話が脇道にそれますが、植物がつくる「有機窒素化合物」には、動物が摂取するとさまざまな生体反応を引き起こす「アルカロイド」と呼ばれる物質群があります。たとえば、タバコに含まれるニコチンは、

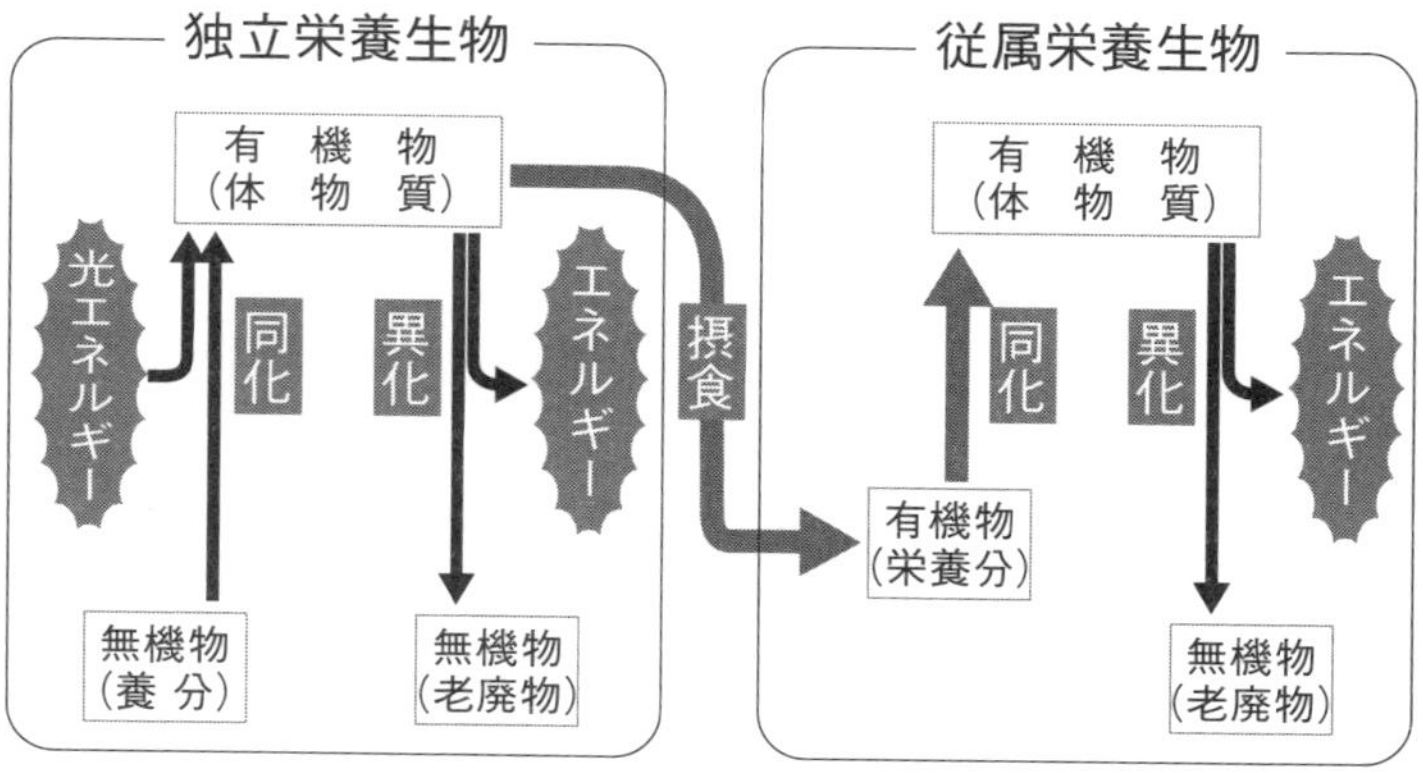

図 1.21：独立栄養生物と従属栄養生物

タバコが害虫と戦うためにつくり出した物質で殺虫作用がありますし、ジャガイモの芽に含まれる毒性のあるソラニンも、芽を動物に食べられないようにジャガイモがつくり出した物質です。

ほかにも、ケシの実からとれるアヘンは、古くは痛みをおさえる鎮痛剤として使われていましたが、次第に麻薬としての効能が知られるようになり、いまもその負のイメージがつきまとっています。その後、アヘンから薬効成分だけを分離して鎮痛剤のモルヒネがつくられましたが、モルヒネから新たに麻薬のヘロインもつくられました。また、南米アンデス地方でもともと疲労回復の興奮剤として使われていたコカの葉からコカインが分離され、麻酔としても麻薬としても利用されるようになりました。「アルカロイド」は、使い道や化学反応のさせ方によっては毒にも薬にも麻薬にもなる、強い生物活性をもつ物質といえます。

動物は植物と違って「無機窒素化合物」から「有機窒素化合物」をつくり出すことができず、植物がつくった「有機窒素化合物」を取り入れ、体内でタンパク質や核酸、ATPにつくり変えています。繰り返しになりますが、それが、「独立栄養生物」と「従属栄養生物」の大きな違いです。「窒素同化」の詳しい仕組みはここでは省きますが、その反応には、光合成によって生産された「還元力」が使われ、大きく見れば、光合成の作用といえなくもありません。

ここでは、この章のまとめとして、大きな意味での光合成でつくられた同化物質が、どうやって植物の体中に運ばれるのか、（狭い意味での）光合成産物であるブドウ糖を例にとり、その流れを大まかに見ておきます。

光合成でつくられた炭水化物は、ショ糖（スクロース：$C_{12}H_{22}O_{11}$）のかたちに変換され、葉から根や茎へ送り出されます。このときの通り道が篩管です。

根や茎では、ショ糖は成長のために使われたり、エネルギーを貯蔵するためにデンプン（$(C_6H_{10}O_5)_n$）に変換されたりします。後者を「貯蔵デンプン」といい、ジャガイモの地下茎やサツマイモの根は、私たちの食料にもなっています。ショ糖は、種子がつくられる際にデンプンに変換されて蓄えられ、種子の中にいる植物の幼体（胚）が、発芽して成長する栄養源として使われます。こちらも米や小麦として、食卓で馴染みの深い食料になっています。いずれにも使われなかった残りの糖は、葉緑体のストロマ内部でデンプン（$(C_6H_{10}O_5)_n$）に合成され、エネルギー源として蓄えられます。

このように、植物の体内のある場所でつくられた物質が別の部位へ送られることを「転流」といい、その際、物質を供給する側を「ソース（生産部位）」、受け取る側を「シンク（消費部位）」と呼びます。光合成においては、糖や有機窒素化合物を生産する葉が主な「ソース」で、花や果実、種子やイモのような貯蔵器官、若い葉など、成長や貯蔵に使われる場が「シンク」になります。

生まれて日の浅い若い植物は、葉が「ソース」であると同時に「シンク」にもなります。光合成によってつくられた物質の数十％が葉に配分され、葉の成長を促して葉の枚数を増やし、光合成をより活発に行なえるようにするためです。成長とともに光合成産物の量が増え、次第に他の部位へ光合成産物を送り出す割合が高くなり、生殖器官や貯蔵器官をつくるために多くの光合成産物が使われるようになります。

あちこち寄り道の多い長旅でしたが、以上が、植物が行なうスゴワザ、光合成のあらましです。かなり専門的に突っ込んだ説明もしましたが、光合成がいかに複雑で精緻な仕組みであるかを感じ取ってもらえたのではないかと思います。

「もう、お腹いっぱい」と感じている人もいるかもしれませんが、植物たちが見せる芸当は、まだまだこんなものではありません。続く2章と3章では、動けない植物が、いかに環境に適応して生きているかを見ていきます。光合成に勝るとも劣らない、驚きの生きる仕組みを、とくとご堪能ください。

2章

環境応答

——生まれた場所で生き抜くための仕組み

●ダーウィンは、植物学の先駆者だった——光屈性の研究のはじまり

チャールズ・ダーウィン（１８０９～１８８２）は、生物学の歴史のなかで指折り数えられるもっとも重要な人物のひとりです。ダーウィンは１８５９年に『種の起源』をあらわし、生物は進化するという概念を科学的なかたちで初めて世に提唱しました。

そのダーウィンは、『種の起源』を発表した後20年近くにわたり、息子のフランシスとともに、現在の植物学につながる重要な研究をしていました。彼の関心は、植物の成長に光がどんな影響を与えるかにあり、その成果は、ダーウィン晩年の１８８０年に発表された『The power of movement in plants（植物の運動力）』にまとめられています。この本は近代植物生理学の原点といえるもので、日本語に翻訳された書籍も絶版にはなっていますが出版されていますし、英文ならインターネット上で自由に（無料で）読むことができます。

この本のなかで、植物と光の関係について、ダーウィンは次のような一文を残しています。

「水平方向から光を当てると、植物は光の方向へ曲がる。この現象は高等植物において、きわめて普遍的に見られる」

植物を育てたことのある人なら、誰もが経験的に知っていることだと思います。

植物が光の方向に曲がるこの性質は、序章で少し触れたように（47ページ参照）、「光屈性」といいます。「屈性」というのは、外界からの刺激に対して植物体がある方向に曲がることを指

し、刺激があった方向へ曲がる「正の屈性」と、刺激のあった方向と反対に曲がる「負の屈性」があります。「光屈性」の場合、地上部（シュート）の茎は光の方向へ曲がる「正の屈性」を示し、地下部（ルート）の根は、光と反対方向へ曲がる「負の屈性」を示します。

ダーウィン親子は、イネ科の植物の「幼葉鞘《ようようしょう》」を用いて、茎が光に対してどのように曲がるのか、実験を行ないました。「幼葉鞘」とは、単子葉植物（41ページ参照）が暗いところで芽生えたモヤシ（200ページ参照）に特徴的なもので、芽生えた直後に出る葉、「第一葉」を保護するための筒状の鞘のことです（図2・1）。厳密にいえば、「幼葉鞘」はタネの中でも存在していますが、暗いところで芽生えた場合に活発に成長し、人の目で観察できるようになります。

実験の概略をまとめたのが図2・2です。通常だと光を横から当てると光の方向に曲がる「幼葉鞘」が、先端を切り取ったり光を通さないキャップをかぶせたりすると、光を当てても屈曲を見せないことをダーウィン親子は発見しました。

屈曲が生じるのは、先端から少し下がった箇所です。これらの状態を比較し、光を感知しているのは「幼葉鞘」の先端部分で、その光の刺激が何らかのかたちで下に伝えられていると、ダーウィン親子は推測しました。

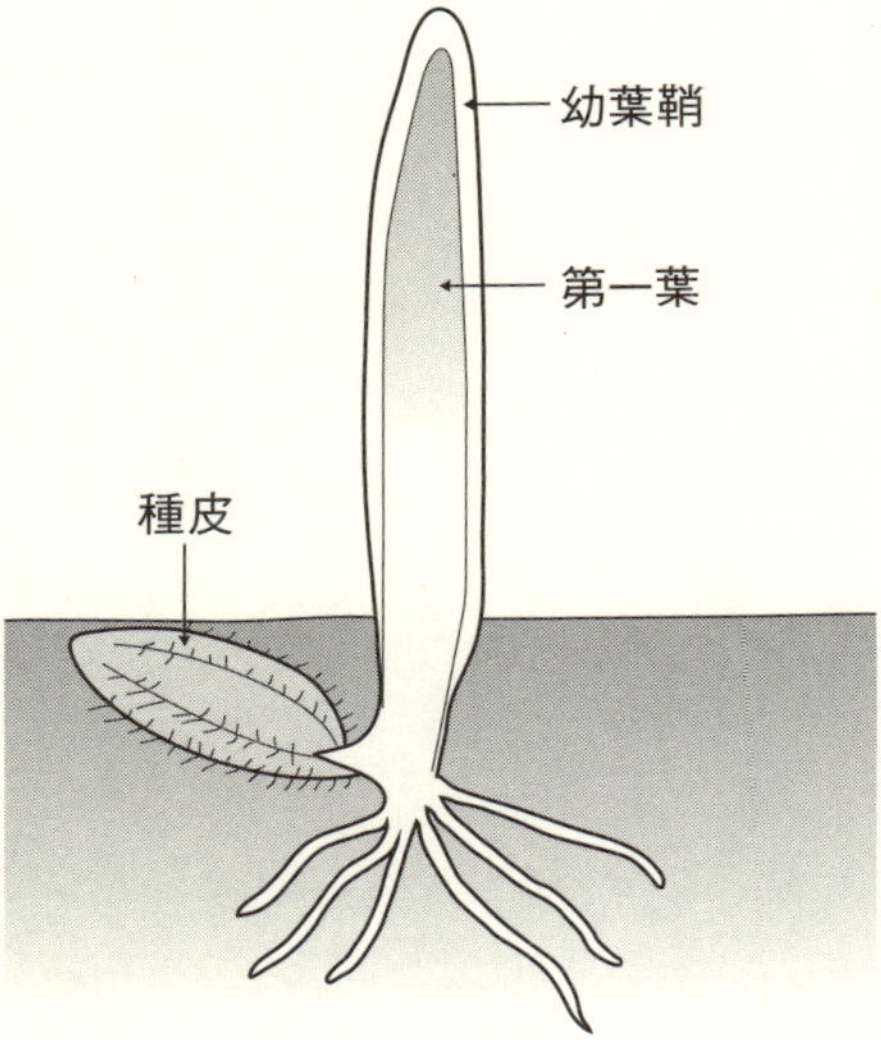

図 2.1：イネ科植物の幼葉鞘

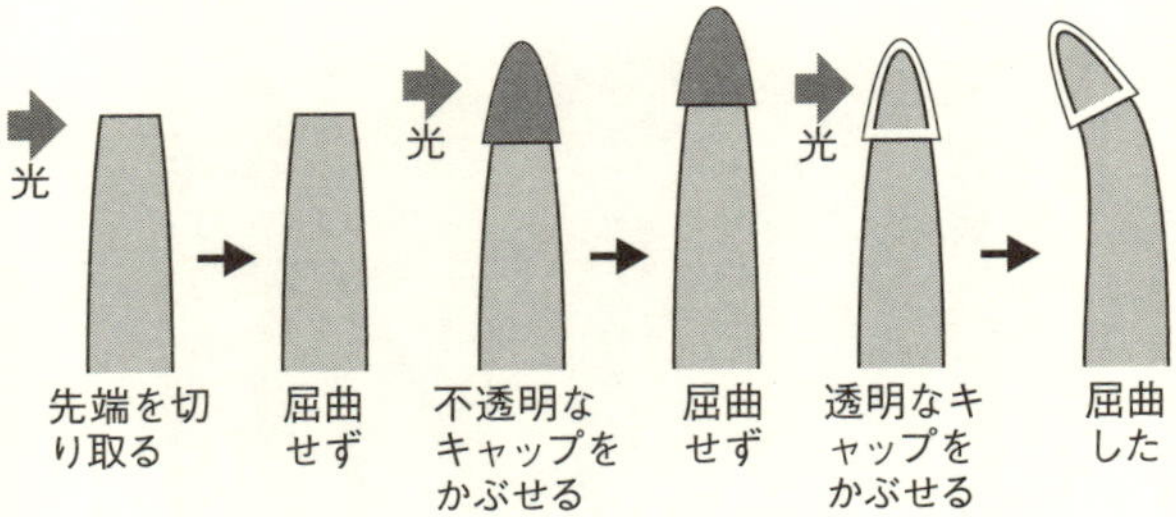

図 2.2：ダーウィン親子の光屈性の実験

コラム◆ダーウィンは株式投資家でもあった

ダーウィンには、もうひとつの意外な素顔があります。

『科学史人物事典』（小山慶太著、中公新書）に記されたエピソードによれば、ダーウィンは、ロンドン郊外の静かな田園地帯に居を構え、研究三昧の日々を送っていたとのことです。それが可能だったのは、一生働かなくても暮らしていくのに困らない財産に恵まれていたからです。父方の祖父は裕福な医者、母方の祖父は、イギリスの陶磁器で有名なウェッジウッドの創業者です。ダーウィンの父も医者として成功を収め、ダーウィンは何不自由なく育てられたそうです。

ダーウィンの父は、息子に医者を継がせたかったようですが、本人は生物学や地質学に興味をもち、大学ではその分野の勉強を深めます。それが縁で1831年、22歳の若きダーウィンは、イギリス海軍の「ビーグル号」に新米の博物学者として乗船することになります。世界を旅しながら、その土地々々の生物や地質について研究するチャンスに恵まれたのです。その航海の途中、南アメリカ大陸西海岸から数百km も離れた太平洋上のガラパゴス諸島に立ち寄り、島々の環境に適応した多くの近縁種の標本を採取したことが、後に「進化論」の着想を得るきっかけとなったのです。なお、5年に及ぶ航海の資金は、全額実家が負担しています。

イギリスに帰国したダーウィンは、その3年後の1839年、いとこにあたるウェッジウッド家のエマという女性と結婚します。そのとき、ダーウィンは自分の親から1万ポンドの一時金と500ポンドの年金、ウェッジウッド家からは5000ポンドの一時金と400ポンドの年金を贈られたとされています。ダーウィンが大学で地質学を学んだ教授の年俸が100ポンドだったそうですから、若きダーウィン夫妻は一生働かなくても生きていける財産を手にすることになりました。その資産があったからこそ、ダーウィンは研究三昧の生活を送ることができたのです。

研究に打ち込んだダーウィンが、財産を食いつぶす一方だったかというとそうではありません。手にした財産を元手に、株式を中心に資産運用を行ない、『種の起源』発表のころで年間5000ポンド、1870年以降は約8000ポンドもの利益を手にしていたそうです。財テクの才もあったダーウィンのお屋敷には常に10人前後の使用人がいたとのこと。どんな生活を送っていたのか、なんとも羨ましい限りです。

●植物を曲げる物質の探求

ダーウィンの関心と実験は、時代を超えて研究者たちに受け継がれ、植物学における重要な発見に結びつきました。植物が光の来る方向に曲がるのは、植物の先端でつくられる、後に「オーキシン（auxin）」と呼ばれる化学物質によるものだ、という発見です。それがどのように突き止められたのか、植物学者たちの取り組みを、時代を巻き戻して簡単に振り返ってみましょう。

ダーウィンの実験結果に注目して、次の一歩を進めたのは、デンマークのボイセン・イェンセン（1883〜1959）という研究者です。図2・3にあるように、幼葉鞘の先端部を切り取って雲母片や寒天片を挟む実験をいくつかのパターンで行ないました（1913年）。

透明度の高い岩石である雲母のかけらは、光は通しても化学物質の流れは遮るのに対し、海藻に由来するゼリー状の寒天は、化学物質の移動を妨げません。それどころか、寒天片に栄養分を染み込ませ、植物や微生物を育てる「寒天培地」として使われることもあるほどです。イェンセンは、先端部で感知された光の刺激が、化学物質の移動によって伝えられているのではないかと仮説を立て、その正否を確かめようとしたのです。仮説が正しければ、雲母片と寒天片で、光に対する曲がり具合には違いが出るはずです。

実験結果は、仮説を実証するものでした。切り取った先端部を雲母片に乗せた幼葉鞘は、光を横から受けても曲がらない（図の①）のに対し、寒天片を使った場合は、通常の状態と同じように、光の方向に曲がっていきました（図の②）。このことから、光を感じているのは幼葉鞘の先端部であり、そこで感じた刺激は、何らかの物質によって下のほうに伝えられていることが確かめられたのです。

イェンセンは、そこからさらに実験を進め、先端部が光を感じた刺激は、光が来る側とは反対側を伝わっていることを突き止めました。雲母片を、光源の側に半分だけ水平に差し込んだ場合は光の方向に曲がる（図の③）のに対し、光源と反対側の半分に水平に差し込むと屈曲が起こらなくなったからです（図の④）。この結果から、幼葉鞘を光の方向に曲げる物質は、光源と反対側に作用していると考えられるようになりました。

そのことを確認する実験も、イェンセンは行なっています。幼葉鞘の先端部に、雲母片を光の来る方向と平行に差し込むと屈曲が起こり（図の⑤）、光の向きに対して直角に差し込むと屈曲が起こらなくなる（図の⑥）ことから、幼葉鞘を曲げる物質は、光を感じた側から反対側へ先端部をまたいで運

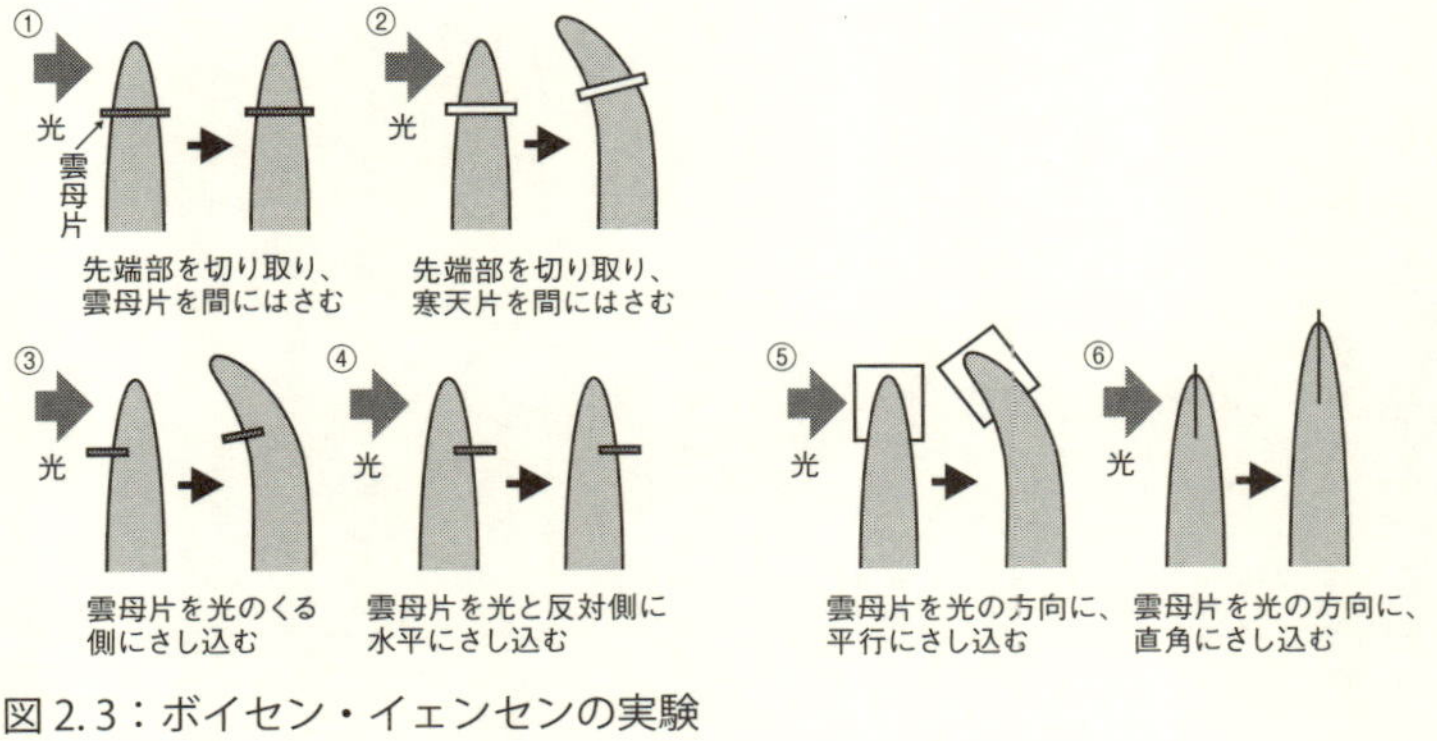

①
光
雲母片
先端部を切り取り、
雲母片を間にはさむ
②
光
先端部を切り取り、
寒天片を間にはさむ
③
光
雲母片を光のくる
側にさし込む
④
光
雲母片を光と反対側に
水平にさし込む
⑤
光
雲母片を光の方向に、
平行にさし込む
⑥
光
雲母片を光の方向に、
直角にさし込む

図 2. 3：ボイセン・イェンセンの実験

ばれている可能性が大きいことを明らかにしたのです。

●植物を成長させる物質の正体——オーキシンの発見

この物質の働きを解明する新たな手掛かりをつかんだのが、ハンガリーのパール・アルパード（1889~1943）という研究者です。幼葉鞘を曲げる原因と思われていた物質（オーキシンのこと）は、じつはそのためだけに働く物質ではなく、植物を成長させる物質であることを明らかにしたのです。何だかややこしい話ですが、パールがどのようにその結論に辿り着いたか、彼の実験と考察の流れを追いかけていきましょう。

パールが取り組んだ実験（1919年）は、ダーウィン親子やイェンセンとはちょっと毛色が違っていました。光のないところで幼葉鞘の先端部を切り取って片側に寄せ、幼葉鞘の成長具合を見る実験です（図2・4）。すると、先端部を置いたのとは反対側に向かって幼葉鞘は曲がっていきました。

この実験結果から推測されるのは、次の2つのことです。まず、光がなくとも幼葉鞘が曲がったため、先端部では、光の有無と関係なく何らかの物質がつくられているはずだということ。もうひとつは、その物質が幼葉鞘を曲げたことから得られる推論です。その物質は、植物の成長を促進する働きをもっていて、その物質の分布に偏りがあると成長速度にも差が出て、物質がない

（少ない）方向に幼葉鞘が曲がるということです。

　この成長促進物質の存在を証明したのが、オランダのウェント（１９０３～１９９０）という研究者です（１９２９年）。ウェントは、図２・５にあるように、複数の寒天片を用意し、切り取った幼葉鞘の先端部を乗せた場合と乗せない場合、乗せる時間を変えた場合で、幼葉鞘の曲がり具合を比較し、それぞれで違いが出ることを確認しました。先端部ではたしかに成長促進物質がつくられていて、それを寒天片の中に取り出すことに成功したのです。

　この成長促進物質は、後に（１９３０年代）、ギリシャ語で「成長」や「増加」を意味する「auxein」にちなんで「オーキシン（auxin）」と名づけられ、その正体は、「インドール酢酸（ＩＡＡ）」という化合物であることがわかりました。

　ここでいったん、「光屈性」にまつわるここまでの話をまとめておきましょう。

　茎（幼葉鞘）の先端では、成長を促進させる作用をもつオーキシンが常につくられている。その分布に偏りが生じると、オーキシンが多く分布する側で成長が促進され、茎（幼葉鞘）の左右で成長速度に差が生まれて屈曲が起こる。オーキシンは光が来る方向と反対側に多く分布し、その結果、光の反対側の成長が促進され、茎（幼葉鞘）は光の方向へ屈曲する。これが、「光屈性」

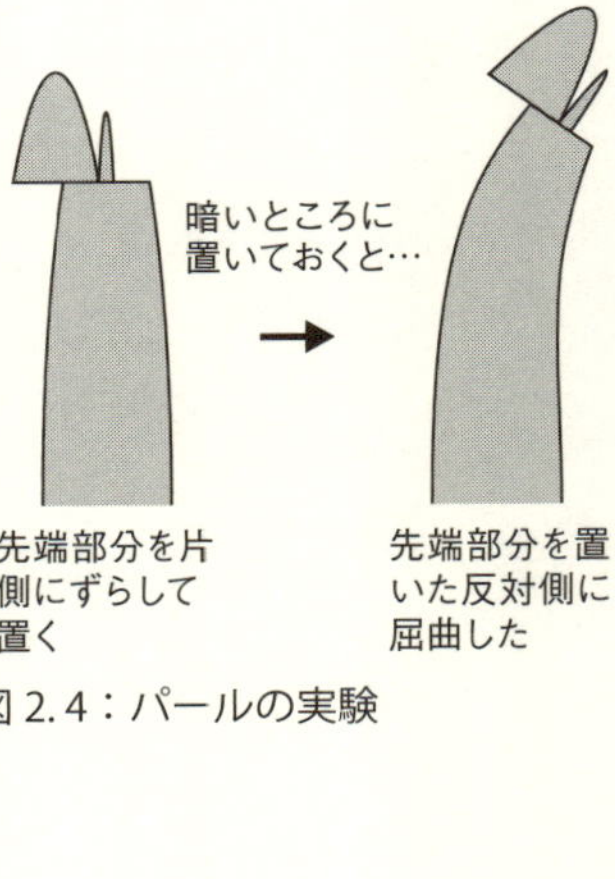
暗いところに
置いておくと…
先端部分を片側にずらして置く
先端部分を置いた反対側に屈曲した

図 2.4：パールの実験

を引き起こすオーキシンの働きです。

なお、「インドール酢酸」は、意外なことに人間の尿から発見されました。オランダのケーグルという研究者が大量の尿を材料としてオーキシンを精製し、その正体が「インドール酢酸」であることを突き止めたのです。人間の排泄物に植物の成長を促す物質が含まれているのも不思議なことですが、その理由や、人体での役割については解明されていません。

さらにその後の研究で、植物の成長を促す「オーキシン」は、「インドール酢酸」のほかにも複数見つかっています。いまでは「オーキシン」の名は、そうした作用をもつ物質の総称として用いられるようになっています。

植物に限らずあらゆる分野の科学は、ここまで見てきたように、人から人へ、問題意識や研究成果が受け継がれることで発展を遂げてきました。

ダーウィンが突破口を切り開いた、植物がなぜ光の方向に曲がるのかという謎解きへの挑戦は、植物の芽生え（幼

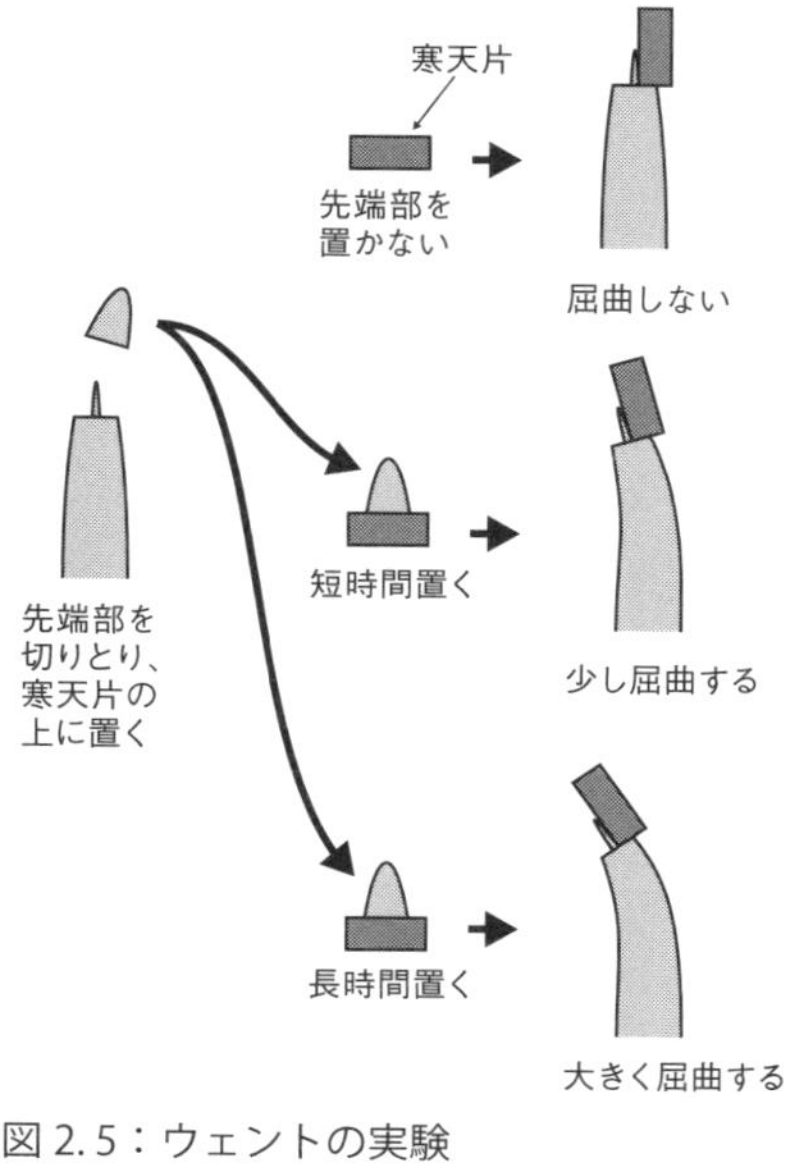

図 2.5：ウェントの実験

葉鞘）が光を感知する仕組みをも明らかにしつつあります。

芽生えの先端部では、「フォトトロピン（Phototropin）」という名の、青色の光を受容するタンパク質が、光の感知で重要な役割を果たしています。「フォトトロピン」の名は、「光屈性（Phototropism）に関わるもの」を意味しますが、この光受容体タンパク質は、前章で紹介した「葉緑体の定位運動」（69ページ参照）にも関与していることが解明されています。

●植物には、生まれながらの「向き」がある

成長促進物質のオーキシンは茎の先端でつくられ、下へ下へと送られます。この方向は、重力の影響を受けません。

それを端的に示すのが、図2・6の実験です。この実験では、イネ科の植物の幼葉鞘の先端の一部を切断し、上下の向きを入れ替え、オーキシンがどのように移動するかを調べています。

切り取った幼葉鞘の上下の向きをそのままに、上にオーキシンを含ませた寒天片を置くと、オーキシンは下の寒天片へ流れていきます（図の左側）。一方、切り取った幼葉鞘の上下を逆向きに、上にオーキシンを含ませた寒天片を置いた場合、オーキシンが下の寒天片に移動することはありません（図の右側）。この実験から、オーキシンの移動は重力によるものではなく、植物の体の中で働く何らかの能動的な仕組みによるものであることが明らかになりました。

なお、植物の茎は先端側（根から遠いほう）と基部側（根に近いほう）では異なる性質をもつことが知られています。そのことを「極性」と呼びます。図2・7にあるように、ヤナギの枝の一部を切り取って湿った室内でぶら下げておくと、上下の向きにかかわらず、先端に近いほうからは芽が、基部に近いほうからは根が生えてきます。

「極性」は、オーキシンが重力とは無関係に一方向にしか流れないことと関係があると考えられています。オーキシンが流れる向きは、研究の積み重ねにより、細胞の働きによって決まることが明らかにされています。この、細胞によるオーキシンの一方向への能動的な輸送を、オーキシンの「極性輸送」と呼びます。

地上部（シュート）で茎の先端から基部へと流れるオーキシンは、基部を境に、地下部（ルート）の根では地上部と異なる流れ方をします。地上部側から先端方向に向かって、「中心柱」と呼ばれる根の中心部

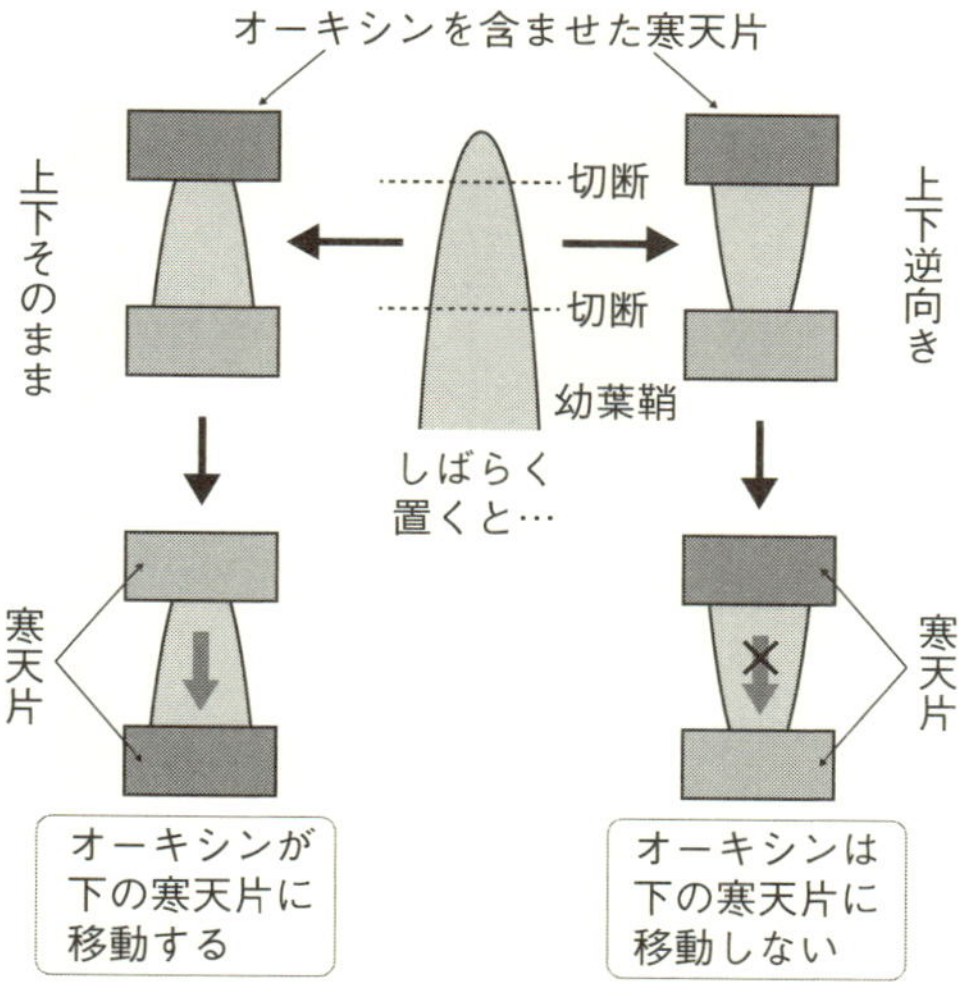

図2.6：オーキシンが流れる向きの実験

を流れてきたオーキシンは、根の先端で折り返し、「皮層組織」を通って再び基部に向かって運ばれます（図2・8）。

　オーキシンの「極性輸送」のメカニズムは、かなり詳しく解明されています。茎の細胞を例にとると、縦に連なった「木部」の「柔細胞」の上下の細胞膜には、「汲み出しキャリア（PIN）」と「汲み入れキャリア（AUX1）」と呼ばれるタンパク質があり、両者が協調して、オーキシンを能動的に運んでいることが明らかになっています。

　その様子を示したのが図

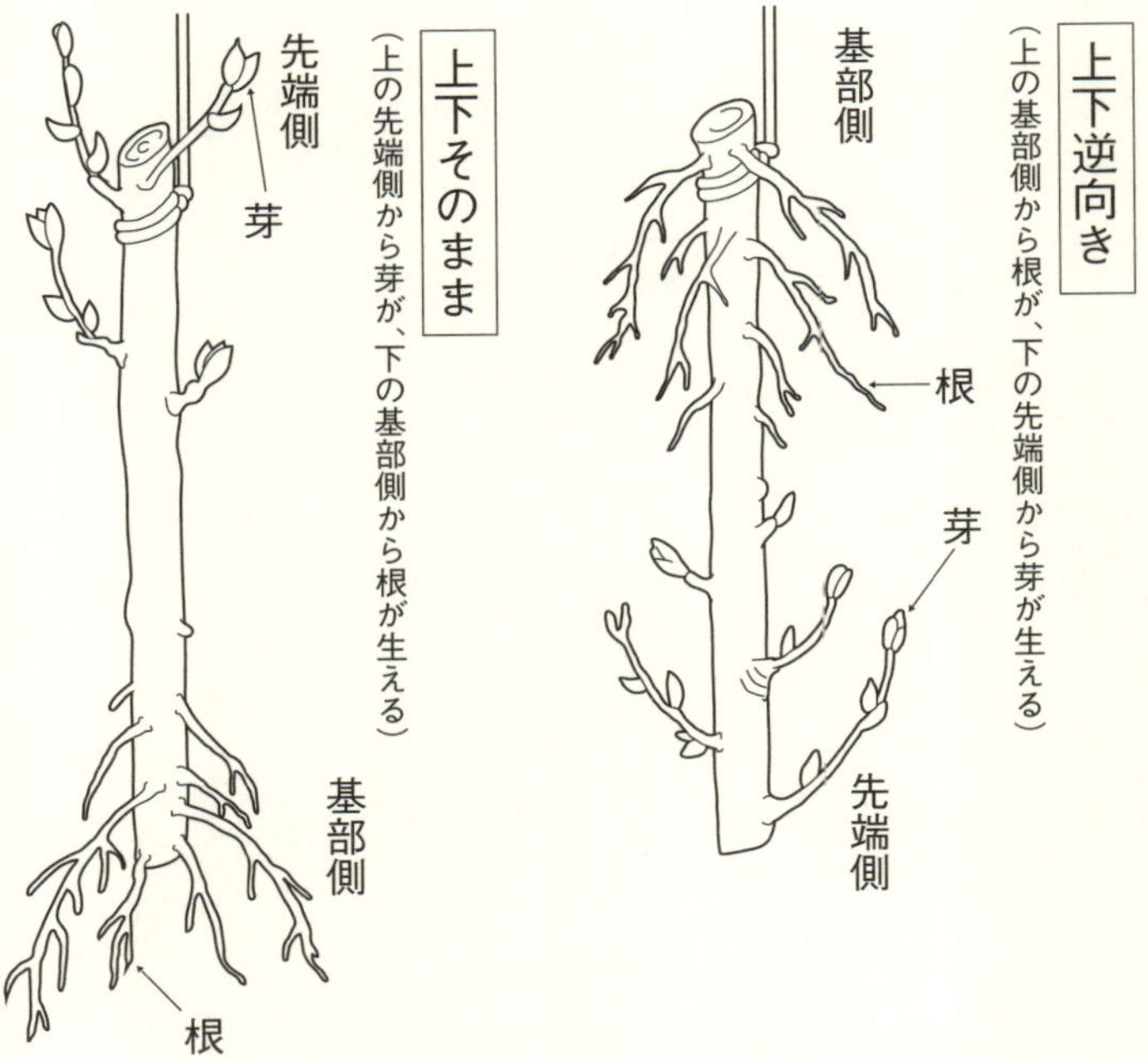

図 2.7：ヤナギの枝を使った極性の実験。切り出されても極性を失わない

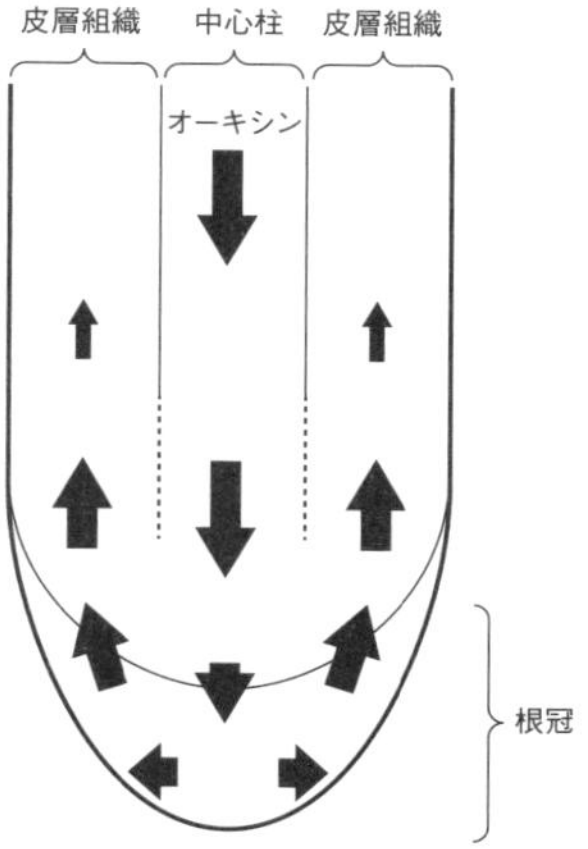

図 2.8：根の先端部におけるオーキシンの流れ

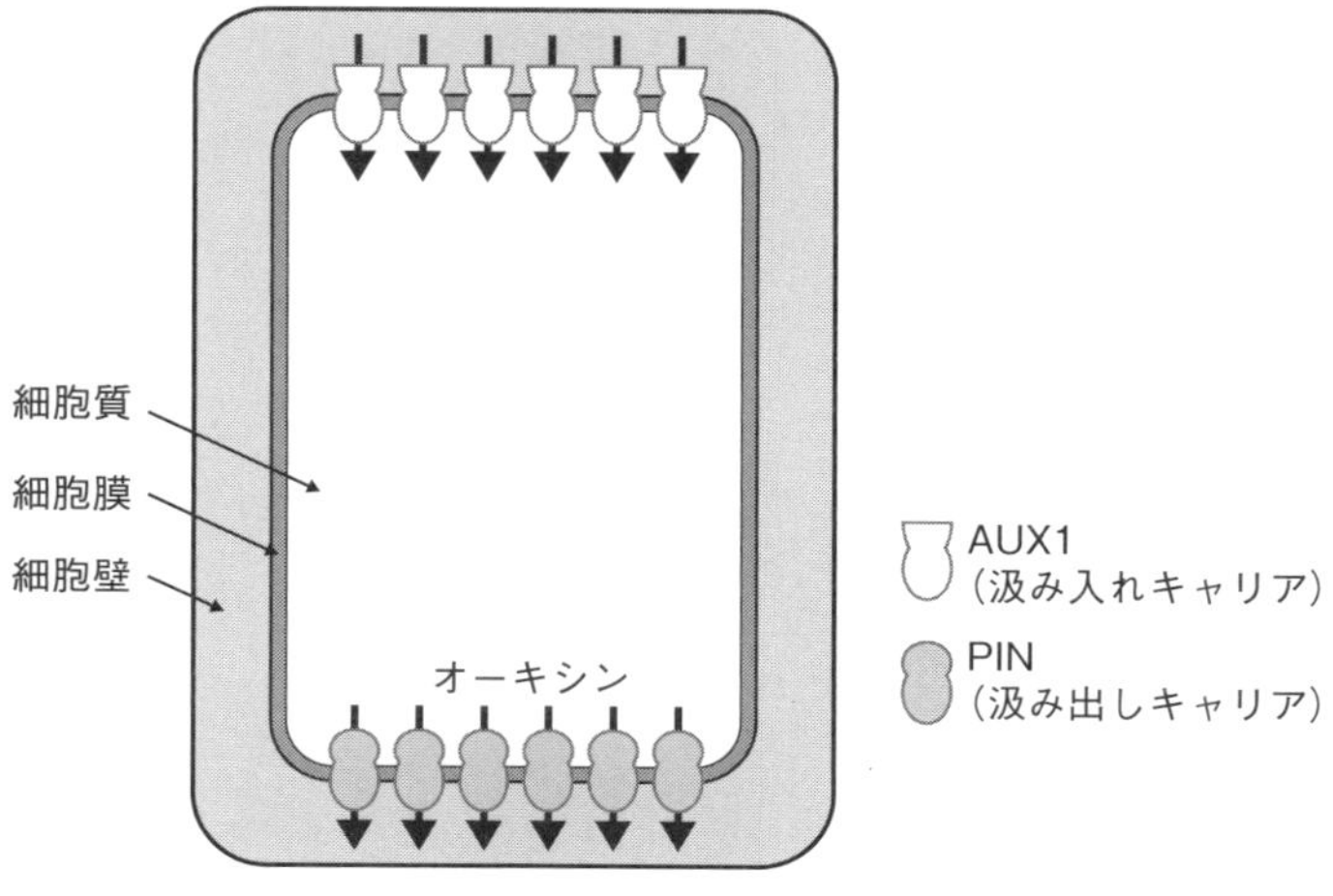

図 2.9：オーキシンの極性輸送の仕組み

2・9です。「PIN」がオーキシンを細胞の外に汲み出し、「AUX1」がオーキシンを細胞内に取り込む。そして再び「PIN」からオーキシンを細胞の外に送り出す、という動きを繰り返し、オーキシンを常に一定の方向に運んでいます。

植物の体の中のさまざまな細胞で、この2種類のキャリアの配置とオーキシンの流れる向きの関係が確認されています。

オーキシンは「PIN」のある側に多く流れ、その先でオーキシン濃度が高くなることから、オーキシンの輸送方向の決定には、「PIN」が重要な役割を果たすと考えられています。茎や根で見られる屈性は、オーキシンの「極性輸送」によって茎や根の内部のオーキシン濃度に勾配が生じ、その結果、成長速度が左右や上下で変わることで起きる現象です。

●植物は重力を感じている——重力屈性

オーキシンの「極性輸送」は重力の影響を受けない、という話と矛盾するように感じるかもしれませんが、植物は重力を感じて曲がる性質をもつことが、古くから経験的に知られていました。

芽生えを水平に寝かしておくと、茎は重力と反対方向に立ち上がり、根は重力に導かれるように下へ下へと伸びていきます(図2・10)。苗やヤナギの枝を上下逆さまにすると、上を向いた根は下へ曲がり、下を向いた茎は上へ曲がります。そのことを示す観察結果が、18世紀半ば、フランスのアンリ=ルイ・デュアメル・デュ・モンソー（1700〜1782）という植物学者によって報告されています。このことから、植物は重力を感じていると長く考えられてきたのです。

この、植物が重力を感知して屈曲する仕組みは「重力屈性」と呼ばれ、根が重力の方向に曲がることは「正の重力屈性」、茎が重力と反対方向に曲がることは「負の重力屈性」といいます。

「重力屈性」の仕組みを解明する一歩を踏み出したのが、ツィーシールスキーというポーランド生まれの植物学者です。彼は1872年の実験で、根の先端の「根冠《こんかん》」と呼ばれる部位を切り取ると、根から「重力屈性」が失われることを発見しました。「根冠」を切り取った根は水平に寝かせても、重力の方向に曲がらなくなることを突き止めたのです。これにより、「光屈性」と同様に「重力屈性」も、先端部で感じた刺激によって引き起こされていることが

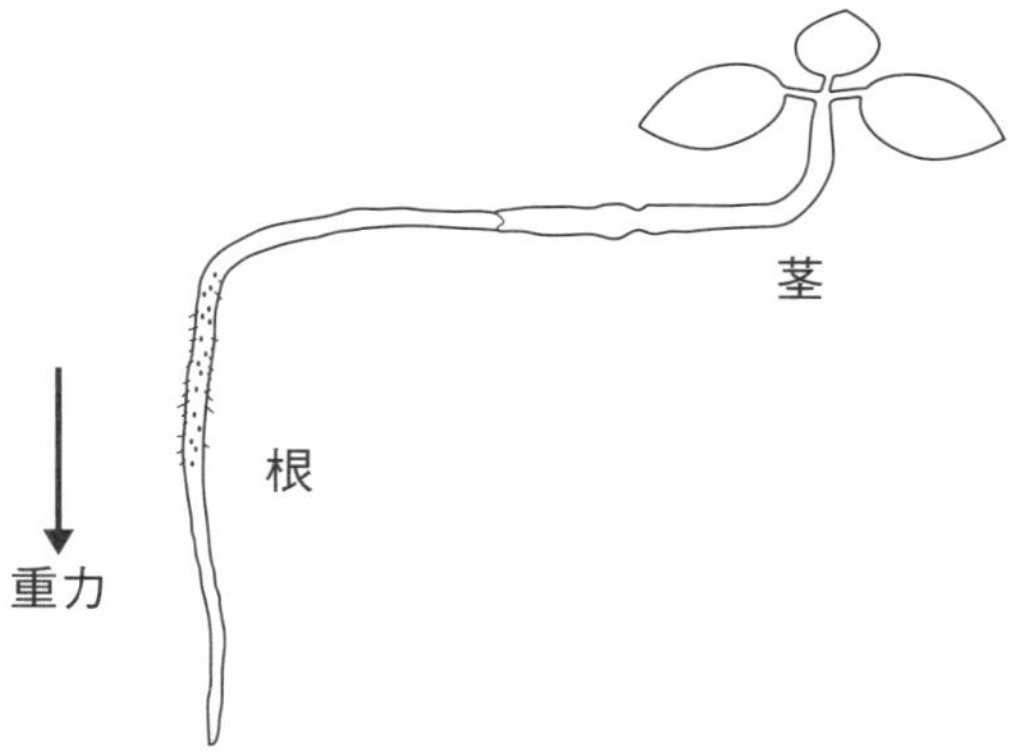

図 2. 10：芽生えを水平に置くと、茎や根は曲がって伸びる（重力屈性）

明らかになりました。

じつは、ダーウィン親子も、同じことをほぼ同じ時期に突き止めていました。いまでは植物が「重力屈性」を引き起こす仕組みはかなり解明されていて、ここでもオーキシンが重要な役割を果たしています。

●ヒトと似ている植物の平衡感覚

根の先端、「根冠」が重力を感じることができるのは、「根冠」の中央部に位置する「平衡細胞（コルメラ細胞）」にそのための仕組みがあるからです。その細胞の中に、相対的に重い物質があり、「平衡石」として働いています。

平衡細胞に限ったことではありませんが、細胞の内部は「細胞質基質」という液体状の物質で満たされています。その中に細胞質基質より重い物質があれば、単純な物理法則に従って、その物質は、細胞の中でいちばん低いところへ移動します。そこが、植物の根にとって、根を生やすべき「下」の方向になるというわけです。

この仕組みは、人間が重力の方向を感じる仕組みと原理的によく似ています。人間の耳の奥にある内耳は、リンパ液で満たされていて、その中にある「耳石」という炭酸カルシウムが結晶化した物質が、「平衡石」の役割を果たしています。

植物の根における「平衡石」の正体は、「アミロプラスト」という細胞内小器官（オルガネラ）です。このアミロプラストは葉緑体（クロロプラスト）が根にあるときの形態で、デンプンの粒をたくさん蓄えています。それが、「平衡細胞」の中で重力の影響を受けて居場所を変え、細胞を刺激することが、根における重力感知の仕組みと考えられています（図2・11）。

続いて、重力を感じた根がどのように曲がるのか、図2・12を頼りに、重力と同じ方向に根が伸びる平常時と、根が水平になったときを比較しながら見ていきましょう。

最初に答えを明かしてしまうと、根が曲がるのも、幼葉鞘が曲がるのと同様、オーキシンの分布に偏りが出るのが原因です。

図中の「PIN」は、先ほど登場した「汲み出しキャリア」のことです。「PIN」に番号が振られているのは、同じ「汲み出しキャリア」として働くタンパク質でも、別々の遺伝子からつくられるからです。植物の種類によって「PIN」の遺伝子にも違いがあり、モデル植物（53ページ参照）のシロイヌナズナでは、「PIN1」から「PIN8」の種類が確認されています。ただし、このうち「PIN5」と「PIN8」は機能を失っていることが明らかにされ、実際に「汲み出しキャリア」として機能するのは、「PIN1」～「PIN4」と「PIN6」、「PIN7」のあわせて6種類です。根では図が示すとおり、「PIN1」～「PIN4」の4種類が働いています。

まず、根が垂直に伸びている平常時、「PIN」がどのように配置され、オーキシンがどう「極性輸送」されるかを押さえておきましょう。

根の中心部の「中心柱」には、「ＰＩＮ１」と「ＰＩＮ４」がそれぞれ根の先端側を向いて配置され、オーキシンは地上部側から根の先端方向へ送られます。さらにその下、「根冠」の「平衡細胞」では、「ＰＩＮ３」が左右に向かって配置され、オーキシンは根の「皮層組織」（皮層と表皮）へと送り出されます。「皮層組織」では、「ＰＩＮ２」が重力の向きとは反対方向に配置され、ここではオーキシンが地上部側へ向かって流れていきます。このとき、「ＰＩＮ２」を流れるオーキシンの量は左右の「皮層組織」で均等で、根の左右の細胞は同じ速さで成長し、屈曲は起こりません。

根を水平方向に向けて置くと、「ＰＩＮ」の配置とオーキシンの流れに変化が出ます。「平衡細胞」の「ＰＩＮ３」は「アミロプラスト」と同じく「平衡細胞」の片側の側面に集まり、オーキシンは下側の「皮層組織」により多く送り

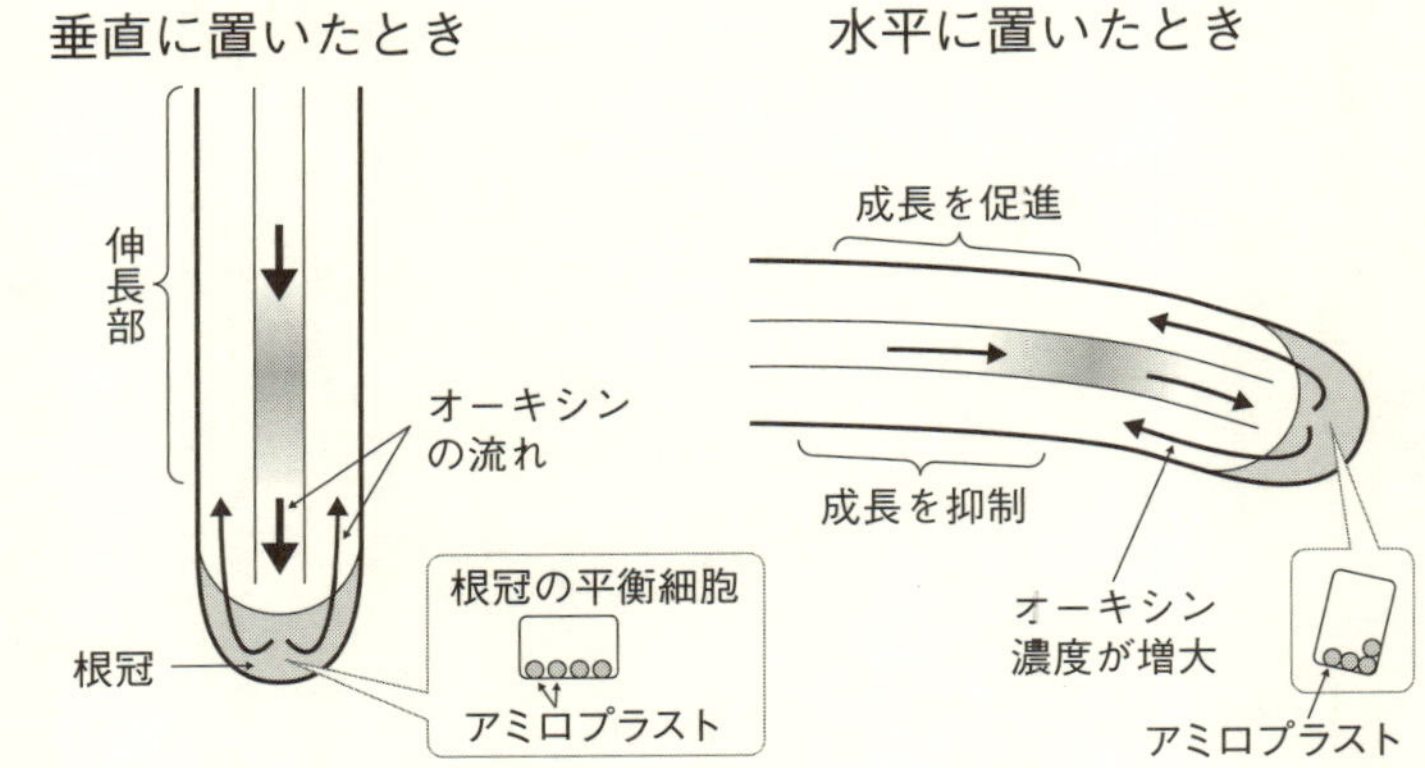

図 2. 11：根が重力を感知する仕組み

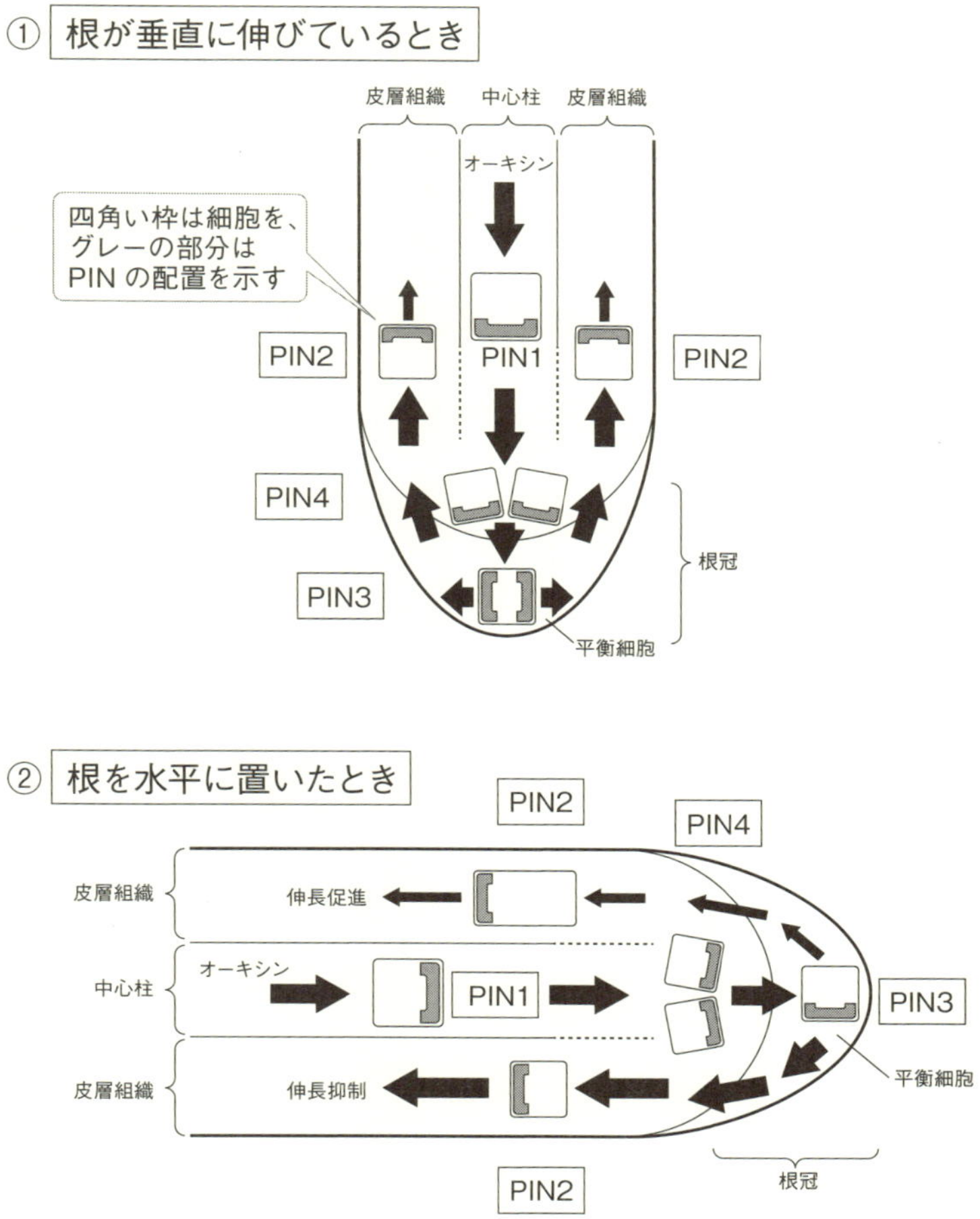

図 2. 12：根の先端部における PIN の配置とオーキシンの流れ。矢印の太さはオーキシンが流れる量を示す

出されるようになります。その結果、「PIN2」を流れるオーキシンの量に根の上下で違いが生じ、成長速度にも差が出て根は屈曲を示します。

ここで注意が必要なのは、オーキシンは濃度によってその作用が変化することです。一般に、濃度がそれほど高くない状況では、オーキシンは成長促進物質として働きますが、高濃度になると成長を抑制することが知られ、さらに根と茎では、成長の促進と抑制を示す濃度に違いがあります（図2・13）。茎（幼葉鞘）の「光屈性」では、光の反対側でオーキシン濃度が高まって成長が促進され、光の方向に屈曲が起きるのに対し、根の「重力屈性」では、根の下側でオーキシン濃度が高まり成長が抑制され、根は重力の方向に屈曲します。

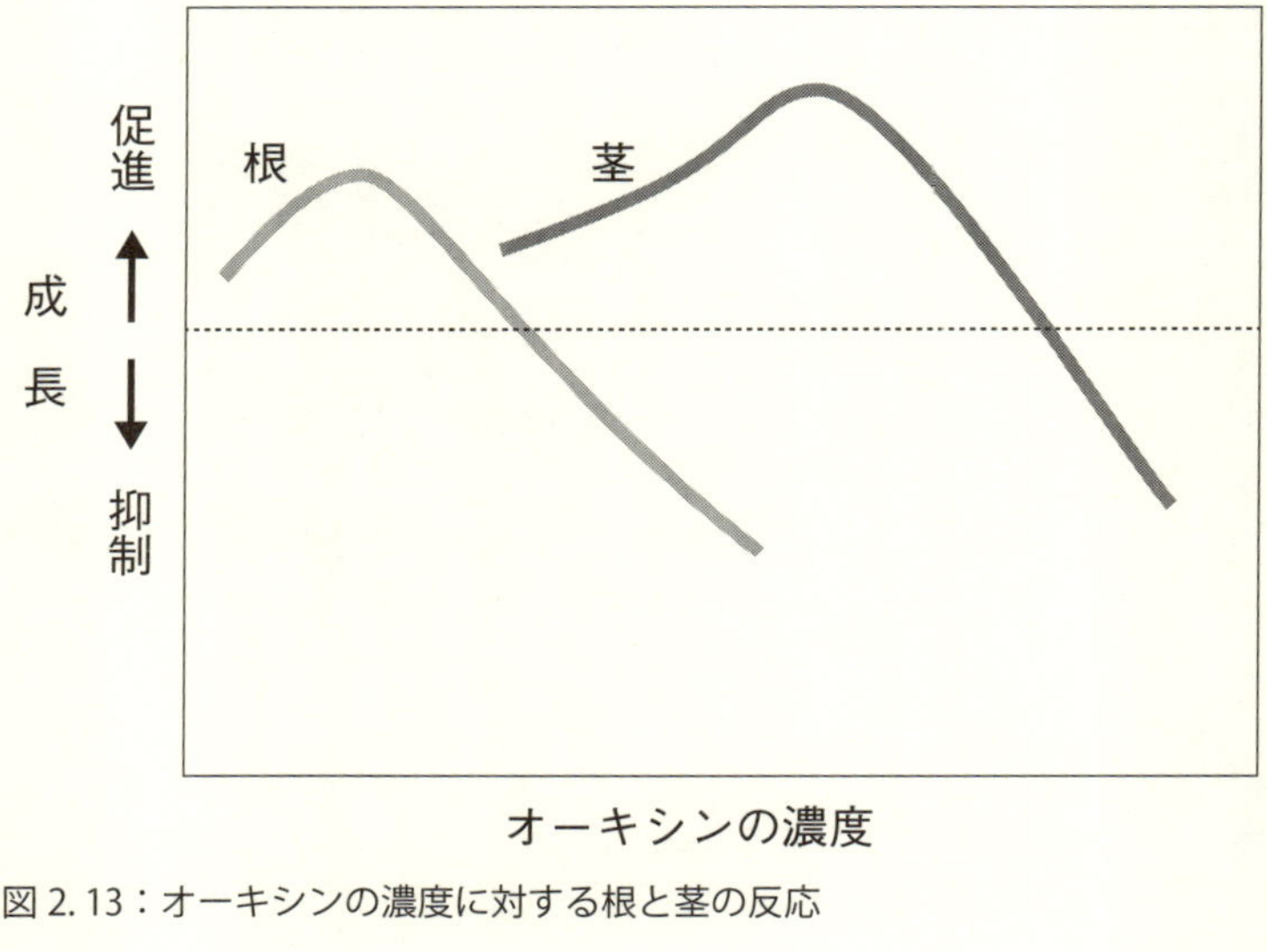

図 2. 13：オーキシンの濃度に対する根と茎の反応

茎の「重力屈性」は、根と異なり重力と反対方向の「負の重力屈性」を示します。その仕組みはある部分は根と共通で、ある部分は異なります。共通なのは、「アミロプラスト」が「平衡石」の役割を果たしていることですが、それを感じる場所に違いがあります。根では「平衡細胞」という特定の細胞で重力を感知していますが、茎では表皮に近い「内皮細胞」が「アミロプラスト」をもち、内皮全体で重力を感知しています。「内皮細胞」には「PIN3」が配置され、水平に置かれた茎では、「PIN3」の働きで茎の下側のオーキシンの量が増えます。その結果、茎の下側の成長が促進され、茎が重力と反対方向に屈曲します。また、茎の先端から基部へオーキシンを輸送する「PIN1」は重力の影響を受けないことが確認され、そのことが植物全体の「極性」を引き起こす理由と考えられています。

●シダレザクラは自然界では生きていけない

植物のみならず、生物には「変異体」というものが存在します。遺伝子が何らかの原因で機能しなくなり、本来もっていた性質を失った個体のことです。農業や園芸用の栽培品種のなかには、この「変異体」の性質を利用したものが少なくありません。

アサガオの園芸品種「シダレアサガオ」もそのひとつです。漢字で書くと「枝垂れ朝顔」で、要するに茎が垂れたアサガオのことです。通常のアサガオは茎に「負の重力屈性」があり、上へ上へと伸びていきますが、シダレアサガオは茎が重力を正しく感知できなくなった「変異体」で、茎（枝）が重力に従って垂れて育ちます。それが見た目に珍しく、観賞用として重宝されているというわけです。シダレアサガオのどこに「変異」が起きているかというと、茎で重力を感知する「内皮細胞」がつくれなくなり、そのため重力を感じることができなくなっています。

そもそもの話をすれば、地上部（シュート）の「負の重力屈性」は、植物が他の植物との競争を勝ち抜くために獲得した性質と考えられています。地球上では、光は重力の反対側から降り注ぐのが常です。さまざまな種類の植物が生い茂る環境で、少しでも多くの光を得るには、植物は上へ上へと背を伸ばすしかありません。

そう考えると、茎（枝）が重力を感じられなくなる「変異」は、生存競争を勝ち抜くうえできわめて不利に働きます。それでもシダレアサガオが生きられるのは、下へ垂れる性質が人間に珍重され、園芸品種として人間の庇護のもとに置かれているからです。

日本人に馴染み深い「シダレザクラ」（枝垂れ桜）も、茎（枝）が重力に応答する力を失った「変異体」が人為的に選抜されたものです。垂れ下がった細い枝に、打ち上げ花火のごとく滴り落ちるように花を咲かせるこのサクラも、シダレアサガオ同様、自然界を生き抜く力は持ち合わせてはいません。サクラというのは、本来は山に生える植物で、さまざまな種類の木々が生える山のなかで、枝を垂らす性質をもったシダレザクラが生き抜くことは難しいと考えられるからです。

植物のなかには、ヤナギのように、もともとの性質で枝が垂れているものもあります。ここま

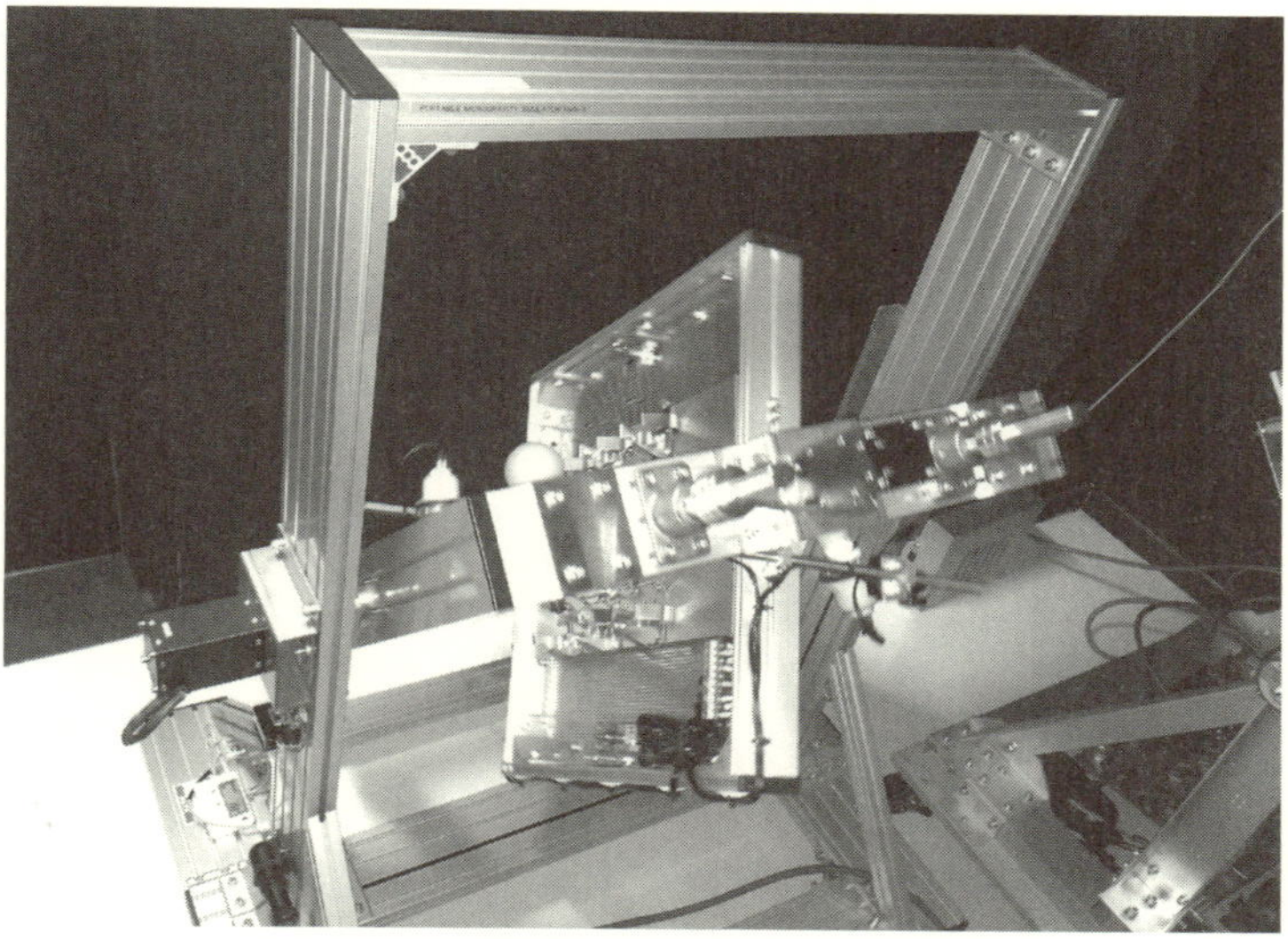

図2.14：クリノスタット。東北大学高橋秀幸先生の研究室にて撮影

での話に従えば、ヤナギが生存競争を勝ち抜くのは難しいはずですが、ヤナギが枝を垂らしながらも、今日まで生き延びることができたのには、れっきとした理由があります。

それは、ヤナギは水辺を好んで生える植物だからです。水のあるところ(川や池)に高い木が生えることはありません。つまり、水辺は日光を奪い合う競争相手が不在で、そこでは背を伸ばして葉を上に上につけるよりも、枝を垂らして横一面に葉で光を受けるほうが、効率的に光を集められるのです。そのため、ヤナギの枝は下へ垂れ下がる性質をもつのです。

植物が、重力を手掛かりに茎や根を伸ばす方向を決めているのだとすると、重力がない環境で植物はどう育つのか——。

それは、植物学者が昔から抱いてきた疑問のひとつで、100年以上も前から、「クリノスタット」(植物回転機)という機械を用いて、擬似的な無重力、あるいは微重力状態をつくり出して実験が行なわれています。「クリノスタット」というのは、実験試料を入れた容器を、垂直・水平方向の2軸に3次元で回転させる装置のことです(図2・14)。重力の方向がランダムに変化することで、無重力に近い状態がつくり出されます。

その結果は、予想どおりといえば予想どおりです。擬似的にせよ重力が一方向に働かなくなると、植物は重力屈性を見せなくなり、根や茎は、どの向きに伸びればいいのか迷っているかのように、うねうねと体をくねらせます。さらに、人類が宇宙空間に飛び出すようになってからは、人工衛星や宇宙ステーションで植物の成長具合を調べる実験が行なわれています。

●動けない植物のさまざまな動き——屈性と傾性

植物が環境からの刺激に応答して屈曲する「屈性」は、光と重力によるもののほかにも、さまざまな現象が知られています。代表的なものとして、次の3つが挙げられます。

・接触屈性:キュウリをはじめとするウリ科の植物の茎や枝が支柱に巻きつく「巻きひげ」

・化学屈性：雌しべに受粉した花粉が、受精のため、化学物質に誘引されて花粉管を伸ばす反応（花粉管ガイダンス：281ページ参照）
・水分屈性：根が水を求めて伸びる反応

また、植物が示す「屈性」と似た動きに、「傾性」というものもあります。刺激に対して反応するのは「屈性」と同じですが、「屈性」が刺激の来る方向に対して一定の向きに反応を示すのと対照的に、「傾性」は刺激の来る方向とは無関係に反応を示します。

代表的な「傾性」は、次に示すとおりです。

・光傾性：明るくなると花を開く（タンポポ、マツバギクなど）
・温度傾性：暖かくなると花を開き、温度が下がると閉じる（チューリップ、クロッカスなど）
・接触傾性：接触を感じて動く反応（葉の付け根の葉枕《ようちん》が垂れるオジギソウや、二枚貝のような葉を閉じて虫を捕まえる食虫植物など）

「光傾性」のなかには、一日の昼夜の変化に伴って起こる「就眠運動」と呼ばれるものもあります。花の開閉のほか、マメ科やカタバミ科の植物の葉の付け根の葉枕は、接触がなくとも、日中に葉を開いて夜に閉じる運動を繰り返します。マメ科のネムノキの「就眠運動」がよく知られています。

植物の「就眠運動」は、紀元前のアレキサンダー大王の時代から人々の興味を引きつけてきました。こうした植物の運動の研究を通じて、生物の体の中に一日のリズムを司る「体内時計」（２４７ページ参照）という時計の機能が存在することが明らかになりました。

この「体内時計」の働きは、「傾性」に対する考え方を見直すきっかけにもなっています。従来は「光傾性」や「温度傾性」と考えられていた植物の動きが、じつは光や温度の刺激によって「体内時計」が調整され、そのリズムに従っていた。そういう実験事実が明らかにされてきています。

たとえば、タンポポの開花・閉花は、光の刺激に対する応答と考えられていました。すなわち、明るくなると花が開き、暗くなると花が閉じるとされていたのですが、閉花は光の刺激によるものではないことが明らかになっ

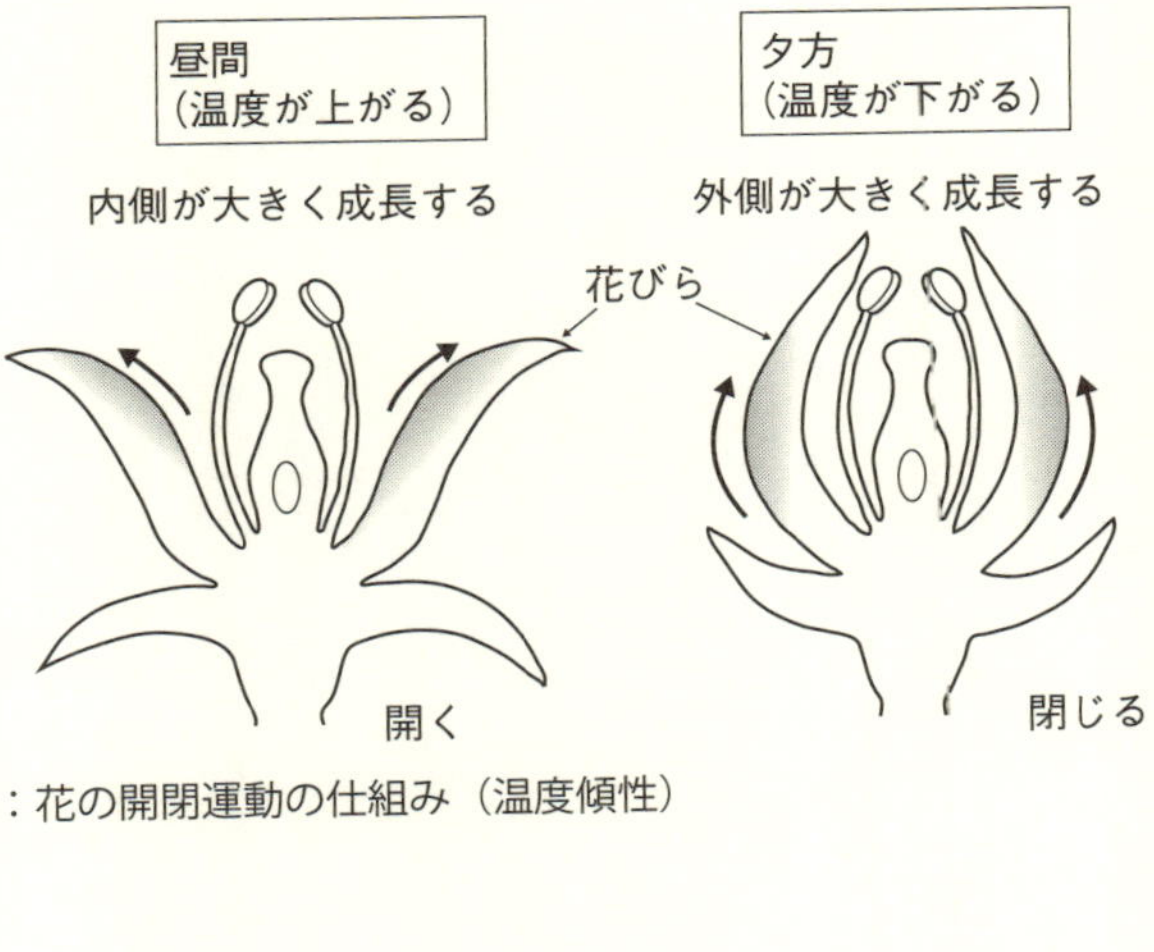

昼間
（温度が上がる）
内側が大きく成長する
夕方
（温度が下がる）
外側が大きく成長する
花びら
開く
閉じる

図 2. 15：花の開閉運動の仕組み（温度傾性）

ています（開花は光の刺激によるところが大きく、「光傾性」と呼ぶにふさわしい現象です）。つまり、花が閉じるのは、光量の減少に対する応答ではなく、開花後およそ10時間という「体内時計」の制御による側面が大きいとの見方が強まっています。従来「傾性」と考えられていた現象の多くは、じつは、「体内時計」の制御下にある可能性が高いのです。

「屈性」や「傾性」に見られる植物の動きは、主に「偏差成長」という現象によって引き起こされます。「偏差成長」とは、茎や根、花といった植物の各器官の左右や上下で、成長の速度に差が生じることです。「光屈性」や「重力屈性」で茎や根が曲がる動きを示すのも、茎や根の両端が異なる速度で成長するからで、花の開閉も同じ原理で説明することができます。花が開くときは、花びらの内側が外側よりも大きく成長し、花が閉じるときは、花びらの外側が内側よりも大きく成長しています（図2・15）。こうした「偏差成長」によって起こる植物の動きを「成長運動」と呼びます。

●お辞儀や就眠を引き起こすメカニズム――浸透圧と膨圧運動

それに対して、ネムノキ（マメ科）の「就眠運動」やオジギソウ（ネムノキの仲間）の「接触傾性」は、「成長運動」とは異なる「膨圧運動」という仕組みで引き起こされています（オジギソウはネムノキの仲間なので、葉の「就眠運動」も行ないます）。

細胞は細胞質に水を含み、その水圧によって、細胞膜が細胞壁を内から外へと押す力をもちます。箱に入れた水風船に水を注ぐと、風船が箱を押すようになるのと同じ理屈です。その力を「膨圧」といい、細胞壁がそれを押し返す力を「壁圧」と呼びます。「膨圧」と「壁圧」は力学的な作用と反作用の関係にあり、両者が吊り合っていれば、細胞の形や大きさが変化することはありません。「壁圧」そのものは、細胞壁が硬ければ高くなり、柔らかければ低くなるという関係にあります。

ひとくちに「細胞壁」といっても、厚さや硬さは部位によってさまざまです。木の幹の細胞壁は厚く硬く、それ自体で強度を備えていますが、活発に成長している部分にある茎や葉、花びらの細胞壁は薄く柔らかく、それが強度を保つことができるのは、細胞膜内に水が十分に満たされて、適度な「膨圧」があるためです。要するに、内部に満たされた水圧によって、葉や花は自らの重量を支えています。それはすなわち、細胞膜内の水が減り、細胞膜が細胞壁を押す「膨圧」の力が弱まると、細胞壁は強度を保てず、葉や花は萎《しお》れることを意味します。

「膨圧運動」を理解するうえであわせて押さえておきたいのが、「浸透圧」という言葉です。「浸透圧」とは、水溶液が水を吸い込もうとする力のことで、水溶液濃度が高いほど水を吸い込む力は大きくなります（つまり「浸透圧」も高くなります）。そのため、濃度の異なる水溶液が細胞膜を隔てて存在する場合、水は水溶液濃度の低いほうから高いほうへと流れていきます。

水を十分に含む「葉枕細胞」には多くのカリウムイオン（K^+）が含まれていて、作用の順番からすると、「葉枕細胞」の中にカリウムイオンが増えて細胞の「浸透圧」が大きくなり、その「浸

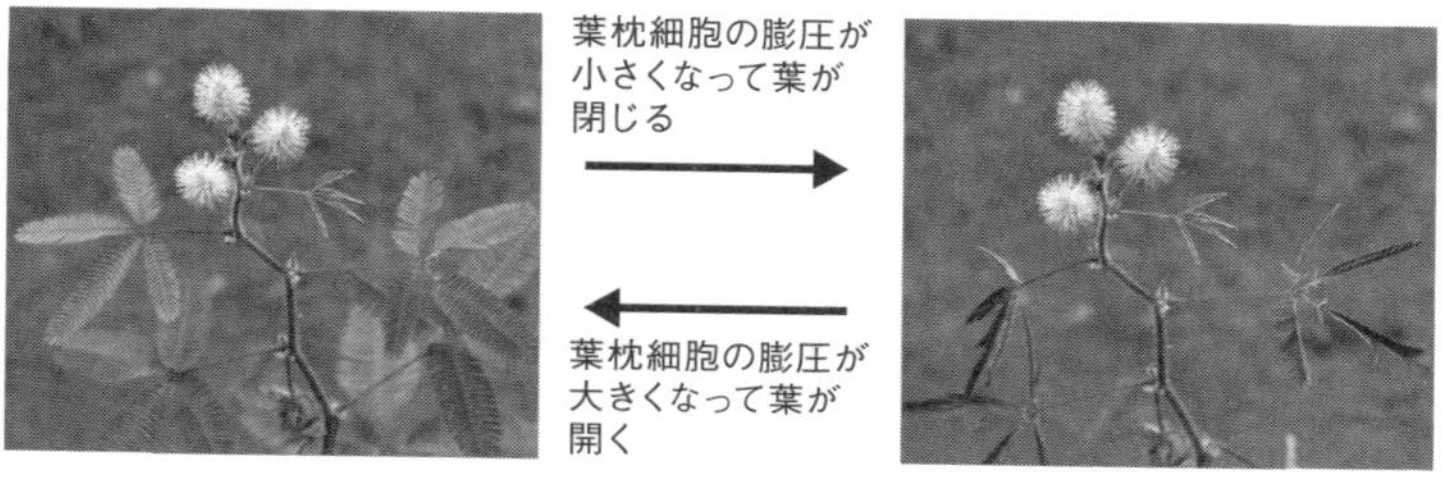
葉枕細胞の膨圧が
小さくなって葉が
閉じる
葉枕細胞の膨圧が
大きくなって葉が
開く

図 2.16：オジギソウの葉の運動

透圧」の力で細胞内に水が引き込まれます。すると、細胞の体積が増えて「膨圧」も大きくなります。なお、このときの細胞内にカリウムイオンを取り入れる通り道のことを「カリウムチャネル」といいます。

ネムノキやオジギソウの葉の開閉は、「浸透圧」と「膨圧」が変化することによって起こります。

オジギソウが葉を開いているとき、葉の付け根の「葉枕細胞」には十分な水が満たされ、その「膨圧」によって葉の重さを支えています。水を十分に含む「葉枕細胞」にはカリウムイオンも多く含まれていて、それによって「浸透圧」が高くなり、細胞内に水が流れ込むきっかけとなっています。

葉に刺激が加えられると、「葉枕細胞」は「カリウムチャネル」を開き、細胞内に含まれていたカリウムイオンが外へ出ていきます。すると、細胞内の「浸透圧」が低下するのと同時に細胞外の「浸透圧」が上昇し、細胞内の水が外へ流れ出ます。その結果、「葉枕細胞」の細胞壁に加わっていた「膨圧」は低下し、細胞壁は「張り」を失って、葉の重さを支えられなくなります。こうして葉は萎れ、慎ましく御辞儀をします（図2・16）。

葉がどうやって接触を感じているかというと、接触によって生じる「活動電位」と呼ばれる電気信号が伝わるためと考えられています。これは、人間をはじめとする動物の感覚と似ています。動物の神経は、光や音、皮膚への圧力（接触）などの外部からの刺激を、電気信号に変換して伝達し、知覚しています。オジギソウの葉は、人間の神経と同様、葉への圧力を感知し、それを電気信号へ変換して「葉枕細胞」に伝えることで、「カリウムチャネル」を開く合図となるという説です。

「就眠運動」のメカニズムについては、2種類の化学物質の関与が確認されています。夜に葉を就眠させる（葉を閉じる）「就眠物質」は昼に減少して夜に増え、朝に葉を覚醒させる（葉を開く）「覚醒物質」は昼に増えて夜に減ることが明らかにされています。それらの物質の増減が「葉枕細胞」の「膨圧」の変化を引き起こし、葉を開閉させていると考えられています。

●虫を捕らえる二枚の葉の動き——葉が感じる「活動電位」

食虫植物のハエトリグサが葉に止まった虫を捕まえるのも、「膨圧運動」によるものです。ハエトリグサは、ハエトリソウ、あるいはハエジゴクとも呼ばれる北米原産の植物です。そこの土壌は、植物が育つために不可欠な窒素（N）とリン（P）が不足していて、ハエトリグサは、栄養分の不足を補うために、虫や小動物を捕食して栄養をとる能力を進化させたと考えられています。二枚貝のように葉を開いて生えるハエトリグサは、葉の内側に、虫や小動物を誘引する蜜を分泌し、そこにハエやカエルなどが止まると、その接触を感じてバネ仕掛けのように勢いよく葉を閉じます。

葉の細胞内に満たされた水の「膨圧」の力で開いていた二枚の葉は、接触を感じると細胞内からイオンが急激に流出し、それによって水も細胞外に流れ出ます。その結果、「膨圧」が低下して葉が閉じます。なお、葉で捕まえた獲物は、消化液で溶かして養分を吸収します。

この食虫植物の不思議な生態は、植物学者ダーウィンの心をとらえ、二枚の葉が虫を捕まえる様子を子細に観察し、それを『食虫植物』(1875年刊)という本にまとめました。そこで彼は、葉を閉じる引き金になっているのは、葉の内側にある黒い「感覚毛」と呼ばれる突起に虫が触れること、しかも、一度の接触ではなく20秒ほどのあいだに二度の接触がなければならないことを突き止めました。ただ、さすがのダーウィンもそれ以上のことはわからずに、「感覚毛」がどのような仕組みで接触を感知し、葉を閉じているかを解明することまでは及びませんでした。

ハエトリグサの「感覚毛」が、接触を「活動電位」として感じ取っている可能性に気づいたのは、ダーウィンと同時代の科学者で、ダーウィンと交流のあったジョン・バードン=サンダーソンという人物です。動物の知覚と電気信号の関係を研究していたサンダーソンは、ダーウィンからの手紙でハエトリグサのことを知ります。その動きが電気信号によって引き起こされているのではないかと仮説を立てて実験を行ない、2本の「感覚毛」を押すと、ハエトリグサの葉に「活動電位」が生じることまでを突き止めました。その後、「活動電位」が葉を閉じる直接のきっかけになっていることが実証されたのは、それから100年以上も経ってからのことです。

●葉の裏で起こる気孔の運動

葉の裏側に開いた穴、「気孔」を開閉するのも細胞の「膨圧運動」によるものです。

前の章でも触れましたが(60ページ参照)、気孔は葉の内部と外部をつなぐ通り道で、葉は気孔を通じて外気を取り込み、二酸化炭素を吸収して酸素を吐き出します。このとき、葉の内部から水分を大気中へ放出す

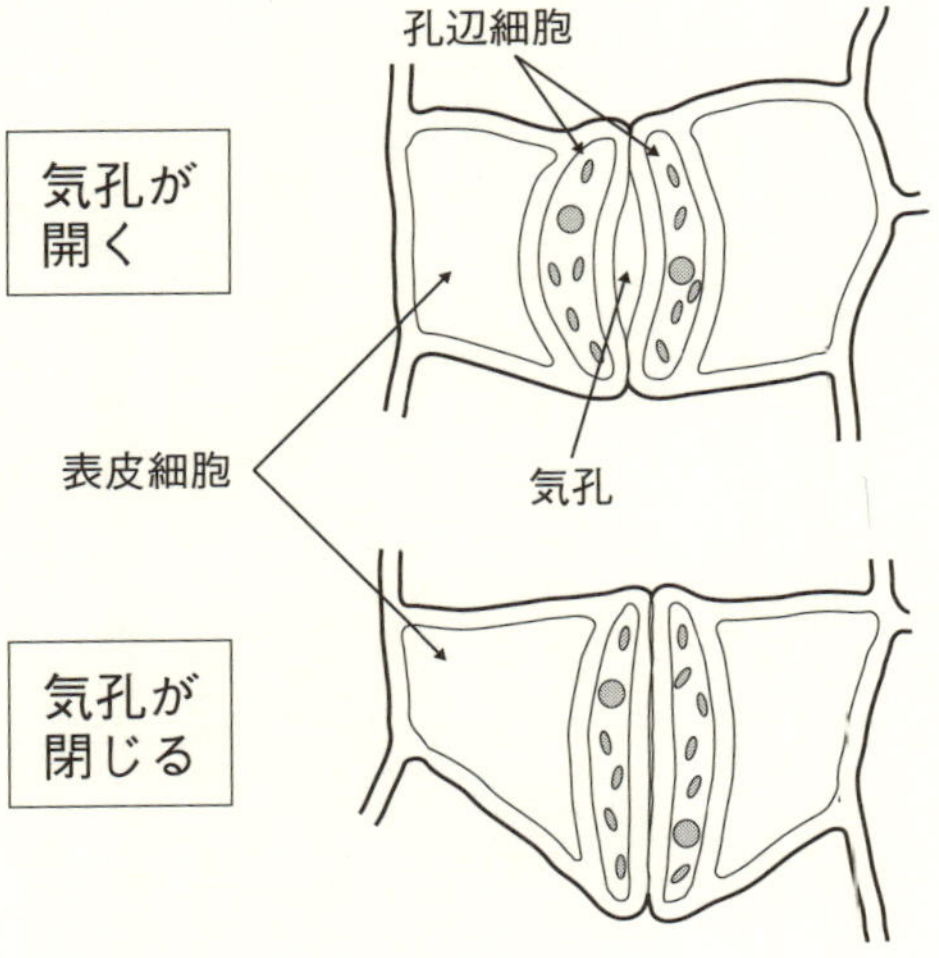

図 2. 17：気孔の開閉

る「蒸散」という現象も起こります。

気孔の構造はきわめて単純で、「孔辺細胞」という2つの細胞に囲まれているだけです。顕微鏡で拡大して見た形は、人間の唇にも似ています（図2・17）。唇が物理的に離れればそこに穴が開き、唇どうしがくっつけば穴が閉じるように、「孔辺細胞」も物理的にくっつき離れることで気孔を開閉しています。

「孔辺細胞」は葉の裏側に多く、「表皮細胞」に取り囲まれるように存在しています。肉眼でその穴を見ることはできませんが、1㎠あたり、1万～数万の数の気孔があります。葉の裏側は穴だらけ、なのです。

「孔辺細胞」は、お互いが接している側（気孔の内側）の細胞壁が、表皮細胞と接している側（気孔の外側）と比べて分厚くなっています。「孔辺細胞」に水が流れ込んで、細胞内の「膨圧」が高まると、「孔辺細胞」は相対的に細胞壁の薄い気孔の外側に向かって膨らみ湾曲します。それに伴い気孔の内側に隙間ができ、外気や水蒸気の通り道となります。

気孔が閉じるのは、これとまったく反対の動きです。「孔辺細胞」から水が流出して細胞内の「膨圧」が低下すると、「孔辺細胞」が萎んで、気孔の内側の細胞壁どうしがくっつくのです。

「孔辺細胞」の「膨圧」の変化を引き起こすのは、ここでも細胞内のカリウムイオンの増減です。細胞内にカリウムイオンを取り込むと、細胞内の「浸透圧」が上がり、それによって「膨圧」も上昇し、細胞内からカリウムイオンが流出すると、細胞内の「浸透圧」が下がって「膨圧」も低下します。細胞の膨張がカリウムイオンを介して制御される仕組みは3章であらためて触れます（178ページ参照）。

気孔は一般に、光が強く高温多湿で、光合成が活発になるときに開きます。光合成に必要な二酸化炭素を吸収するのとあわせて、葉の内部の温度が上昇しすぎないように、水分を蒸発させて大気中に放出するためです（これが「蒸散」です）。1日の流れで見ると、昼間に開いて夜になると閉じるわけですが、植物が周囲の何を見て、どのように気孔の開閉の指令を出しているかは、次の章で詳しく触れます。

●水を吸い上げる植物の力——蒸散と凝集力

ここで、植物にとって欠かせない「水」との関わりについても触れておきましょう。植物の体を構成する成分のうち、水はもっとも分量が多く、活発に成長している若い植物では、重量の8割から9割近くを水が占めるとされています。

植物は、水を土壌から吸い上げます。そのための器官が根で、効率よく水を吸い上げられるように枝分かれしながら伸び、土壌と接する表面積を大きくしています。地上部の付け根から伸びるのが「主根（あるいは冠根《かんこん》）」、それらが枝分かれして伸びるのが「側根」、その先に生じる細かいひげ根が「根毛《こんもう》」です。「根毛」は、根の「表皮細胞」が変化したひとつの細胞からなっていて、その中には、無機物や有機物が多く含まれています。そのため、土壌よりも「浸透圧」が高く、根の内側に水が流れ込むようになっています。「浸透圧」は、根の表面近くの「柔組織」、

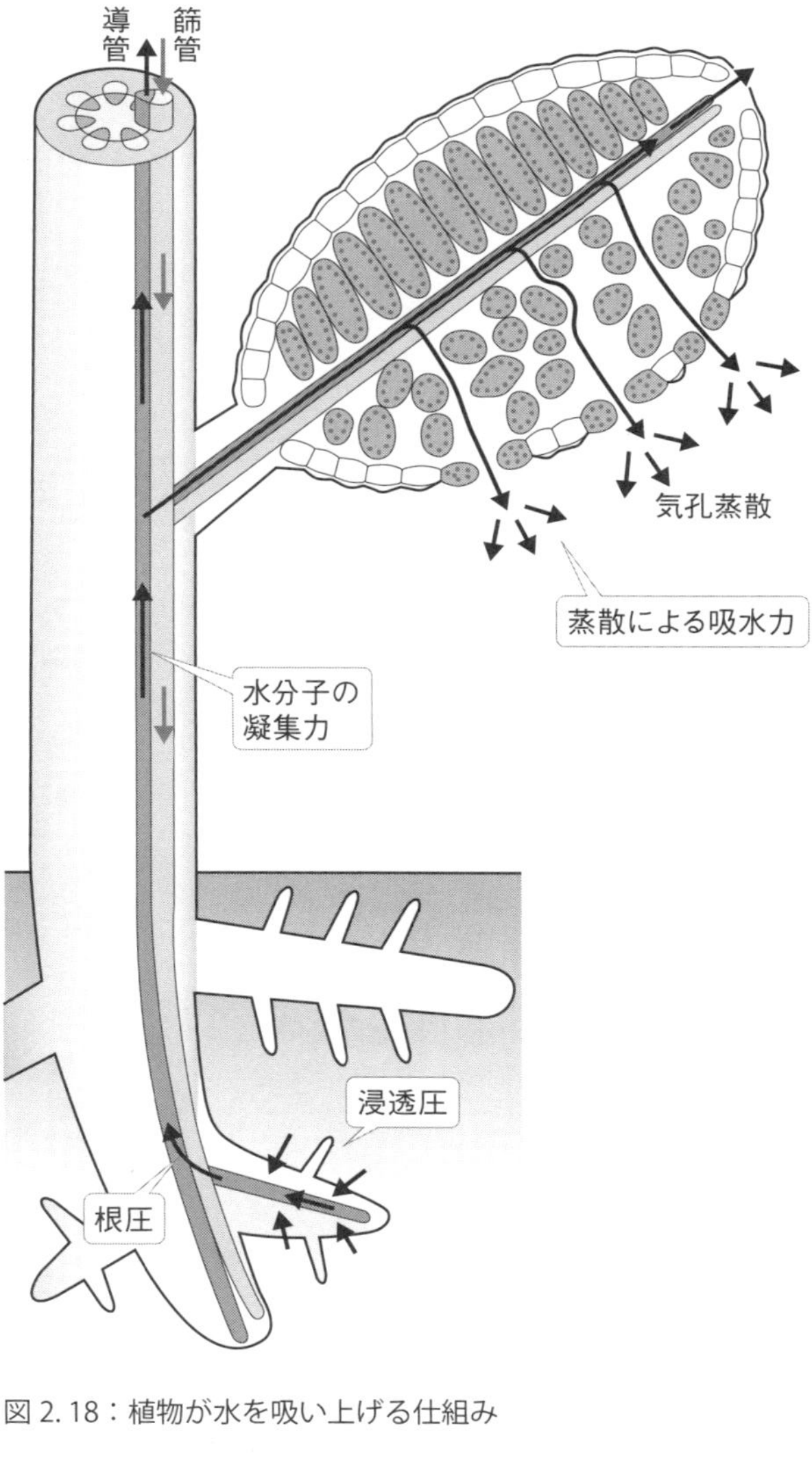

図 2. 18：植物が水を吸い上げる仕組み

その内側の「木部」の順に高くなっていて、「根毛」が吸い込んだ水は、「浸透圧」の差によって、根の内側へ運ばれるようになっています。「木部」の「導管」に到達した水は、茎を通って葉の隅々にまで送られます（図2・18）。

植物の茎を切ると、切断面から水が溢れ出てくるのを見たことがあるでしょうか。これは「根圧」といって、根が吸い上げた水を上に押し上げる力です。

ただし、何mも何十mもの高さがある木の先端にまで、重力に逆らって水を持ち上げるには、「根圧」の力だけでは足りません。それを補う、というよりもむしろ、水を吸い上げる主な力となっているのが、葉が気孔を開くことによって起こる水の蒸発、つまり「蒸散」です。「根圧」によって根が水を押し上げ、「蒸散」によって葉が水を吸い上げる力が、水を根から茎、葉へとつながる一本の水柱へと変えます。

このとき、水分子どうしが引き合う「凝集力」という力が働きます。植物の中で水は、一本の水柱となることで、何m、何十mもの高さまで上昇する大きな力を得ています。

水の凝集力は、生活に身近な草花でも感じることができます。花瓶に花をいけるとき、茎を切ると水を吸う力が弱まることがあります。それは、茎の切断面から空気が入り、水柱が途切れてしまうからです。

それを防ぐための手立てが、水の中で茎を切る「水切り」で、切り花や生け花の世界ではよく知られた手法です。茎の切断面から先端まで水柱が途切れることなく、凝集力が保たれます。町の花屋では「水切り」をしないことも多いようで、切り花を買ったときは、家に帰って「水切り」をすると、花が長持ちします。

「蒸散」のもうひとつの働きは、水の蒸発によって、光合成に使い切れない光のエネルギーを逃がすことです。前の章で見たように、葉に当たった光のエネルギーのうち、光合成に使うことができるのは4分の1にすぎません。残りを単純に捨ててしまうとしたらずいぶん無駄なようにも思えますが、そこはなかなかうまい仕組みになっています。使い切れないエネルギーの一部が熱に変わり、その熱の力で水が蒸発（蒸散）、それによって水を吸い上げており、余ったエネルギーを有効活用しているといえるからです。

植物が気孔を開くのは、光合成に必要な二酸化炭素を取り入れるためであり、「蒸散」は二次的な目的であるともいえます。水が十分にないところで蒸散を続けると、体内の水分が不足して乾燥の危険にさらされます。そのため、体内の水不足を感じるとまず気孔を閉じ、同時にさまざまな化合物をつくり始めます。それによって根の細胞の「浸透圧」を高め、根が水を吸い上げる力を強くするのです。

●生まれた場所で生きていくために

動き回ることのできない植物は、生まれた場所で生きていくしかありません。そこは、日当たりのいい場所かもしれませんし、日当たりに恵まれない場所かもしれません。雨がよく降り水分に恵まれているところかもしれないし、めったに雨が降らず乾燥しているところかもしれません。環境は季節によっても変わりますし、虫や動物たちに食べられてしまうという危険もあります。

植物は、こうした周囲の環境条件に柔軟に適応して生きています。これを「環境応答」といい、植物は生まれた場所で生きていくためにさまざまな仕組みを備えています。本章で見てきた「屈性」や「傾性」は、「環境応答」の代表的な反応です。

「環境応答」は、植物が環境の変化を察知し、それに応じて自身の体の形や体内の状態を変化させるという順番で起こります。それが可能なのは、環境の変化と形態の変化をつなぐ媒介となるものがあるからです。光屈性や重力屈性では、光や重力を感知することで、茎や根のオーキシンの分布に偏りが生じ、それによって「偏差成長」が引き起こされ、茎や根が曲がります。つまりここでは、オーキシンがその媒介の役割を果たしています。

このときのオーキシンのように、植物の体内でつくられ、ごくわずかの量で成長や反応を調節する化学物質を、「植物ホルモン」といいます。植物は、外界からの刺激に応答し、「植物ホルモン」を合成あるいは分解、体内の別の場所へ輸送することによって化学的な信号に変換し、成長や動きを調節しています。つまり「植物ホルモン」は、外界の刺激を植物の体内に伝え、さまざまな生理作用を引き起こす情報伝達物質ということができます。次の章では、この「植物ホルモン」の働きについて見ていきます。

3章

植物ホルモン

——植物の成長を左右するカギ

●環境の変化を伝える物質

植物は、光や重力、接触、温度などの外界からの刺激を感じ、周囲の環境に応答しながら生きています。茎や根が伸びるべき方向に伸び、花が咲くべき時期に咲き、種子が芽生える時期に芽生えるのは、植物がさまざまな環境の変化を感じ取っているからです。動けない植物にとって、周囲の状況にあわせて成長をコントロールすることは、自身が生き延び、子孫に命をつなぐうえで欠くことのできない能力です。寒さに弱い植物の種が、うっかり真冬に芽生えてしまおうものなら、枯れていくのは目に見えています。植物が環境に応答する力は、植物にとって、まさに生命線といえるのです。

このようにさまざまな「環境応答」を示す植物にとって、多くの場合、外界からの刺激を媒介する役割を果たすのが、「植物ホルモン」と呼ばれる化学物質です。「植物ホルモン」は、植物の体内でつくられ、ごくわずかの量で自身の成長や反応を調節する働きをします。つまり「植物ホルモン」は、外界の刺激を自身の体内に伝え、さまざまな生理作用を引き起こす情報伝達物質として働いています。

「植物ホルモン」がどのように働くのか、模式的に示したのが図3・1です。

まず、「植物ホルモン」は細胞膜や細胞内に存在する「植物ホルモン受容体タンパク質」と結合し、その結合体がさまざまな反応を引き起こします。遺伝子の発現を促進・抑制する信号を核に送り、あるいは細胞膜のイオンチャネル（細胞内外のイオンの通り道）に働きかけて細胞内のイオンの濃度を変え、またときには、化学反応を触媒する酵素の働き（活性）を制御します。こうした一連の働きによって細胞の状態を変化させ、植物の成長や反応を調節しているのです。

「植物ホルモン」の代表選手は、前章で登場したオーキシンです。そのほかに、ジベレリン、エチレン、サイトカイニン、アブシジン酸、ブラシノステロイド、ジャスモン酸、ストリゴラクトン、サリチル酸といった合計9種が「植物ホルモン」と認められ、植物学者たちがさまざまな研究に取り組んでいます。これらの名称は、オーキシン同様、ほとんどが複数の似た働きをする物質の総称で、それぞれにいくつもの物質が見つかっています。

これらの「植物ホルモン」は、数々の研究成果の積み重ねにより、植物の体内でどのようにつくられ

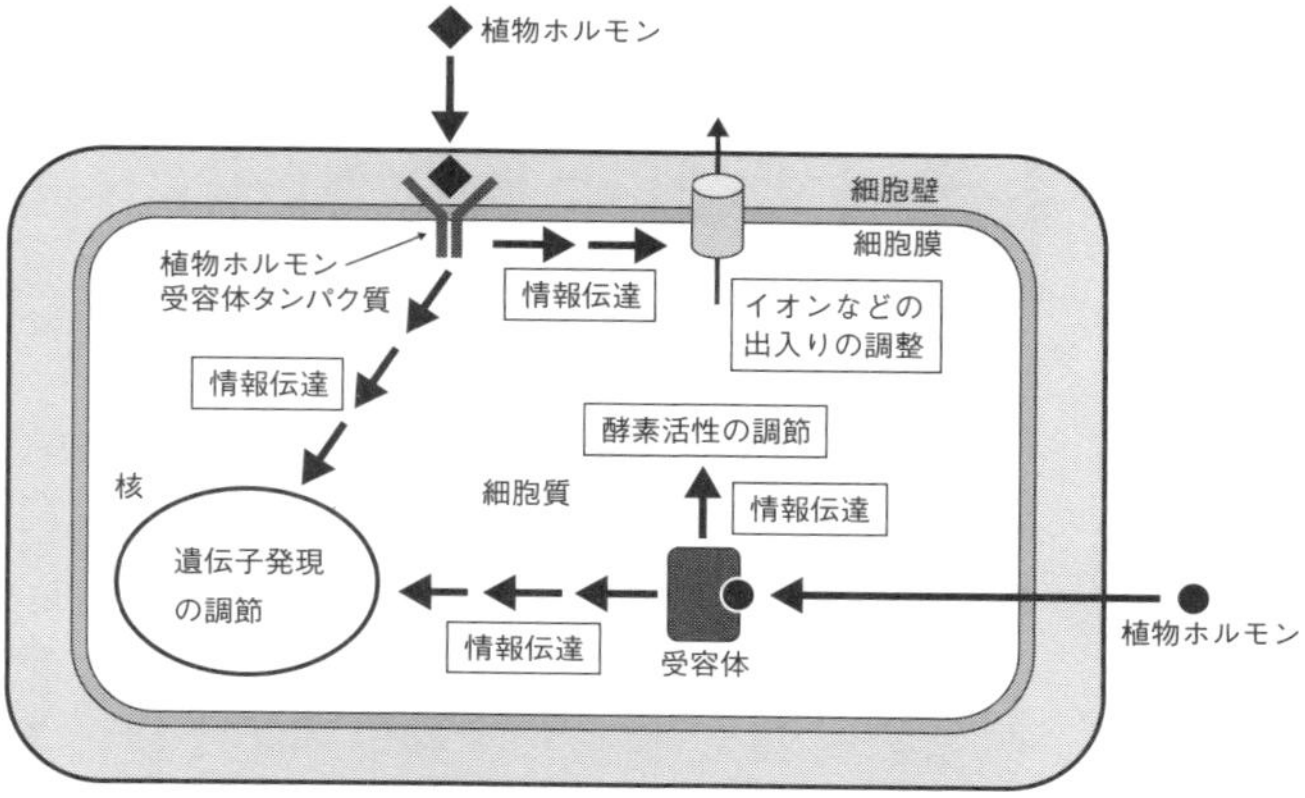

図3.1：細胞が植物ホルモンを感じる仕組み。（塚本、荒木（2009）をもとに作成）

ているか、ストリゴラクトンを除いてほぼ全容が解明されています。植物の成長や反応を左右する「植物ホルモン」の生合成を、人間が制御することができるようになれば、人間の目的にかなった植物を効率的に栽培することができるようになります。たとえば、植物の成長を促進するオーキシンの働きを阻害する薬剤は、植物の成長を止める除草剤として活用することができます。近年は、「植物ホルモン」の研究成果を活かし、新たな薬剤や栽培技術を開発する研究も盛んに行なわれるようになっています。

ここで、本章の本題に入る前にひとつ注意が必要なことがあります。同じ植物ホルモンでも、部位や植物の種類の違いによって、働きが異なることが往々にしてあり、その役割を一般化して説明するのは難しいということです。高濃度のオーキシンが、茎では成長を促進し、根では成長を阻害するのがいい例です。さらには、ホルモンがいつ、どこで、どれくらい存在するかによっても、また、ホルモンどうしの相互作用によっても働きが変わることがあります。このあと、植物ホルモンの働きを個別に紹介していきますが、その説明はあくまで「大まかな傾向」であることを、頭の片隅に置いておくようにしてください。

コラム◆動物と植物での「ホルモン」の違い

「植物ホルモン」という用語は、脊椎動物が外部環境や体内の状態の変化を伝える「ホルモン」にならって使われるようになりました。脊椎動物の「ホルモン」は、おおむね次のように説明されます。

体内の特定の場所（分泌器官）で合成され、血液中に分泌されてほかの場所に運ばれ、特定の器官（標的器官）に作用し、特定の変化を引き起こす化学物質。

「植物ホルモン」は、環境の変化を植物に伝える物質という点では、脊椎動物の「ホルモン」と同じように働きますが、すべての性質が脊椎動物のそれと共通しているわけではありません。分泌器官や標的器官が必ずしも明確ではないことや、ホルモンの働きを一概に説明するのが難しいことは、「植物ホルモン」の動物の「ホルモン」との大きな違いです。

「植物ホルモン」は、植物学の用語としては次のように定義されます。

植物自身がつくり出し、微量で生理活性作用を引き起こす情報伝達物質で、体内に普遍的に存在し、その物質の化学的な実体（つまり、物質の名称や化学組成など）と生理作用（つまり、植物にどういう反応を引き起こすか）が明らかになっているもの。

文字だけで見てもわかりにくいかもしれませんが、その意味するところは、本章を読み進めるにつれ、徐々に腑に落ちるようになるのではないかと思います。

●植物を成長させるもと――オーキシン

ここからは、「植物ホルモン」をひとつひとつ紹介していきます。一般的には馴染みの薄い植物ホルモンの、「あんな力」から「こんなスゴワザ」まで一挙公開です。まずは前章で紹介したオーキシンの働きをさらに詳しく見ていきます。

その前に、オーキシンについて簡単におさらいしておきましょう。オーキシンの第一の働きは、植物を成長させることです（128ページ参照）。さらに、特定の濃度のオーキシンは、細胞の位置関係を決める信号として機能したり、ある細胞を別の細胞へと分化させたりする働きももっています。

オーキシンがどうやって植物を成長させているかというと、大まかには2つの方法によります。ひとつは、細胞分裂によって細胞の数を増やすこと、もうひとつは、個々の細胞を伸長させて大きくすることです。つまり、オーキシンは細胞の数と大きさの両方を増やす働きをしています。

そもそも、植物の芽生えは非常に小さく、その形も、「幼根」と「子葉」、両者をつなぐ「胚軸」からなる単純なものです（図3・2）。この小さなY字型の芽生えから、どのようにして植物の複雑な形がつくられ、大きくなるかというと、「子葉」と「胚軸」が発達した「茎」と、「幼根」が成長した「根」の先端が、重要な役割を果たしています。

茎の先端には、活発に細胞分裂を行なう「茎頂分裂組織」と呼ばれる部位があり、一般には「芽」と呼ばれる部分です。顕微鏡を使わないと見えないほどの小さな組織ですが、そこで新しい茎と葉がつくられ、ときに枝分かれしてときに花をつくり、植物の体は複雑な形になっていきます。根の先端にも、同じように細胞が活発に分裂する組織があり、それを「根端分裂組織」といいます。なお、茎の先端にある「芽」は「頂芽」とも呼ばれます。

植物のタテ方向への成長は、茎や根の先端で「細胞分裂」によって増えた細胞が、先端から離れるに従って成長して大きくなることによって起こり、それを「伸長成長」といいます。オーキシンが細胞の数と大きさの両方を増やすということは、言い換えると、「細胞分裂」と「伸長成長」の両方を引き起こすということです。

植物の成長は、オーキシンのこの働きによって促進されています。

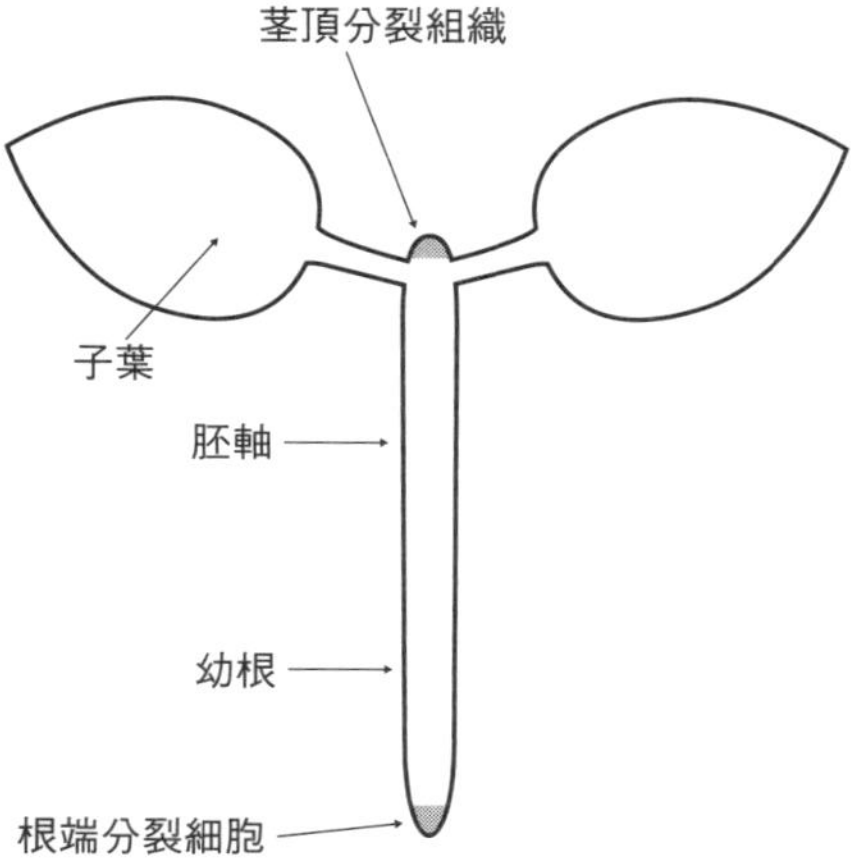

図 3.2：植物の芽生え（双子葉植物の場合）

●根と葉と枝のつくられ方
——分裂組織の働き

「茎頂分裂組織」でつくられる「芽」は、茎でも葉でもない未分化な細胞です。それがあるものは茎となり、あるものは葉となります（図3・3）。その分かれ目を決めるのも、オーキシンの働きです。

「茎頂分裂組織」でつくられる細胞は、オーキシンの流れる向きを決める「PIN」タンパク質を備えています。あれ、どこかで見た名前ですね。そうです、2章のオーキシンの「極性輸送」（131ページ参照）や「重力屈性」（135ページ参照）のくだりで登場した「オーキシン汲み出しキャリア」のことです。この「PIN」が、茎や根でオーキシンの流れる向きを決め、「極性輸送」や「重力屈性」の現象を引き起こしていることは、

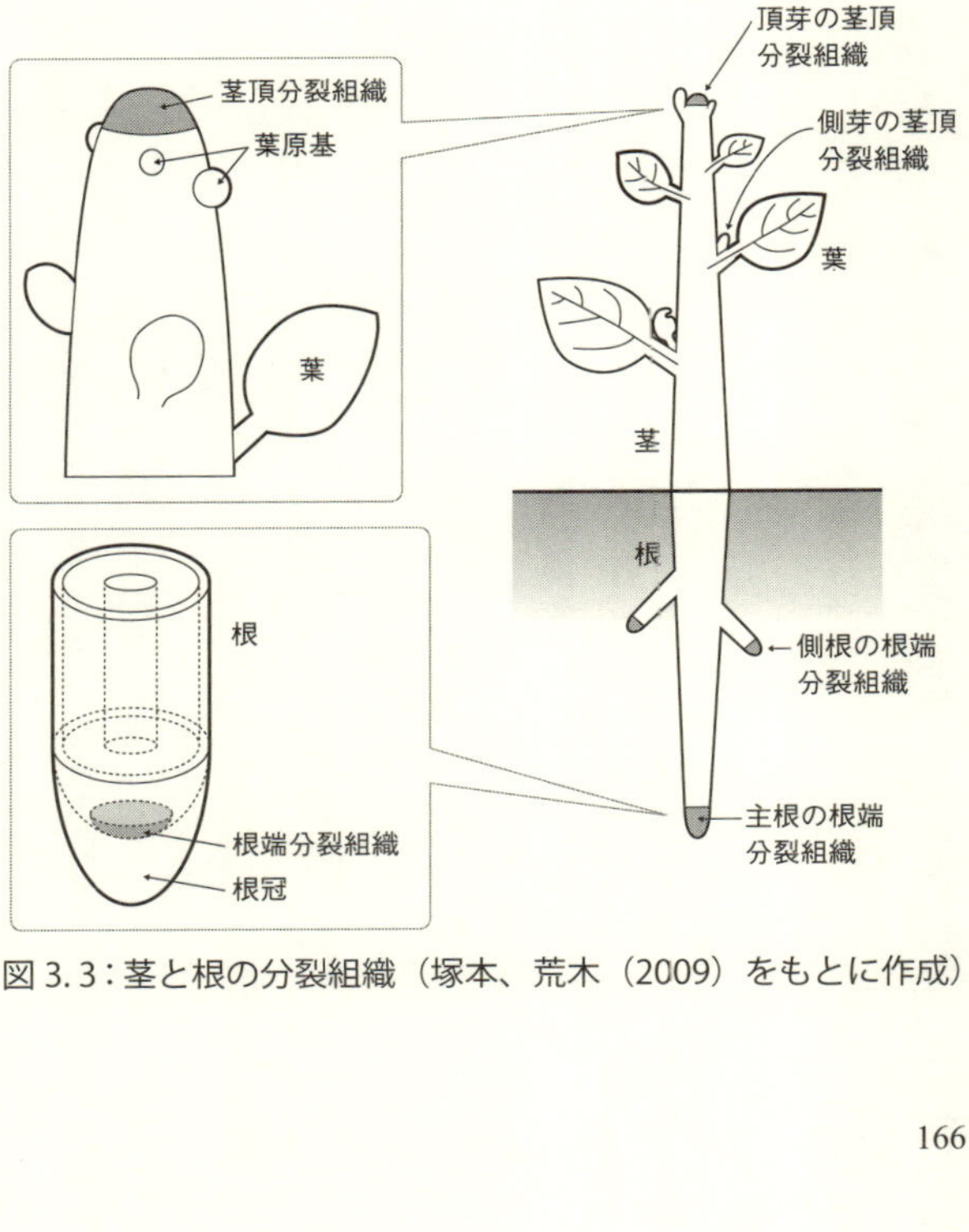

図 3.3：茎と根の分裂組織（塚本、荒木（2009）をもとに作成）

すでに触れたとおりです。

「茎頂分裂組織」でも、この「PIN」の配置によって、オーキシンが流れる向きが決まります。その結果、「茎頂分裂組織」でオーキシン濃度に偏りが生じ、オーキシン濃度が高まった部位で、葉のもとになる「葉原基」がつくられます。「葉原基」の付け根には、新たに「茎頂分裂組織」ができ、そこでは、「側芽《そくが》」（あるいは脇芽《わきめ》・腋芽《えきが》）と呼ばれる「芽」がつくられ、それが成長すると枝になります。植物の地上部（シュート）は、この繰り返しで複雑な形になっていきます。

なお、「側芽」はつくられてもすぐに成長を始めないように、「頂芽優勢」というメカニズムによって休眠状態に置かれます。つくられた「芽」が眠るのか、眠りに就いたときはいつ目覚めるのか、その制御にもオーキシンが関与しています（そのメカニズムについては後ほど詳しく触れます）。

この一連の仕組みは、「PIN」が正常に機能しないシロイヌナズナの「変異体」（この後のコラム参照）の研究によって解明されました。その変異体は、「茎頂分裂組織」でオーキシンの濃淡を調節するこ

図3.4：シロイヌナズナの野生型（右）と *pin* 変異体（左）

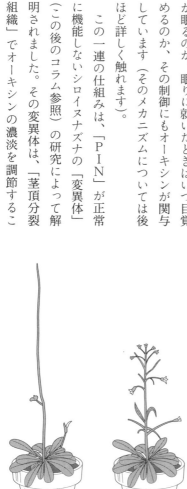

とができず、「葉原基」や「側芽」をつくることができません。そのため、葉や枝がつくられず、茎が針のように細長くなることから、英語で「針」を意味する「*pin* 変異体」と呼ばれるようになりました（図３・４）。

地下部（ルート）の根の成長は、地上部（シュート）と比べるとやや単純ですが、オーキシンが「細胞分裂」と「伸長成長」だけでなく、根の分岐を引き起こすという点は地上部と共通しています。

芽生えの「幼根」がそのまま太く長くなったものを「主根」といい、その先端の「根端分裂組織」で細胞分裂が盛んに行なわれ、分裂した細胞が大きく伸びて成長すると、根が下へ下へと伸びていきます。さらに成長が進んで根のオーキシン濃度が高まると、「主根」の内部から新たな「根端分裂組織」が生じます。それが成長すると根が枝分かれして「側根」になり、根は分岐していきます。

コラム◆変異体の役割と遺伝子命名法

植物学のみならず生物学全般で、遺伝子のＤＮＡ配列と、それが生物個体の形態や構造、性質などにどのようにあらわれるか、両者の関係を突き止める研究が盛んに行なわれています（48ページも参照）。

そうした研究で重宝されるのが、特定の遺伝子が何らかの理由で正常に機能しなくなった「変異体」の個体です。なお、「変異体」でないもの、つまり遺伝子が正常に機能している個体のことを「野生型」といいます。

「変異体」がなぜ研究で重宝するかというと、変異の原因となっている遺伝子を突き止めることができるからです。このノウハウは実はちょっと複雑なのですが、最近はＤＮＡの塩基配列の解読技術が発達したため、簡単に行なえるようになってきました。原理を簡単に説明すると、「野生型」と「変異体」のＤＮＡの塩基配列をすべて調べて比べればよいのです。両者で塩基配列が違う部分が見つかるはずで、そこが壊れた遺伝子だと特定できます。

このあと本章では、アルファベット表記されたいくつも遺伝子の名前が登場しますが、この名前のつけ方や表記法が、生物学のルールで決められています。まず「変異体」に名前がつけられ、その名前が、原因遺伝子と、原因遺伝子がつくるタンパク質の名前にも援用されます。

言葉で説明してもわかりにくいと思うので、例を示しましょう。

まず、先ほど紹介した「*pin* 変異体」のように、「変異体」は小文字のイタリック体で記し、その原因遺伝子は、本当ならば、「変異体」の名前を大文字・イタリック体で「*PIN*」記されます。そして、その原因遺伝子「*PIN*」からつくられるタンパク質を「PIN」と大文字・ノーマル体で表記します。

「本当ならば」と断りを入れたのは、本書ではこの表記に完全には従っていないからです。この表記の使い分けだけで、専門家なら十分に内容を理解することができますが、慣れるまでは混乱のもとになりかねないので、本書では、遺伝子とタンパク質を、それぞれ「PIN遺伝子」、「PINタンパク質」というように、アルファベットをタテ書きにして、遺伝子かタンパク質かが見てわかるようにしています。

●オーキシン感知——そのとき何が起こるのか……

植物ホルモンがどのような仕組みで植物の成長に影響を与えるか、本章冒頭で（160ページ参照）、模式図（図3・1）を使って概略を説明しました。ここではオーキシンを例に取り、さらに詳しい仕組みを紹介します。

この研究がどのように進んだかというと、ここでもやはり、シロイヌナズナの変異体が研究の突破口になりました。2章で触れたように、高濃度のオーキシンを植物の根に与えると、根の成長は阻害されます（140ページ参照）。そこで、根の成長が阻害されない変異体を探してくることから研究が始まりました。このような変異体は、オーキシンへの感受性が低いことから、「オーキシン非感受性変異体」と呼びます。

この「オーキシン非感受性変異体」を調べてみると、遺伝子の壊れ方にある特徴が見られました。「TIR1」、あるいは「Aux／IAA」という遺伝子が壊れているものが多く見つかったのです。そこから、「野生型」（前のコラム参照）のシロイヌナズナとの比較で、「TIR1」と「Aux／IAA」の遺伝子がどのような役割を果たしているか突き止められるようになりました。

植物ホルモンは、本章冒頭で見たように、「受容体」と呼ばれるタンパク質と結合し、その結合体がさまざまな反応を引き起こします。

「オーキシン非感受性変異体」の研究で見つかった「TIR1遺伝子」は、オーキシンの受容体である「TIR1タンパク質」をつくり出すものであることがわかりました（表記がややこしいですね。遺伝子とタンパク質の表記についてはこの前のコラムを参照ください）。オーキシンが細胞中に取り込まれると、オーキシンは「TIR1タンパク質」と結合し、今度はオーキシンが糊のような働きをして、「Aux／IAAタンパク質」とも結合します（図3・5）。「Aux／IAAタンパク質」は、「Aux／IAA遺伝子」が発現してつくられるものです。

この状態になると、「Aux／IAAタンパク質」には、さらに「ユビキチン」という別のタンパク質が結合します。

「ユビキチン」は、植物だけでなく生物に広く共通して見られるタンパク質で、細胞内で不要になったタンパク質を分解する目印として働きます。ユビキチンが結合したタンパク質は、細胞内のタンパク質分解酵素によっていずれ分解されます。なお、「ユビキチン」の名は、いたるところに存在するという意味のラテン語「ユビキタス」からつけられました。ひところ「ユビキタスコンピューティング」という言葉がメディアを賑わせましたが、この「ユビキタス」も、どこでもコンピューティング（情報処理）が行なえることを目指して付けられた名前です。

話を戻すと、「ユビキチン」は「Aux／IAAタンパク質」を分解する目印として働きます。つまり、オーキシンを検出し

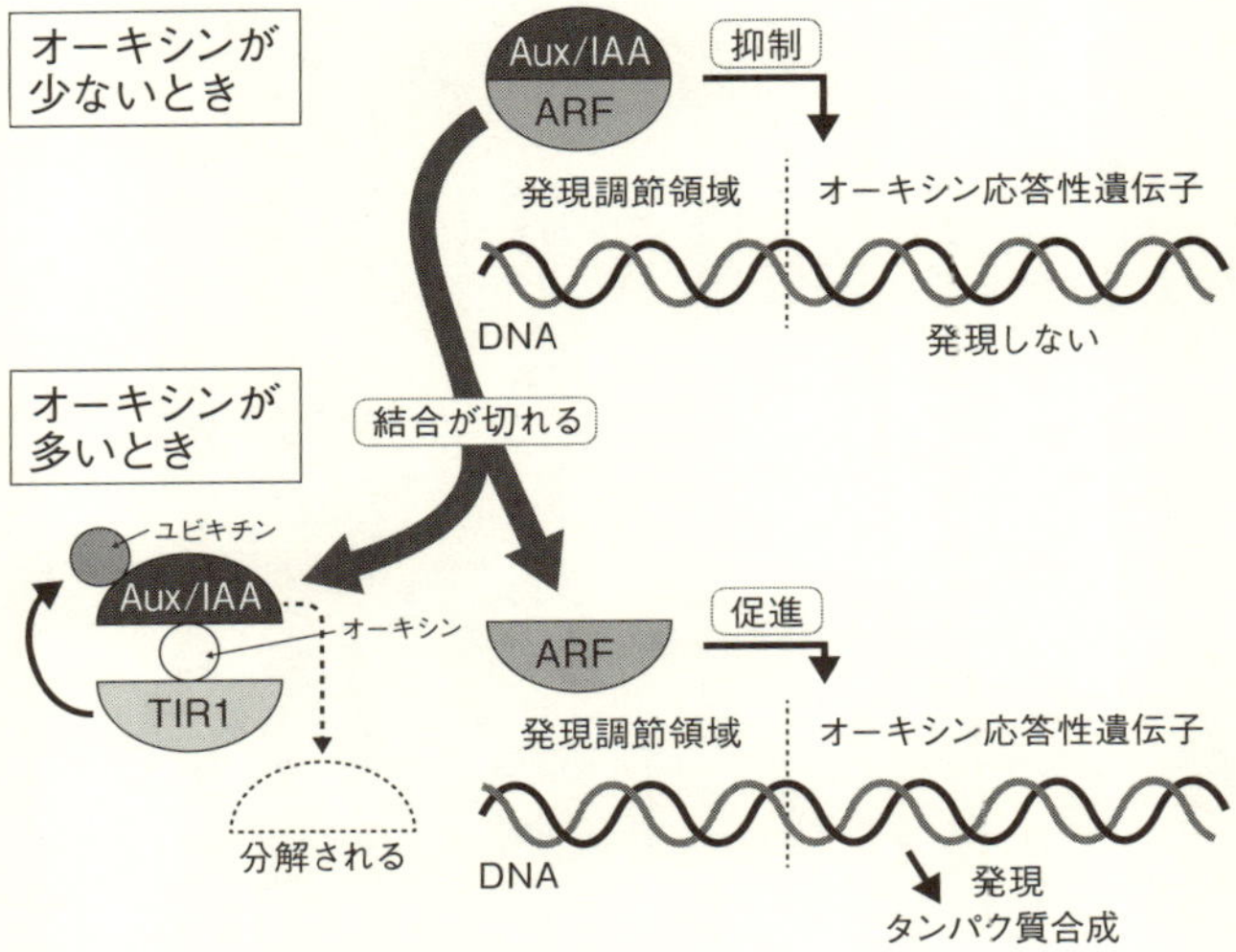

図3.5：オーキシンの信号伝達

た植物の細胞では、「ＴＩＲ１」と「Ａｕｘ／ＩＡＡ」、そして「ユビキチン」という３つのタンパク質の働きによって、「Ａｕｘ／ＩＡＡタンパク質」を分解する反応が起こります。

すると、「Ａｕｘ／ＩＡＡタンパク質」の分解はその次の反応を引き起こします。

もともと「Ａｕｘ／ＩＡＡタンパク質」は、細胞内で「ＡＲＦ」というタンパク質と結合した状態で存在しています（図３・５）。そこへオーキシンが加わり、「ＴＩＲ１」と「ユビキチン」の働きによって、「Ａｕｘ／ＩＡＡタンパク質」が分解されると、「Ａｕｘ／ＩＡＡタンパク質」と結合していた「ＡＲＦタンパク質」が活発に働き始め、さまざまな遺伝子の発現を促進し、いくつものタンパク質をつくり出します。このとき発現が促進される遺伝子のことを「オーキシン応答性遺伝子」と呼び、オーキシンを検出した細胞で働きが活性化します。

●成長を制御するループ状の仕組み――オーキシンの信号伝達経路

面白いのは、この「オーキシン応答性遺伝子」のひとつに、「Ａｕｘ／ＩＡＡタンパク質」をつくり出す「Ａｕｘ／ＩＡＡ遺伝子」があることです。つまり、オーキシンによって分解される「Ａｕｘ／ＩＡＡタンパク質」は、オーキシンによって次から次へとつくられるものでもあるのです。

これは一見するととてもおかしな話ですが、実はここに、オーキシンが植物の成長を制御する大きな秘密があると考えられています。

オーキシンが少ないとき、「Ａｕｘ／ＩＡＡタンパク質」は「ＡＲＦタンパク質」と結合し、「オーキシン応答性遺伝子」の発現を抑制します。オーキシンが増えてくると、「Ａｕｘ／ＩＡＡタンパク質」は「ＴＩＲ１」と「ユビキチン」の働きで分解され、自由になった「ＡＲＦタンパク質」が「オーキシン応答性遺伝子」の発現を促進します。すると細胞内では「Ａｕｘ／ＩＡＡタンパク質」がまた増えてきて、ふたたび「ＡＲＦタンパク質」と結合し、「オーキシン応答性遺伝子」の発現を抑制します。

つまりオーキシンの増加は、直後には「オーキシン応答性遺伝子」の発現を促進するアクセルとして働きますが、しばらくすると、増加した「Ａｕｘ／ＩＡＡタンパク質」の働きによって遺伝子発現の速度を緩めるブレーキとして働きます。あたかも上に投げたボールが下に落ちてきて手の中に収まるように、いっとき活発化した遺伝子発現は少し経つと落ち着いて安定した状態に収まります。

細胞内でぐるぐる繰り返されるこの反応は、オーキシン濃度の微妙な違いにより、「オーキシン応答性遺伝子」の発現レベルを微妙に調整する巧妙な仕組みとして機能しています。環境の変化を察知した植物は、細胞内のオーキシンの量を微妙に調節し、ときには急激に増加させ、素早く柔軟に「オーキシン応答性遺伝子」を発現させる。そして周囲の環境が落ち着いてくれば、遺伝子の発現に緩やかにブレーキをかけ、また元の状態に戻っていく。このループ状の反応は、植物が自らを環境の変化に適応させる調整弁のような働きをしていると考えられるのです。

ここで紹介した一連の仕組みは、植物学の言葉で「オーキシンの信号伝達経路」と呼びます。オーキシンの濃度変化を信号として受け取り、それによってさまざまな遺伝子の発現を調節していることからこの名がつけられました。その中で大きな役割を果たす「Ａｕｘ／ＩＡＡ遺伝子」は、この「信号伝達経路」そのものを制御する大きなカギを握っているのです。

「オーキシン応答性遺伝子」には多数の種類があることが明らかにされています。そのうちの筆頭格が、ここまで見てきた「Ａｕｘ／ＩＡＡ遺伝子」で、二番手には細胞の「伸長生長」を調節する「ＳＡＵＲ遺伝子」が、三番手にはオーキシンの働きを抑制する「ＧＨ３遺伝子」が挙げられます。大量のオーキシンは細胞の働きに悪影響をもたらすことがあり、「ＧＨ３遺伝子」は、過剰なオーキシンを減らす働きをしています。

●細胞は水を吸って大きくなる――伸長成長

オーキシンが細胞内でどのような反応を引き起こすかを見たところで、続いては、オーキシンが植物の成長にどのように働いているかを見てみましょう。ここでは、「伸長成長」の仕組みを詳しく見てみます。

「伸長成長」は、細胞が水を吸うことで大きくなる「吸水成長」によって起こります。細胞のなかには「液泡」という水を貯めておく部位があり、液泡が水を吸って大きくなり、それで細胞そのものが大きくなります。要するにオーキシンは、この「吸水成長」を引き起こすきっかけとなっているわけです。

植物の細胞は、水を吸うと大きくなる——。

これは、水風船が水を入れると膨らんで大きくなるのと同じ理屈で、直感的な理解に馴染みそうではありますが、よくよく考えると不思議なことがあります。

ひとつは、細胞はどこからどうやって水を取り入れるのかということです。水風船の場合には水を注ぐ口がありますが、細胞は、細胞膜で囲まれていて水の注ぎ口がないうえに、細胞膜の主成分は、水と混ざらない油（脂質）ですから、水が細胞膜を通り抜けるというのも無理そうです。水はいったいどこから入るのでしょうか。

もうひとつの疑問は、水を無事に細胞内に取り込めたとして、植物の体を支える強度を持つ細胞壁が、どうすれば水風船のように膨らんで大きくなるのか、ということです。

オーキシンは、この2つのハードルを超えるための重要な働きをしています。そのカラクリを、ひとつずつ明らかにしていきましょう。

まず、細胞がどこからどうやって水を取り入れるか、です。その疑問を解くカギは、細胞そのものの構造にあります。

実は、細胞膜のところどころに「水チャネル」と呼ばれる水だけを通す道があります。細胞を覆う膜そのものに、水の注ぎ口があらかじめ用意されているわけですが、口があるだけでは、水を細胞の中に入れることはできません。水風船に水を注ぎ込めるのは、水道の水圧があるからです。細胞の場合は、外から水圧で水を押し込むのではなくて、細胞の内側から水を吸い込むようにして水を取り入れます。

それを可能にするのが、細胞膜に備えられたもうひとつの道「イオンチャネル」の働きです。「イオンチャネル」は開閉が可能で、それを開くと、水に溶けた特定のイオンだけが細胞内外を行き来します。このように、細胞膜は、水と特定のイオンだけを通す「半透膜」という性質を持ちます。細胞内にイオンが入り込むと、細胞内のイオン濃度が高まります。すると、細胞の内外でイオンの溶液濃度に差が生じ、それが細胞内に水を引き入れるエネルギーとなります。

その仕組みは、一般的な物理法則によって説明が可能です。「半透膜」を境に溶液濃度の差がある場合、水は、溶液濃度の低いほうから溶液濃度の高いほうへと移動しようとします。濃い食塩水と薄い食塩水を混ぜると、食塩水の濃度が釣り合うところに収まろうとするのと同じで、「半透膜」を介して濃度の違う溶液があると、水は薄い溶液から濃い溶液の方へ移動して、均一な濃度になろうとするのです。それによって、細胞外から「水チャネル」を介して、細胞内に水が流れ込みます。

ここで思い出してほしいのが、「浸透圧」という言葉です（148ページ参照）。濃い溶液が持つ水を吸い込もうとする力を「浸透圧」といい、その大きさは溶液濃度の差によって決まります。

細胞内のイオン濃度が急激に高くなると、細胞内外の溶液濃度の差が大きくなり、細胞が水を吸い込む「浸透圧」も大きくなって細胞内に水が流れ込んできます。

オーキシンが「吸水成長」を引き起こすひとつの要因は、「オーキシン応答性遺伝子」の発現により、カリウムイオン（K^+）を通す「カリウムチャネル」が活性化されるからです。カリウムイオンが細胞内に入り込み、細胞内のカリウムイオン濃度が高まることが、細胞内に水を呼び込むエネルギーとなるのです。

●細胞壁をゆるませる「プロトンポンプ」の働き

「吸水成長」を実現するもうひとつのハードルは、細胞膜を取り囲む、硬い細胞壁の存在です。この、文字どおりの「壁」をいかにして乗り越えるかが次なる課題です。

ここで、やはり前章で触れた「膨圧」と「壁圧」の関係を思い出してください（148ページ参照）。「膨圧」とは、水を含んだ細胞が、細胞壁を内から外へと押す力、「壁圧」とは、細胞壁がそれを押し返す力のことです。

細胞が大きくなるには、「膨圧」が「壁圧」より高くなることが必要で、それには大きく2つの方法が考えられます。ひとつは、「浸透圧」によって細胞内の水を多くして、「膨圧」そのものを高めること、もうひとつは、細胞壁をゆるめて「壁圧」を低くすることです。固い細胞壁をそのまま無理やり押し広げようとすれば、壊れてしまいかねないという意味でも、細胞の成長にとって細胞壁の「ゆるみ」は重要です。

それを引き起こすのが、「吸水成長」におけるオーキシンのもうひとつの重要な働きで、より正確にいえば、先ほど紹介した「オーキシン応答性遺伝子」のひとつである「ＳＡＵＲ遺伝子」（１７５ページ参照）が、細胞壁に「ゆるみ」をもたらす大きな原因のひとつです。そのカラクリを、図３・６を見ながら解き明かしていきましょう。

オーキシンによって活性化された「ＳＡＵＲ遺伝子」は「ＳＡＵＲタンパク質」をつくり、その働きによって細胞膜に埋め込まれたあるものが活性化されます。それが、水素イオン（H^+：プロトン）を細胞内から細胞壁に向かって放出する「プロトンポンプ」、別名を「ＡＴＰ分解酵素」です。

この言葉、どこかで見たような気がしないでしょ

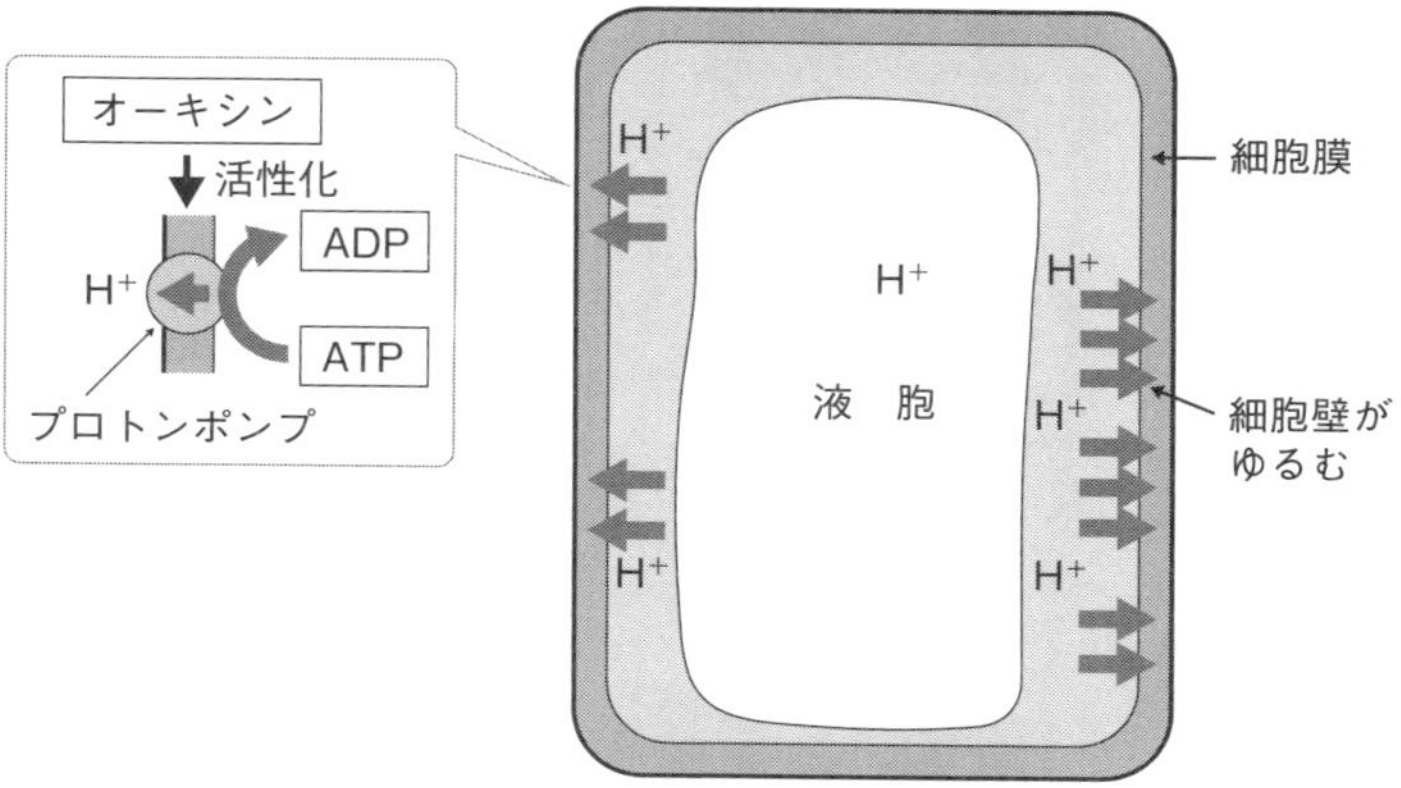

図 3.6：オーキシンによる細胞壁の酸性化のメカニズム

うか。そうです、1章の光合成で何度も登場した「ATP合成酵素」（97ページ参照）ととてもよく似ています。実際、この「プロトンポンプ」、別名「ATP分解酵素」は「ATP合成酵素」の親類のようなものです。「ATP合成酵素」は、プロトンの移動によってADPからATPを合成しますが、この酵素は逆向きにも作用します。つまり、ATPを消費してADPに分解するエネルギーで、プロトンを能動的に運ぶこともできるということです。それをするのがまさしく「プロトンポンプ」の働きで、ATPを消費・分解したエネルギーを使い、細胞質内のプロトンを細胞膜の外に放出しているのです。

　ここでちょっと、高校化学の復習です。酸性・中性・アルカリ性というのは、プロトン（水素イオン）の濃度で決まります。プロトン濃度が高いと酸性に傾いてpHの値は小さくなり、プロトン濃度が低いとアルカリ性（あるいは塩基性）になり、pHの値は大きくなります（図3・7）。つまり、細胞内からプロトンが放出されると、細胞壁のプロトン濃度が高まって酸性へと傾きます。

　酸性になった細胞壁では、「エクスパンシン」というタンパク質が活性化します。細胞壁は、繊維状のセルロースをはじめとする多糖類が「リグニン」という物質と結合して強度を保っていますが（35ページ参照）、「エクスパン

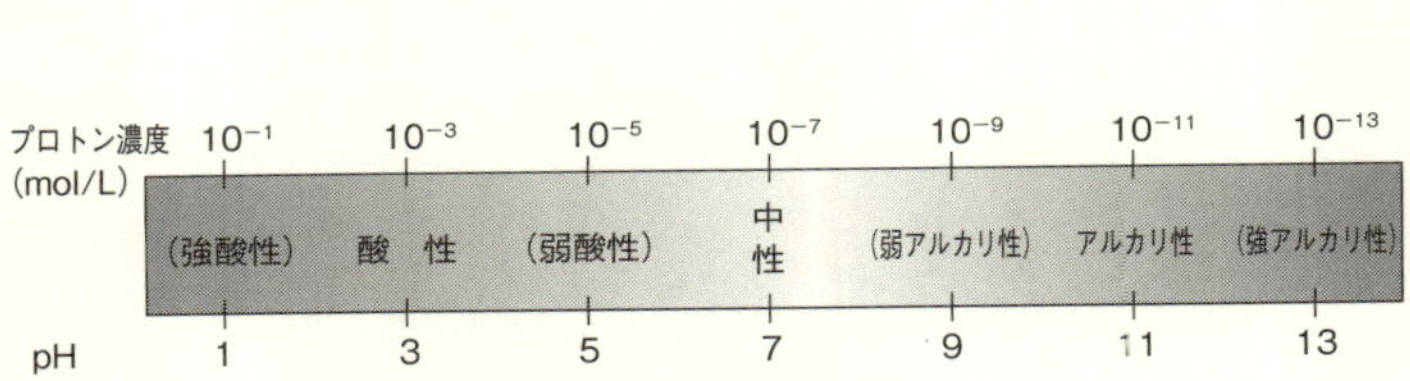

図3.7：プロトン濃度と酸・アルカリ性の関係

シン」の働きが活性化すると、これらの多糖類の結合がゆるめられ、細胞壁が伸びやすくなると考えられています。

この一連のメカニズムを、細胞壁が酸性に傾いて「吸水成長」を引き起こすことから「酸成長説」と呼びます。この説は、長く仮説にとどまっていましたが、最近になってようやく、それを示す実験的な証拠が確認されました。教科書での説明など、呼び名から「説」が外れる日もそう遠くないかもしれません。

●ポンプを駆動する細胞の電気の力

ここまで見てきた「吸水成長」を引き起こすオーキシンの2つの働きは、実は密接に連動しています。というのも、先ほど紹介した「カリウムチャネル」の活性化は、「プロトンポンプ」によるプロトンの移動によって引き起こされているからです。

繰り返しになりますが、プロトン（H^+）が細胞外へと放出されると、細胞膜の内外でプロトンの濃度に偏りが生まれます。プロトンは、プラスの電荷を持ったイオンですから、細胞内外におけるプロトン濃度の差は、電荷の差となってあらわれます。つまり、プロトンの多い細胞の外側はプラスの電荷を、プロトンの少ない内側はマイナスの電荷を帯びます。この状態を細胞膜の「過分極」といいます（なお、細胞内部のマイナスの電荷が減少することを「脱分極」といい、細胞膜を隔てて生じた細胞内外の電位差を「膜電位」と呼びます)。

1章の光合成では「プロトンの濃度勾配ができると、ダムに水がたまるようにエネルギーがたまる」という話をしました(97ページ参照)。葉緑体の「チラコイド反応」では、プロトンの濃度勾配が生み出すエネルギーを直接利用してATPを合成しますが、「カリウムチャネル」の活性化は、プロトンの濃度勾配が電荷の差をもたらすことによって引き起こされます。すなわち、マイナスに傾いた細胞内の電荷を、プラスでもマイナスでもない平衡状態に戻そうとして、「カリウムチャネル」を活性化し、カリウムイオン(K^+)を細胞内に取り込もうとするのです。

この仕組みによって細胞内のカリウムイオン濃度が上昇すると、178ページで見たように、今度は細胞内の「浸透圧」が上昇し、それが水を呼び込んで、細胞伸長が起こります。すなわち、オーキシンが細胞伸長(伸長成長・吸水成長)を引き起こす一連の反応は、「SAURタンパク質」をはじめとする「プロトンポンプ」の活性化によって引き起こされていると考えられるようになっています。

細胞内へ入った水は、細胞質にはとどまりません。細胞質の溶液濃度を下げすぎないように、流れ込んだ水は細胞内の「液胞」へと運ばれ、そこで蓄えられます。

ここでの「液胞」への水の流入も、細胞膜で起きたのと同じメカニズムによっておこります。つまり、プロトンの濃度勾配により電荷の差をつくり、それによってカリウムイオンの濃度勾配をつくり、浸透圧の差を利用して「液胞」に水が流れ込みます。

そのために、「液胞」の膜も「プロトンポンプ」や「カリウムチャネル」、「水チャネル」など、さまざまな物質をやりとりするためのさまざまなポンプやチャネルを備えています。「液胞」は、植物の細胞の体積の9割かそれ以上を占め、イオンや有機物（113ページ参照）と一緒に水を蓄え、植物細胞の「浸透圧」を調節する重要な役割を担っています。

●物質を輸送するポンプの働き

ここで紹介した「プロトンポンプ」を介した細胞の伸長制御の仕組みは、根や茎だけではなく、あらゆる植物細胞に共通していると考えられています。

その代表例が、2章で紹介したオジギソウの葉のお辞儀（147ページ参照）や気孔の「孔辺細胞」の開閉（153ページ参照）です。これらはそれぞれ、「葉枕細胞」と「孔辺細胞」の「膨圧運動」によって引き起こされていて、その最初の原動力は、「プロトンポンプ」による細胞外へのプロトンの放出にあることが突き止められています。

「孔辺細胞」の「膨圧運動」の仕組みについては後ほどあらためて触れますが、オジギソウの「葉枕細胞」の「膨圧運動」では、接触により生じた「活動電位」（150ページ参照）が、「プロトンポンプ」の活性化を引き起こすと考えられています。それが結果的に「カリウムチャネル」を開く合図となり、「膨圧運動」によってお辞儀が起こると推測されています。

ほかにも、「プロトンポンプ」が引き起こす「過分極」のエネルギーは、膜を挟んださまざまな物質の輸送に使われています。

植物は「独立栄養生物」（23、１０３、１１３ページ参照）として、光合成でエネルギーを獲得し有機物を合成しますが、それだけで生きていくことはできません。根から吸収したさまざまな無機物（１１３ページ参照）を葉へ輸送し、葉で（広い意味での）光合成により無機物から有機物を合成すると、それらの光合成産物は、生殖器官である花や、実や種などの貯蔵器官へ輸送されます（１１７ページ参照）。こうしたさまざまな無機物、有機物が、細胞の内外を行き来するエネルギーを賄うのが「プロトンポンプ」の重要な役割のひとつです。

人間も、体中の細胞がさまざまな物質を輸送していますが、人間の場合、というよりもむしろ動物の場合、物質の輸送に「プロトンポンプ」は使われていません。その代わり、ナトリウムイオン（Na^+）を細胞の内外に送り出す「ナトリウムポンプ」を動物はもっています。それにより細胞膜に「膜電位」がつくり出され、そのエネルギーを使って体内の物質輸送を行なっています。

人間が、塩《しお》（塩化ナトリウム）がないと生きていけないのはそのためです。体内からナトリウムが失われると体内で物質輸送ができなくなり、生命活動に重大な支障を及ぼすことになります。

地球上の生物は、物質輸送のエネルギーをどのようにつくり出すかで、「プロトンポンプ派」（主に植物）と「ナトリウムポンプ派」（主に動物）の2つに分類できることがわかっています。

●イネが「バカ」になる原因物質——ジベレリン

日本人にとって米は馴染み深い主食ですが、生産農家は、長いことイネの病気や虫食いによる被害に悩まされてきました。その病虫害のひとつに、イネの茎がもやしのようにひょろ長くなり、葉が黄白色になって、米の収穫量が激減する「イネ馬鹿苗病」と呼ばれる病気があります。「苗がバカになる」とは何とも直接的な表現ですが、重症のものは背丈が高くなりすぎて倒れたり、枯れたりしてしまうこともあり、生活のために米をつくる農家にとって、それほど深刻な病気だったのです。

この「イネ馬鹿苗病」の研究から発見されたのが、「ジベレリン」という植物ホルモンで、発見には、日本人研究者たちが大きく寄与しています。

その最初の一歩を踏み出したのは、戦前に台湾の農業試験場に勤務していた黒沢英一という研究者です（戦前、台湾は大日本帝国が統治していました）。黒沢は、「馬鹿苗病」を発症したイネの苗に、「ジベレラ」という名のカビが感染していることを発見し（1926年）、そのカビが「馬鹿苗病」の原因になっていると考えました。そこで、「ジベレラ」がつくる物質を集めて、感染していない元気なイネに与えたところ、カビに感染したイネと同じように、ひょろひょろと背を伸ばし始めたのです。

黒沢の研究を引き継いだのが、薮田貞治郎と住木諭介という2人の研究者です。「ジベレラ」

がつくり出す物質のなかから、背丈を高くする物質を純粋な形で取り出すことに成功し、その物質に、カビの名前にちなんで「ジベレリン」という名前をつけました（1938年。正確には、「ジベレリンA」と「ジベレリンB」という2つの物質を発見しました）。第二次世界大戦後、一連の研究成果が世界に紹介されると英米でも研究が進み、同様の働きをする化学構造の似た物質が100種類以上見つかり、それらを総称して「ジベレリン」と呼んでいます。

当初、「ジベレリン」はカビがつくり出す物質と考えられていましたが、1958年、イギリスの2人の研究者が、植物の種子にジベレリンが含まれていることを発見したのを皮切りに、さまざまな植物が「ジベレリン」をつくっていることが明らかになりました。その結果、「ジベレリン」は植物ホルモンの仲間入りを果たすことになり、ジベレリンをつくる際に重要な働きをする遺伝子や、ジベレリンが植物の中でつくられる生合成経路など、さまざまなことが解明されています。

ジベレリンの主な働きは、茎の背丈を伸ばすことです。イネやトウモロコシ、エンドウやインゲンマメには、背丈が伸びない「矮性」と呼ばれる品種があり、ジベレリンをつくる遺伝子に変異があること、これらの品種に外からジベレリンを与えると背丈が伸びることが明らかにされています。

ジベレリンが作物の背丈を伸ばすのは、オーキシンと同じく、「伸長成長」、すなわち細胞の「吸水成長」を引き起こすためと考えられています。そのメカニズムは完全には解明されていませんが、ジベレリンが「SAUR遺伝子」の発現を促進することから、オーキシンと同じように「酸成長」のメカニズム（181ページ参照）によって細胞壁をゆるめ、吸水を促進している可能性が指摘されています。

オーキシンとジベレリンは、「伸長成長」を促進するという点でよく似ていますが、どちらか一方をつくれなくなった変異体は「矮性」の性質を示すことから、オーキシンとジベレリンは、共同で「伸長成長」を引き起こしていると考えられています。

●背が低い「矮性」植物の強み——「緑の革命」

背が伸びない「矮性」の性質は、植物の成長にとってマイナスのように感じるかもしれませんが、栽培品種としてはむしろ好まれます。それには主に2つの理由があり、ひとつは背が低いと倒れにくくなること、もうひとつは収穫量が増える傾向にあることです。背が高くなる品種は、背を伸ばすことに多くの栄養を消費してしまうのに対し、「矮性」の品種では、栄養が種子や果実をつくることに多く注がれ、通常の品種と比べて収穫量が増えるのです。

こうした「矮性」の利点を得るため、栽培の現場では、植物の背を低くする「矮化剤」という薬剤も使われています。その実体はジベレリンの生合成阻害剤で、植物ホルモンの生合成経路の解明が技術開発に活かされている好例のひとつです。

「矮性」のコムギやイネは、過去に人類の食料難を救った歴史もあります。１９４０年代から60年代にかけて、穀物の大量増産を可能にした「緑の革命」と呼ばれる農業革命でのことです。

当時、世界の人口は急激な増加を見せ始めていました。１９００年の時点で推定20億人だった世界人口は、１９５０年に25億人、１９６０年に30億人を超え、人口増加のペースに食料増産をどう追いつかせるかが世界的な課題となっていたのです。

はじめに試みられたのは、化学肥料や農薬の投入による増産ですが、コムギやイネなどの穀物は、化学肥料を投与するとどんどん茎を伸ばして背が高くなり、倒れやすくなるのが問題でした。それもそのはず、野生の植物は光合成に必要な光を獲得するため、まわりの植物と背伸び競争をして生き延びてきたわけで、豊富な栄養を背を伸ばすことに使うのは、野生の環境で生きていくために重要な能力といえます。

けれどもその能力は、田畑で同じ植物を同時に大量に育てるためには必要ないどころか、むしろマイナスに働く結果となりました。人間が作物を枯らさないように育てるのが前提の田畑では、植物どうしが生存競争をする必要はありません。食糧増産のためには、肥料を投じても背が高くなることはなく、収穫量だけが安定して増加する「矮性」の性質が求められることになったのです。

そのための品種の開発研究が行なわれ、両方の性質を備えたコムギやイネの新品種が開発されました。アジアを中心とする開発途上国で栽培され、単位面積辺りの収穫量が従来比で２～３倍にもなったといわれ、研究をリードしたノーマン・ボーローグ博士は功績を讃えられ、1970年にノーベル平和賞を受賞しました。新品種の開発には、日本の農業技術も貢献しています。「矮性」で収穫量の多い「農林10号」という日本産のコムギ品種が、メキシコの国際トウモロコシ・コムギ改良センターおける品種改良のベースとして使われたのです。

このときの品種改良は、目的とする性質を持った品種を掛け合わせる、「交配」という昔ながらの手法によって成し遂げられました。それも時代の流れを考えれば当然で、遺伝子の本体がDNA（デオキシリボ核酸）であることが突き止められ、DNAの「二重らせん」構造が解明されたのは、1940年代半ばから1950年代半ばにかけてのこと、微生物ではじめてDNAの配列が解読されたのは1970年代も半ばを過ぎてのことです。植物の研究に遺伝子やDNAを分析する手法が用いられるようになったのは、20世紀も終わりに近づいたころでした。

「緑の革命」で開発された新品種の遺伝情報を、後に現代の研究手法で調べてみたところ、ジベレリンやブラシノステロイドをはじめとした、植物ホルモンの生合成や信号伝達に関係する遺伝子が壊れた変異体であることがわかりました。これらの植物ホルモンは、作物の収量を増加させるために重要な働きをしているということです。なお、遺伝学の基本法則を発見したメンデル（49ページ参照）が実験の際に用いた「矮性」のエンドウも、後年になって残されたエンドウの遺伝子を調べたところ、ジベレリンの生合成に関与する酵素の遺伝子が壊れた「変異体」であることが明らかにされました。

●「タネなし果実」ができるワケ――オーキシンとジベレリン

この2つの植物ホルモンは、成長を促すという点で、ほかにもよく似た働きをします。ともに果実の成長に必要で、その性質を利用して、「タネなし」の果実がつくられています。本来、果実はタネ（種子）がないと大きくならず、タネは受粉しないとつくられませんが、オーキシンをトマトの花に吹きかけると、受粉せずとも（つまりタネがなくとも）果実ができます。

トマトは南米アンデス山地が原産で、乾燥した涼しい気候を好みます。雨が当たると実が割れ、病気になりやすい性質があるため、雨の多い日本ではハウス栽培が主流です。ハウスでは受粉に欠かせないミツバチの力を借りることが難しく、人工合成されたオーキシンを農家が吹きかけて実をつけることがあります。流通しているトマトには、外で露地栽培された「タネあり」のものと、ハウス栽培された「タネなし」のものがありますので、食卓に並ぶトマトがどちらか、食べるときに確認してみてください。

果実というのは、それを動物に食べてもらうことで、自らの生息地を広げるためのものです。果実に含むタネをウンチとして排泄してもらうことで、動けない植物が生息の場を広げることができるのです。そう考えると、タネがないのに果実ができるのは、栄養分を動物にタダで取られてしまうわけで、植物にとっては不都合なことです。そのため、本来なら、果実ができるのは受粉が成功してタネができたときに限られます。タネから出るオーキシンの指令を受けて、果実の成長が起こることが確認されています。そのためオーキシンを感知すると、トマトはタネができたと勘違いして、果実を大きくします。

同じように、イチゴもオーキシンによって赤い実の部分を肥大化させられることが確認されています。ただし、正確なことをいえば、イチゴの赤い部分は「果実」ではありません。イチゴの本当の「果実」は、一見するとタネのような小さなつぶつぶの部分で、「痩せた果実」で「痩果」と呼ばれるこのつぶつぶの中にタネがあり、そこからオーキシンが出て赤い部分が成長します。一般に果実と思われている赤い部分は、「花托」と呼ばれる花を支える分厚い茎で、真の果実ではないことから「偽果」と呼ばれます（図3・8）。茎の一部なので、中には「維管束」も見られます。

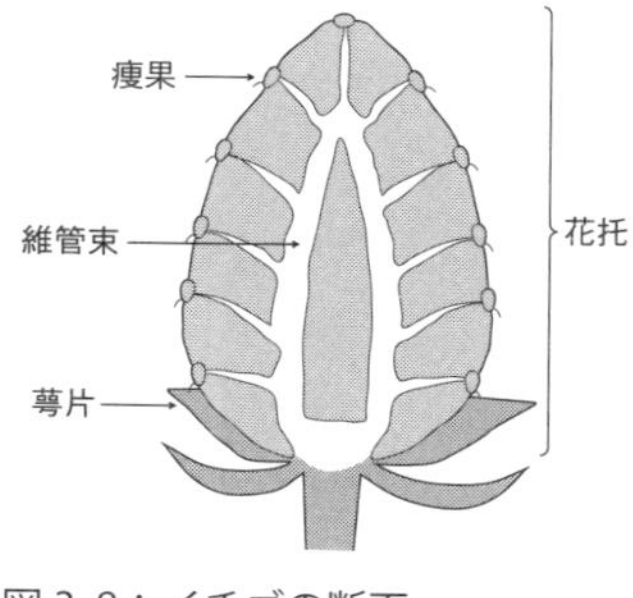

図3.8：イチゴの断面

ジベレリンも、「タネなしブドウ」をつくるため、栽培現場で使われています。蕾（つぼみ）にジベレリンを吹きつけると、受粉せずに果実が大きくなることが経験的に知られていますが、タネから果実にジベレリンが出されていることは確認されておらず、ジベレリンによってブドウの果実が大きくなる理由はまだ突き止められていません。

なお、植物ホルモンの働きによらずとも、タネなしの果実をつくる方法もありますが、それについては、受粉から果実ができる仕組みとあわせて、次章であらためて詳しく触れます（286ページ参照）。

●発芽を引き起こすジベレリンの働き

ジベレリンには、タネ（種子）の発芽を促進する働きもあります。その仕組みを紹介する前に、タネの内部がどうなっているかを確認しておきましょう。

タネには大きく「有胚乳種子」と「無胚乳種子」という2つの種類があります。それぞれの断面は図3・9のとおりです。

「有胚乳種子」は、大きく「胚」と「胚乳」、「種皮」に分けられます。「胚」とは芽生えたときに植物そのもの（根・茎・葉）になるところで、いわば植物の赤ん坊です。「胚」は、「幼根」と「子葉」、両者をつなぐ「胚軸」からなり、それがタネを突き破ったものが「芽生え」（164ページ参照）になります。タネの大部分を占める「胚乳」にはデンプン（$(C_6H_{10}O_5)_n$）が貯蔵され、「胚」が生きていくための栄養源となっています。「種皮」は文字どおりタネを包む皮で、「胚乳」の「種皮」に近いところには、「糊粉層」と呼ばれるタンパク質を多く含む層があります。

一方の「無胚乳種子」は、文字どおり「胚乳のない種子」です。本来なら「胚乳」に蓄えられるはずだった栄養分が進化の過程で「子葉」に移動し、そのため「子葉」が大きくなって「胚乳」

が退化したと考えられています。

米や麦などの穀物は、イネ科の植物のタネそのものです。それらは「胚乳」を含む「有胚乳種子」で、図3・10に示した流れで発芽へと至ります。まず、「胚」に含まれるジベレリンが「糊粉層」に働きかけ、そこに含まれるタンパク質から「アミラーゼ」や「マルターゼ」など、「胚乳」のデンプンを分解する酵素がつくられます。それらの酵素の働きにより、デンプンが最終的にブドウ糖（グルコースとも：$C_6H_{12}O_6$）にまで分解され、それをエネルギー源に「胚」は成長します。なお、「アミラーゼ」はデンプンをブドウ糖や麦芽糖（マルトースとも：$C_{12}H_{22}O_{11}$）などに分解し、「マルターゼ」は麦芽糖をブドウ糖に分解します。

また、イネ科のタネにジベレリンを与えると、さまざまなアミノ酸がつくられることもわかっています。タネに含まれるアミノ酸や糖の濃度が高

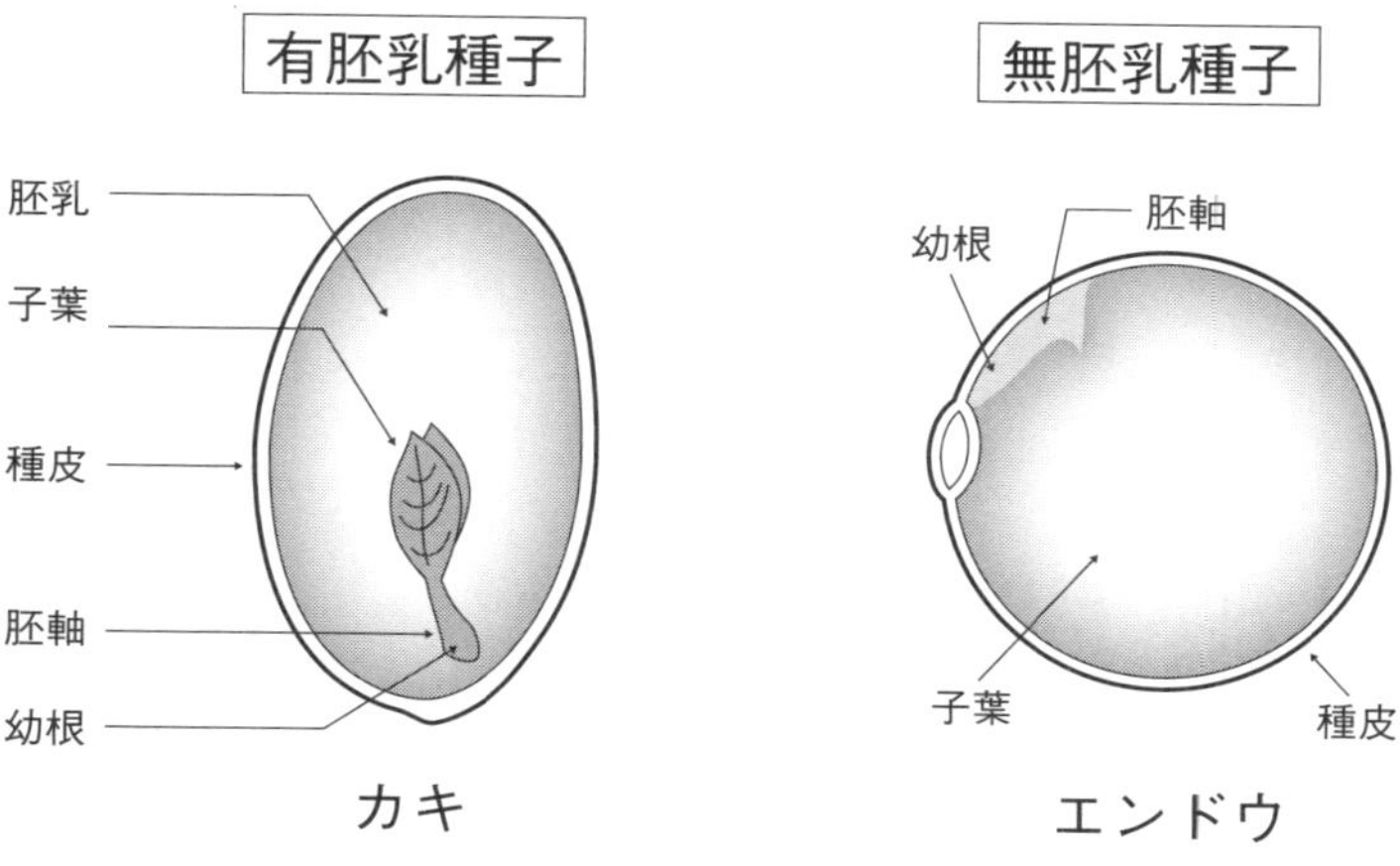

図 3.9：有胚乳種子と無胚乳種子

まると、タネが水を吸い込む「浸透圧」が高まり、それによってタネの内部の圧力が高まり、種皮を突き破る力となります。

●果物を甘くする気体のホルモン――エチレン

アボカドやキウイフルーツなど、買ってきた果物が熟しておらず、固くて食べられなかったり味が酸っぱかったりした経験のある人もいるでしょう。そういうときは、熟したリンゴを同じ袋や箱に入れておけば食べごろになることをご存じでしょうか。あるいは、リンゴやカキを袋や箱で買ってきて、ひとつが熟してきたと思ったら、その他のリンゴやカキも次々と熟して腐らせてしまったことがある人もいるかもしれません。このことと関係するのが、「エチレン」という気体の植物ホルモンです。

ここでひとつ押さえておかなければならないのが、果実の「成熟」と「後熟」の違いです。「成熟」というのは、果実が木になっている状態で大きくなること、「後熟」とは、木か

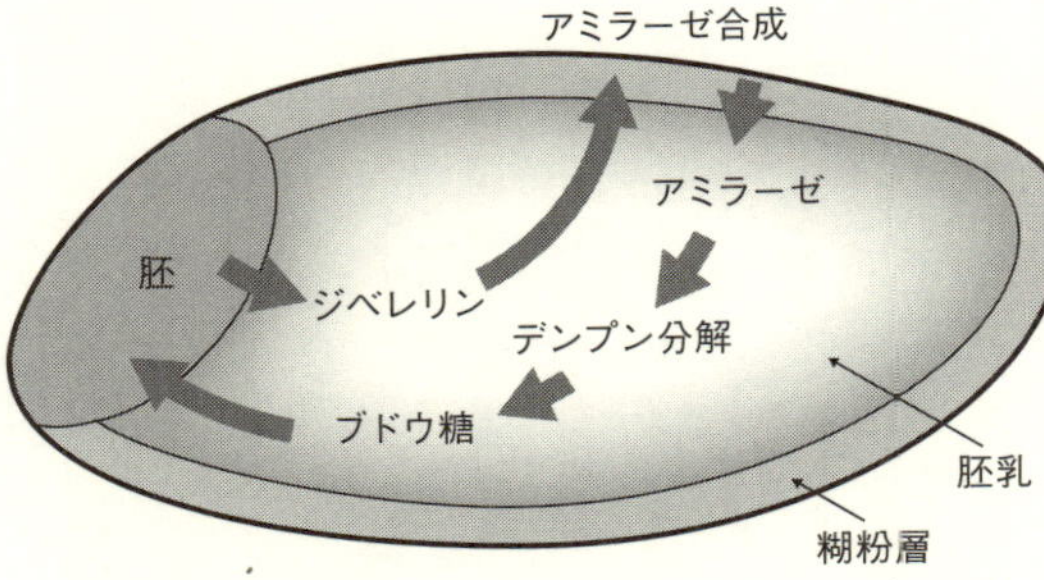

図 3. 10：ムギのタネの発芽におけるジベレリンの働き
（増田、山本、櫻井（2007）をもとに作成）

ら離れた果実が甘みを増し、食感が柔らかくなることを指します。

果実は、何度か触れたように、動物にタネ（種子）を運んでもらうために植物が発達させた仕組みと考えられています。果実は親木から栄養を得て成長するため、木になっている状態でなければ「成熟」することはありませんが、「成熟」した果実は、その時点で必ずしも甘くなるわけではありません。その理由は、「後熟」によって木から離れたあとも甘みを増す仕組みをもつことで、果実が食べごろになる時期を調節し、動物に食べてもらうチャンスを高めようとしているのではないかと推測されています。「後熟」を引き起こすのが「エチレン」の作用で、熟した果実は「エチレン」を放出し、それが他の果実の「後熟」を引き起こすことが突き止められています。

「エチレン」による「後熟」の仕組みは、果実の流通の現場で活用されています。リンゴやカキなど、「後熟」の性質をもつ果物を長距離輸送する際は、トラックの荷台にエチレンを吸収する鮮度保持剤が使われています。これがないと輸送中に果物が熟しすぎてグジュグジュになってしまうためです。エチレン吸収剤が開発されたことで、果物の長距離輸送や長期保存が可能になったのです。

輸入品であるバナナも「後熟」の性質をもつ果物として知られ、その仕組みが国際流通においても活用されています。日本で店頭に並ぶバナナは黄色をしていますが、日本に届いた時点ではどれも青緑色をしています。バナナは産地で「成熟」したものが収穫・輸出され、日本で荷揚げしてから倉庫でエチレンをかけて「後熟」させ、それによって色が変わり、実が食べごろになるのです。

ある種の果物が、こうした「後熟」の性質を持つことは、昔の人も経験的に知っていました。古代エジプト人は、イチジクの実（正確には、「花托」といって茎が分厚くなった花を支える部分）を収穫し、2つ3つに切れ目を入れて保管すると、残りが熟すことを知っていました。また、古代の中国人は、固いナシの実を保管した倉庫でお香を焚く儀式を行ない、果実を熟させていました。それがエチレンによるものだとわかったのは、20世紀前半の研究からです。イチジクからはエチレンが放出され、古代の中国人が使ったお香にもエチレンが含まれていることが明らかにされました。

こうしたエチレンの働きが解明されたのは、ほんの偶然のような出来事からです。20世紀はじめのフロリダ州の農家では、収穫した柑橘類を倉庫に保管し、石油ストーブを使って黄色く熟させていました。当時は、レモンはストーブの熱によって熟していると考えられていましたが、暖房器具を石油ストーブからスチーム式のものへ変えると、柑橘類はどれだけ倉庫を温めても熟さなくなりました。

その報告を受けたアメリカ農務省の研究者が原因を調査したところ、石油ストーブの燃焼物に含まれるエチレンが、レモンの完熟（後熟）に作用していることが明らかになり（1924年）、その後の研究で、さまざまな熟した果物から、エチレンが放出されていることが突き止められました。

●ストレスに耐えるために――エチレンの三重反応

フロリダ州の農家が、レモンが熟さなくなって頭を悩ませていたころ、ヨーロッパでは、街灯の近くに植えられた街路樹の葉が正常な成長を示さない現象が報告されていました。街灯が近くにない街路樹と比べて、明らかに多く葉が落ちるのです。

その正体も、街灯から出ていたエチレンでした。当時の街灯はガスを燃やして灯りにしていたガス灯で、石油と同じようにエチレンを放出していました。エチレンが落葉を促すことは、熟したリンゴと葉のついた植物を同じ箱や袋に入れる簡単な実験で確認できます。

エチレンの働きを一般化して説明するならば、老化を促進すること、外部のストレスから身を守ることの大きくふたつです。落葉や果実の成熟は、老化の促進と考えることができますし、秋に葉を色づかせる紅葉も、エチレンが関与しています。

また、植物の体が風雨や虫に食べられるといった物理的損傷を受けたり、あるいは病気にかかったりすると、エチレンが放出されます。これは、ストレスにさらされていることを伝える情報伝達物質として働いていると考えられ、コケを含むあらゆる植物で、生涯を通じてエチレンがつくられることが確認されています。

植物がストレスに耐える反応のひとつとして、物理的な接触を感じると、エチレンを出して茎を太くすることが知られています。

たとえば、芽生えたばかりのエンドウのモヤシ（この後のコラム参照）にエチレンを与えると、茎の「伸長成長」が阻害され、茎の先端が横方向に太くなる「肥大成長」が起こり、さらに芽生えがまっすぐ伸びられなくなる現象が見られます。これらの作用をまとめて「エチレンの三重反応」と呼びます(図3・11参照)。

「エチレンの三重反応」は、植物の種類によって現象そのものはまちまちで、モデル植物のシロイヌナズナの場合、芽生えの先端が「フック」と呼ばれる鈎状になり、胚軸や根の「伸長成長」が阻害される現象が起こります。

植物が、物理的な接触を感じて茎を太くするのは、生きていくために重要な反応です。

茎が何らかの接触を感じるということは、その先に何かがあるというサインになります。周囲に茎の成長を阻む何かがあるのかもしれず、あるいは強風が吹いて茎がなびき、あるいは接近する動物の体の接触を感じているのかもしれません。その状態で無理に上に伸びようとすると茎が折れてしまうお

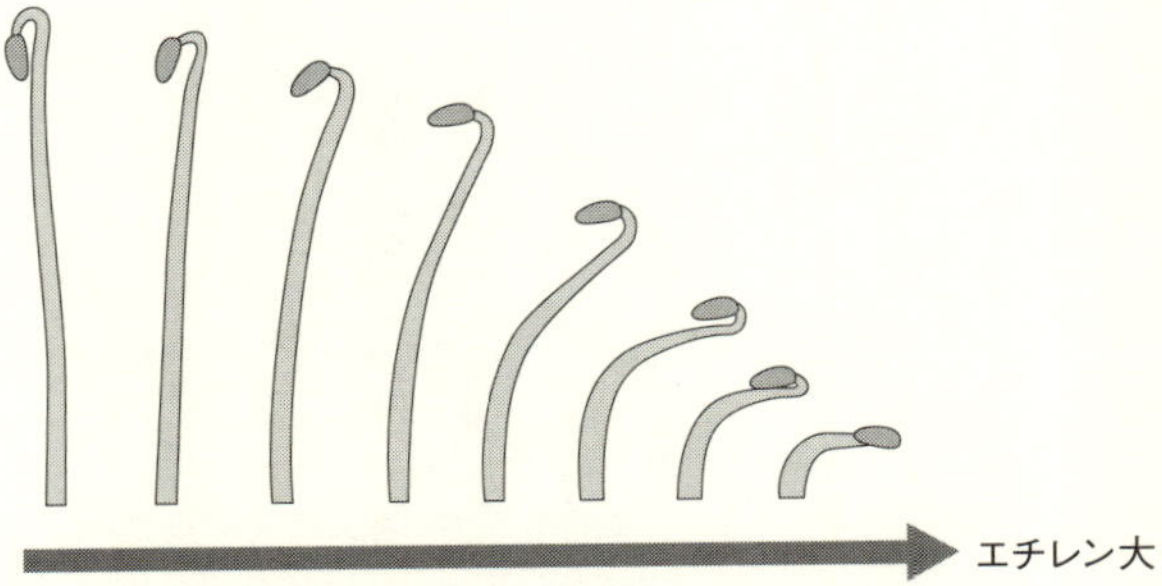

図 3. 11：エチレンの三重反応（エンドウのモヤシの場合）

それがあり、茎を太くして折れにくくする必要があります。土のなかで芽生えた茎が地面に出るにも、土を押しのける力と強度が必要で、そのためにモヤシはエチレンを感じると茎を太くしていると考えられます。

茎を太くすることは、成長とのトレードオフを伴います。シロイヌナズナを使った実験では、頻繁に物理的接触を受けると草丈が低くなり、開花が遅くなることがわかっています。また、ひっつき虫の実で知られるオナモミは、毎日触れられることで成長を止め、枯れて死んでしまう実験結果も報告されています。

エチレンによる作用と似た反応は、高濃度のオーキシンを与えても起こります。オーキシンには、すでに触れたように（140ページ参照）、濃度が高くなると茎の「伸長成長」を阻害する働きがあります。それは、高濃度のオーキシンによってエチレンの生成が促進されることになるからです。

イネの幼葉鞘は、ストレスに耐えるためにエチレンを出し、それによって成長が促進されます。イネはもともと水辺に生える水生植物ですが、水中で生息可能な水草とは違い、水没したままでは生きつづけることはできません。水没というストレスを感じると、イネの幼葉鞘はエチレンを放出して成長を促進し、水没から免れようとします。

ただしこの性質は、日本で栽培されているイネでは弱まっています。田んぼは人の手によって水位が保たれ、イネが水没する危険はまずありません。そういうイネにとって守られた環境で毎年毎年世代をつなぐうち、水没から脱する能力が失われたと考えられています。いまでもその能力を持つことで知られるのは、雨の多い東南アジアに見られる「ウキイネ」（浮稲）という品種です。急に大雨が降ると水位の増加も激しく、生きていくために欠かせない能力なのです。

コラム◆「モヤシ」の〝マメ〟知識

食卓で身近な「モヤシ」ですが、案外その実体は知られていないのではないでしょうか。ここでは、誰もがお世話になっているはずの「モヤシ」に敬意を表して、「モヤシ」についての〝マメ〟知識をいろいろ見てみましょう。

「モヤシ」というのは、一般的には「マメ科の植物を暗いところで芽生えさせたもの」です。ひとくちに「モヤシ」といってもいくつかの種類があります。スーパーなどで一般的に売られているのはリョクトウというマメを発芽させた「緑豆モヤシ」です。他にも、「ブラックマッペ」、「大豆モヤシ」などがありますが、それぞれに特徴があり、地域や料理によって使い分けられているようです。

「モヤシ」の語源は、「萌やす」（発芽させる）から来ているといわれています。マメ科のダイズや緑豆のタネを発芽させる技術が地中海沿岸地域で確立され、その技術がユーラシア大陸を東に伝わり、中国を経て日本に伝わったという説が有力なようです。

日本では、平安時代の薬草をまとめた文献に「毛也之（もやし）」の記述があり、日本列島では、かなり古くからもやしとの付き合いがあったことがわかります。長く薬用として供されてきたもやしは、明治の終わりごろから食用として生産され、中華料理店で使われるようになり、戦後はさらに生産が拡大し、庶民の食卓にのぼるようになりました（「モヤシ」の語源や歴史については、「もやし生産者協会」のウェブサイト（http://moyashi.or.jp/）を参照させていただきました）。

植物学でも「モヤシ」という語は一般に使われ、その意味は、「植物の芽を暗いところで発芽させたもの」を指します。胚のなかで作られた以外の葉を出さず、光を求めてひょろひょろと伸び、葉は黄色く茎は白いままです（その理由は次章で紹介します）。

「モヤシ」の実験には、双子葉植物がよく使われます。エンドウやソラマメなどのマメ科の植物は、胚から芽生えた子葉が種皮をかぶったまま地中にとどまる「地下子葉性」という性質があります。これらの植物は、モヤシになっても子葉は種皮をかぶったまま、子葉の上に胚軸が伸び（上胚軸）、子葉の次に出るはずの「第一葉」は開かずに「フック」（鈎）を形成します。それ以外の多くの双子葉植物では、双葉が閉じてフックを形成し、その下に茎が伸びます（下胚軸）。

単子葉植物も「モヤシ」になり、その代表例は、2章の冒頭で紹介したイネ科の植物の「幼葉鞘」です（121ページ参照）。「第一葉」が筒状の幼葉鞘の袋に保護されて、針のような形になるのが特徴です。「モヤシ」は、植物の種類によってそれぞれ形に特徴があり、それを観察するだけでも面白さがあります。

●「再分化」を引き起こすカギ――サイトカイニン

動物と比べた植物の特徴として、同じ遺伝情報（ゲノム）を持った「クローン」を容易につくり出すことができる、というのは序章ですでに触れたとおりです（34ページ参照）。「挿し木」によって新たな個体ができることは昔からよく知られていましたが、クローンの学問的な研究が進んだのは20世紀に入ってからのことです。

その最初のきっかけとなったのは、次の研究です。

1939年、フランスのゴートレとノブクールという2人の研究者は、ニンジンの根（私たちが食べているところ）の切れ端を、オーキシンと十分な栄養分を含んだ培地に置いたところ、不定形の白い塊がぶくぶくと出てくることを発見しました。オーキシンが見つかってまだ間もないころです。

このときできた白い塊は、「カルス（callus）」と呼ばれるものです。「カルス」というのは、植物に傷をつけると傷口を塞ぐようにできてくる不定形の白い細胞の塊のことです。この塊は植物のどの器官とも異なる形をしています。「カルス」というのは聞き慣れない言葉ですが、英語で「callus」は人間の皮膚にできる「たこ」を意味します。形が似ているといえなくもないかもしれません。

「カルス」は、根や茎に分化した細胞が、ふたたび細胞分裂を活性化させてできたものと考えられていましたが、このときの研究では、ニンジンの根の切れ端は、どれだけ細胞分裂させても、芽も根も出すことはありませんでした。「カルス」は、「分化」した細胞が「脱分化」した状態と考えられ、このとき以来、「カルス」の「再分化」を誘導する方法を、さまざまな研究者が探り始めました。

この研究を一歩前に進めたのが、アメリカのスクーグとミラーという2人の研究者です。1940年代後半から1950年代半ばにかけて、さまざまな物質を試行錯誤した結果、ニシンの精子の古いDNAが、カルスの増殖を促進する働きを持つことを発見し、その物質を取り出して「カイネチン」と名づけました。これが、後に「サイトカイニン」と総称される植物ホルモンのなかで、最初に特定された第一号の物質です。それにしても、植物の研究に魚の精子を使うとは、その発想の大胆さに驚かされます。

1957年になると、サイトカイニンとオーキシンを組み合わせ、その濃度のバランスを調整することで、カルスから根（不定根）と芽（不定芽）が「再分化」して出てくることが突き止められました（不定根と不定芽については32ページ参照）。相対的にオーキシンの濃度が高いときはカルスから根が生じ、反対にサイトカイニンの濃度が相対的に高いときは芽が生えてきます。

「サイトカイニン」は、他の植物ホルモンと同様に数種類の化合物の総称として用いられます。ある種のサイトカイニンは地下部（ルート）の根で合成され、根が吸い上げた水とともに導管を伝って地上部（シュート）に運ばれ、またある種のものは地上部でつくられ篩管を通って根に輸送されます。

この地上部と地下部をつなぐ情報伝達のなかで、サイトカイニンは、地下部の根が吸収した窒素栄養の情報を地上部へ伝え、地上部では光合成から得られた糖分の情報を地下部へ伝えて、両者の成長のバランスを取っていると考えられます。

ただし、サイトカイニンをつくる遺伝子「ＬＯＧ」は、茎頂で発現していることが判明しています。「ＬＯＧ遺伝子」が発現しないイネの変異体では、花器官の形成に異常が見られることから、花を形づくる過程において、茎頂部でつくられるサイトカイニンが働いていると考えられています。

●頂芽優勢――「ワキメ」も振らずすくすくと

本章の前半、オーキシンが成長を促進するという話のなかで、茎の先端と葉の付け根に、それぞれ「頂芽」と「側芽」（脇芽・腋芽）という2種類の「芽」があることを紹介しました（１６７ページ参照）。わざわざ別の名前がつけられているぐらいですから、この２つの「芽」は、同じ「芽」でも果たしている役割が大きく異なります。

たとえば、ヒマワリは1本の茎だけ、アサガオは1本の蔓《つる》だけが、上へ上へと伸びていく性質があります。葉の付け根には「側芽」（脇芽・腋芽）がありますが、それが伸びて枝（側枝）をつくることはありません。「頂芽」だけがすくすくと、とにかく真っすぐ、脇目も振らずに上へ上へと伸びていきます。この性質を、「頂芽優勢」あるいは「側芽抑制」といいます。

ところが、「頂芽」が何らかの理由で失われると、それまでひっそりと息を潜めていた「側芽」が、突然目を覚まして成長を始めます。といっても、すべての「側芽」でこうしたことが起こるわけではなく、「側芽」のなかでもっとも先端側にあるものだけが成長を始めます。このとき、先端側の「側芽」は新たな「頂芽」となって「頂芽優勢」の性質を獲得し、それより下の「側芽」を抑制するようになります。

「頂芽」が失われるケースとして多いのは、動物に食べられてしまうことです。動物にとっては、地表部まで頭をかがめるよりも先端部のほうが口に入れやすいでしょうし、芽が出て間もない先端部は、若い分だけ柔らかく、噛み切るのも消化も楽なはずです。

植物のなかには、動物に食べられることを嫌って茎にトゲをつくるものもありますが、動物は、果実を食べて、その中のタネをウンチとして別の場所へ運んでくれる協力者でもあります。植物は、動物に茎や葉をある程度食べられることを予め織り込み、その場合のバックアップの仕組みをつくっておくことにしたものと考えられます。

この性質は、程度の差こそあれ、被子植物に共通のものです。枝をたくさんつくる木々にしても、ヒマワリやアサガオほどではないにせよ、「頂芽」のほうが「側芽」よりイキがよくて成長が旺盛です。実際に、農業や園芸の現場では、「頂芽優勢」の性質を活かして栽培が行なわれています。果樹や切り花の栽培で枝ぶりを決めたり、庭木のツツジを横に広いこんもりとした形にしたり、盆栽の形を整えたり、はたまた茶畑の低くて丸いお茶の木の形をつくるのも、どれも「頂芽優勢」の性質を応用したものなのです。

●頂芽優勢のカラクリ――オーキシンとサイトカイニン

「頂芽優勢」がなぜ起こるのか、モデル植物であるシロイヌナズナで詳しい仕組みがわかり始めています。ここで登場するのは、オーキシンとサイトカイニンの2つの植物ホルモンです。「頂芽優勢」は、2つの植物ホルモンの合わせ技で成り立っています。

研究が進んだ順にその仕組みを紹介すると、まずわかったのは、オーキシンが「側芽」の成長を抑えているということです。「頂芽」を切除したあと、先端部の切り口にオーキシンを与えると、植物は「頂芽」を失ったことに気づかずに、「側芽」の成長を抑制し続けます。この実験結果から、「頂芽」で作られたオーキシンが「極性輸送」(131ページ参照)によって「側芽」へ移動し、「側芽」の成長を直に抑制しているのではないかと推測されました。

その推測はすぐに覆されました。「頂芽」を切除したあと、先端部にオーキシンを与えず、「側芽」に直接オーキシンを与えると「側芽」は成長し始めることが実験で明らかにされたのです。

この2つの実験結果の違いが何を意味するかというと、先端部から「極性移動」するオーキシンが何ものかに働きかけ、「側芽」の成長を間接的に抑制しているということを示唆しています。

ここまでは、オーキシンの働きが認められ始め、オーキシンという言葉が生まれたかどうかの1930年代半ばの研究成果で、次に大きな発見があったのは、1960年代半ばのことです。「頂芽」が残っている場合でも、「側芽」にサイトカイニンを与えると「側芽」が成長を始めることが確かめられたのです。このことから、サイトカイニンは「頂芽優勢」というよりも、「側芽抑制」を解除するスイッチの役割を果たしていると考えられるようになりました。

2000年代に入ると、2つの植物ホルモンの働きをつなぐピースが明らかにされました。「頂芽」から「極性移動」してきたオーキシンは、茎でサイトカイニンを合成する「IPT」という遺伝子の発現を抑制していることがわかったのです。

ここまでの話をまとめると次のようになります（図3・12）。

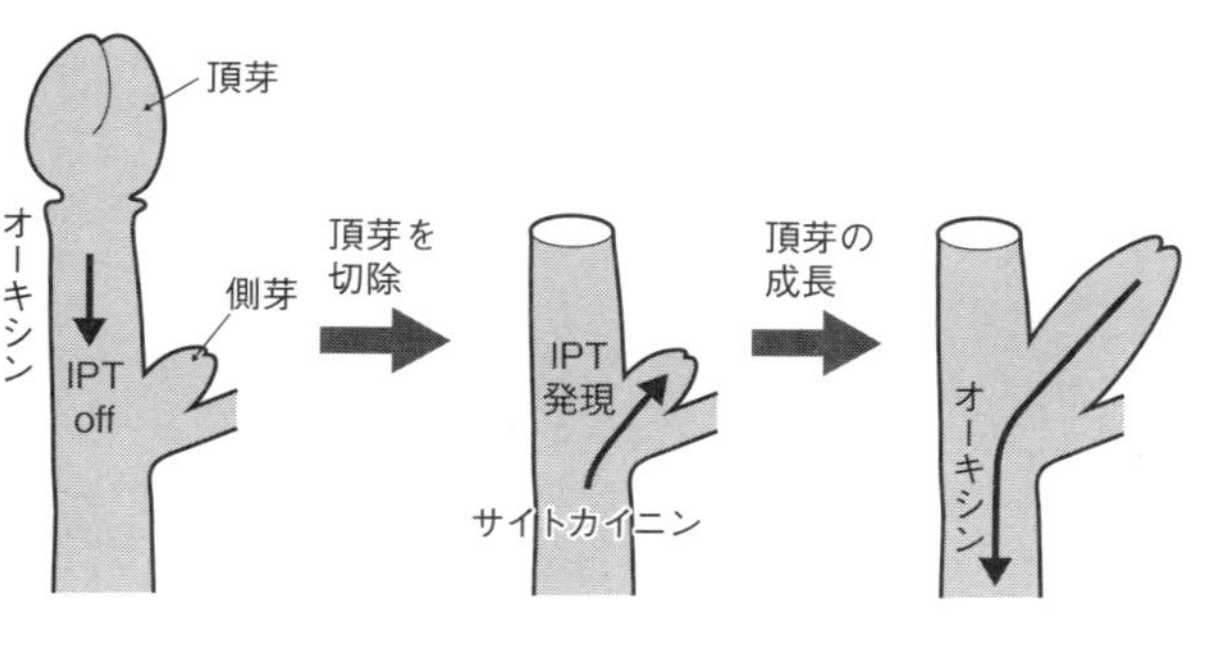

図 3. 12：：頂芽優勢（側芽抑制）と側芽が目覚める仕組み

「頂芽」がある場合、そこでつくられるオーキシンは、茎でサイトカイニンをつくる「ＩＰＴ」遺伝子の発現を抑制し、「側芽」の成長を抑える。反対に、「頂芽」が失われてオーキシンの流れが途絶えると、「ＩＰＴ」遺伝子が発現して茎でのサイトカイニンの生合成が始まり、それによって「側芽」が目を覚まし、新たな「頂芽」となって成長を始める――。

これが、「頂芽優勢」を成り立たせる2つの植物ホルモンの合わせ技です。

●枝分かれを制御する地上と地下のコミュニケーション――ストリゴラクトン

さらに2000年代後半に入り、「頂芽優勢」（側芽抑制）との関連で新しい植物ホルモンが注目されるようになりました。茎の枝分かれを制御する「ストリゴラクトン」という植物ホルモンです。根でつくられて茎に運ばれ、過剰な枝分かれを抑制していることが明らかになったのです。この「ストリゴラクトン」という物質は、植物の根に共生する「菌根菌」を呼び寄せる物質として40年以上前から知られていました。「菌根菌」とは、根が土中の養分や水分を吸収しやすくするかわりに、植物から光合成産物を分けてもらって生きている微生物のことです。植物と「菌根菌」は、お互いに助け合って生きる共生関係にあります。

植物が枝を広げるのは、太陽の光を面で広く受け止められるようにするためです。枝を横に広げたほうが光合成を効率的に行なうことができますが、枝をつくるにはその分のエネルギーや養分が必要です。土壌の養分が少ないときに無理に枝を広げようとすると、自身の生存を脅かすことになりかねません。

そのようなとき、植物は根から「ストリゴラクトン」を出して「菌根菌」を呼び寄せ、それによって地下部（ルート）の根が養分を多く得られるようにします。それと同時に、「ストリゴラクトン」の信号を受け取った地上部（シュート）では枝分かれを抑制し、土壌の条件にあった範囲に枝ぶりを留めるように制御しています。これは、地上部と地下部の化学物質を介したコミュニケーションといえます。

植物がどのように枝分かれをするかは、その先で咲く花の数や質、花が咲いたことによってつくられる種子や果実の数や質に大きな影響を与えます。枝分かれが多くなりすぎると、栄養が分散してひとつひとつの花や果実の品質が低下しかねませんし、反対に枝分かれが少なすぎると葉の数が少なくなって、そこでつくられる光合成産物も少なくなり、枝の先でつくられる花や果実の数も減ってしまいます。「頂芽優勢」との関係も含め、「ストリゴラクトン」による枝分かれの制御の解明に向けて、さまざまな研究が行なわれています。

「ストリゴラクトン」は、「ストライガ」という寄生植物の種子発芽を誘導することも古くから知られていました。「ストライガ」というのは、他の植物に寄生して生きる植物で、宿主が出す「ストリゴラクトン」を感知して芽を出し、宿主の根に侵入して栄養分を横取りして成長します。いわば、植物と「菌根菌」のコミュニケーションを盗聴し、宿主の成長を妨げているわけです。特にアフリカで甚大な農作物の被害が報告されており、「ストリゴラクトン」の研究が進むことで、「ストライガ」による被害を軽減することが期待されています。

●乾燥を感じて気孔を閉じる――アブシジン酸

少し話を戻すと、「サイトカイニン」は、ここまで何度か触れた気孔の開閉にも関わっています（60、153ページ参照）。

植物は、環境の変化を感じ取り、気孔の開閉をしています。気孔を開くひとつの条件が、「孔辺細胞」が青い光を検出することです。青い光を感知するのは、前章の光屈性の説明で登場した青色光受容体の「フォトトロピン」です（130ページ参照）。光合成に使われる青い光が十分にあることをきっかけにして、「孔辺細胞」は「プロトンポンプ」（179ページ参照）の働きによってカリウムイオンを細胞内に取り入れ、「膨圧」（148ページ参照）の変化によって気孔を開きます。このとき、十分な量の「サイトカイニン」が「孔辺細胞」に存在することも、気孔を開くのに必要な条件のひとつであることがわかっています。

反対に、植物が気孔を閉じるきっかけとなるのが、「アブシジン酸」という植物ホルモンの存在です。「アブシジン酸」は乾燥ストレスの信号を伝達する物質として働き、強い日差しが続いて乾燥にさらされ、葉の内部に含まれる水分量が低下すると、葉の「アブシジン酸」が急激に増えます。

「孔辺細胞」が「アブシジン酸」を検出すると内部のカリウムイオン濃度が急激に低下し、浸透圧が低下して「孔辺細胞」から水が流れ出し、膨圧が低下して「孔辺細胞」が萎み、気孔が閉じるのです。オーキシンの働きによって細胞が膨張するメカニズムとちょうど反対の反応が起こるのです。

モデル植物のシロイヌナズナでは、「アブシジン酸」は、光合成色素の「カロテノイド」（21、81ページ参照）から数段階の酵素反応を経て（つまり、何度も酵素によって分解されて）生合成されることが解明されています。「アブシジン酸」を生合成する酵素をつくる遺伝子のうちのあるものは、水の通り道である「木部」（39ページ参照）の細胞で発現することが確認されています。すなわち、水の通り道にある細胞が、水分の不足をいち早く察知し、その信号を伝えるようになっていると考えられ、とても合理的な仕組みと考えられています。「アブシジン酸」は、導管液だけでなく篩管液にも含まれており、植物の体中に情報が伝えられると考えられています。

なお、「アブシジン酸」の名は、葉や実が落ちることを意味する「abscission」に由来しています。その名が示すように、最初はワタの葉や果実の落下を促す物質として発見され、「アブシジンⅡ」と名付けられました。1960年代前半のことです。大熊和彦という日本人の研究者が、その発見に貢献しています。

実は、同じ物質がほぼ同じ時期に、違う作用を持つものとして発見されていました。

タネ（種子）や樹木の芽が冬を越し、温かい春先に芽吹くのは、成長に適した季節の訪れを待つためです。言葉を換えれば、植物には、成長が困難な時期に誤って芽生えることがないよう、タネや芽を「休眠」させておく仕組みがあります。その詳細な仕組みは4章で触れますが（227ページ参照）、「休眠」に関わる成長抑制物質が発見され、「休眠」を意味する「dormancy」という言葉にちなんで「ドーミン」と名づけられました。それが、「アブシジンⅡ」と同じ物質で、最終的には、「アブシジンⅡ」を見つけた研究者が先に化学構造を決定したため、「アブシジン酸」という名が定着したという経緯があります。

ただし、その後の研究によって皮肉な事実が明らかにされました。果実の落下は、「アブシジン酸」によって直接引き起こされているのではなく、「アブシジン酸」が「エチレン」（194ページ参照）の合成を促し、その働きによって起こるものであることが突き止められたのです。たしかに、間接的には「abscission」（落下）に関わっているわけですが、植物ホルモンの直接的な働きと名前がズレる結果となりました。いちどつけられた名前は後で変えるのは難しく、その名前が今も正式な名称となっています。

●植物を成長させるもうひとつの物質——ブラシノステロイド

ここまで紹介した以外にも、新しい植物ホルモンは続々と見つかっています。高校の教科書にもまだ掲載されていない、新しい植物ホルモンの数々を紹介しましょう。

1970年代から80年代にかけて、オーキシンやジベレリンと似た成長促進作用を持つ、「ブラシノステロイド」と総称されるいくつもの物質が見つかりました。

最初の発見は1970年、アメリカの研究者が、アブラナの花粉から、成長促進作用を持つ物質を分離したことによります。その後1979年には、ミツバチによって集められた40kgにものぼる花粉から「ブラシノステロイド」の化合物を精製し、化学構造を特定するに至りました。1982年には、日本人研究者がクリの虫コブ（植物の葉や茎にできる異常な突起のこと）から別種の「ブラシノステロイド」を取り出すことに成功しています。

「ブラシノステロイド」の最も顕著な働きは、植物の細胞伸長を促進することです。発見された当初は、オーキシンやジベレリンと働きが似ていたうえに、これらの植物ホルモンと一揃いで作用を及ぼすことから、独立した植物ホルモンと認められるまでに時間がかかりました。

「ブラシノステロイド」の機能解明が進んだのも、シロイヌナズナの変異体を用いた研究でした。「ブラシノステロイド」が作れなくなった変異体は、背丈が伸びない「矮性」の性質を示すため、オーキシンとジベレリンだけでは細胞を「伸長成長」させることができないと確認されました。つまり、これら3つのホルモンが揃って働かないと、細胞は正常に大きくならないということです。「ブラシノステロイド」は「伸長成長」以外にも、芽生えの光形態形成や導管細胞の分化、花粉管の伸長、タネの発芽の制御も行なっています。

「ブラシノステロイド」は、それが作用するメカニズムもオーキシンと似ています。本章前半で、オーキシンによって発現が誘導される3つの遺伝子を紹介しましたが（175ページ参照）、そのうち「オーキシンの信号伝達経路」（171ページ参照）で働く「Aux／IAA遺伝子」と、プロトンポンプの活性化（179ページ参照）に関与する「SAUR遺伝子」は、ブラシノステロイドによっても発現が活性化されることが確認されています。

「ブラシノステロイド」は、その名からわかるように「ステロイド」と呼ばれる物質の一種で、「ステロイド」特有の化学構造をしています。動物の男性ホルモンである「テストステロン」や女性ホルモンである「エストラジオール」も「ステロイド」の一種で、動物と植物がともにホルモンのひとつとして「ステロイド」をもつことは興味深いことですが、体内で働くホルモンの機能は、動物と植物で大きく異なっています。

●病気と関わる新種のホルモン――ジャスモン酸とサリチル酸

「ブラシノステロイド」と同じころに発見されたのが、「ジャスモン酸」という植物ホルモンです。名前から想像がつくかもしれませんが、ジャスミンの香り成分「ジャスモン酸メチル」と似た物質で、「ジャスモン酸メチル」から「メチル基（CH3）」と呼ばれる炭化水素が分離したものが「ジャスモン酸」です。1971年に植物の成長を阻害する性質を持つ物質として微生物から見つかり、1980年には、日本人研究者がヨモギの一種から「ジャスモン酸」を取り出すことに成功しました。ただし、近年のさらなる研究により、「ジャスモン酸」単体ではホルモンとして機能しないことが確認されました。「ジャスモン酸」は、アミノ酸のイソロイシンと結合した状態で、ホルモンの働きをすると考えられています。

「ジャスモン酸」は、シロイヌナズナの変異体を用いた研究により、雄しべそのものの発達や、雄しべの先端で花粉をつくる「葯《やく》」が花粉を飛ばす過程を制御することが判明しました。シロイヌナズナの蕾を開花させる活性も持っていることがわかり、シロイヌナズナ以外の植物種で開花の促進が確認されれば、「ジャスモン酸」が開花ホルモンとして認定される可能性もあります。

また、植物が病気や傷を負った際、植物体内の「ジャスモン酸」の濃度が上昇することから、病気や傷害を伝達する信号としても働いていると考えられています。たとえば、昆虫に茎や葉を食べられると、「ジャスモン酸」の濃度が上昇し、昆虫の消化酵素を阻害するタンパク質が合成され、病原菌に感染したときには、「ジャスモン酸」によって病害抵抗性遺伝子の発現が促進されることがわかっています。

その昔、ヤナギから採取され人の解熱剤として使われていたものが、後に植物ホルモンとして認定されたのが「サリチル酸」です。医薬品としては、改良型の「アスピリン（アセチルサリチル酸）」が今でも広く使われています。

解熱剤が熱を下げるのは、病原菌の侵入に対して体温を上げて防御する人体の仕組みを、「アセチルサリチル酸」が阻害するからです。つまり、人の体内で、「アセチルサリチル酸」は病原菌に働きかけているわけではありませんが、植物ホルモンとしての「サリチル酸」は、それとは対照的に、植物が病気に抵抗する反応に直に関わっています。

植物が病原菌やウイルスなどに攻撃されると、感染した部位で「サリチル酸」が大量につくられます。「サリチル酸」は、それ自身が抗菌活性を持つだけでなく、それを全身に伝える働きもします。「メチルエステル体」と呼ばれる種類の「サリチル酸」には揮発性があり、病気に冒された部位から離れた箇所にも気体で素早く情報を伝え、病気に対して抵抗性を与える遺伝子の発現を促します。それにより、感染部位から離れた細胞が病気の感染を感知し、病原菌の侵入を予め防ぐ「全身獲得抵抗性」と呼ばれる反応が起こります。

●葉を気孔だらけにしないために —— 2つのペプチドホルモンの働き

アミノ酸が多く結合した物質は、一般に、あるいは生物学の用語でも「タンパク質」と呼びますが、こうした物質のうち、アミノ酸の結合数が比較的少ないものを「ペプチド」と呼びます。両者の境界は明確には決められていませんが、アミノ酸の結合がおおよそ50~100個よりも少ないものを「ペプチド」と呼ぶ傾向があります。

人間の体の中では、たくさんの「ペプチド」がさまざまな情報を伝達するホルモンとして働いています。膵臓でつくられ、血糖値を下げる働きをする「インスリン」がもっとも有名な例でしょうか。植物の世界でも、さまざまな「ペプチド」がホルモンとして働いていることが、最近になって明らかにされてきました。そのなかで、特に興味深いものをいくつかここでご紹介します。

シロイヌナズナの葉では、1㎠に約1万5000もの気孔があります。気孔は、葉が発達する過程で葉の表皮でつくられますが、その過程にふたつの「ペプチドホルモン」が関与していることが明らかにされています。

葉の表面では、できたばかりの未分化の細胞が、あるものは葉の表皮をつくる「表皮細胞」へ、またあるものは気孔を形成する「孔辺細胞」へと分化し、それによって葉の表面の気孔の数が決まります。ある細胞が「孔辺細胞」へと分化するのは、葉の内部の「葉肉細胞」から「ストマジェン」という「ペプチドホルモン」を受け取った場合です。「葉肉細胞」は、光合成の材料として二酸化炭素（CO_2）を外気から取り入れる必要があり、そのために自分のまわりに気孔を増やそうとしていると考えることができます（葉の内部のつくりについては58ページ参照）。

こうして「孔辺細胞」になることが決まった細胞は、「EPF2」という「ペプチドホルモン」を自身の周囲に向かって放出します。この「EPF2」は、未分化の細胞が「孔辺細胞」になることを防ぐ働きがあり、それによって、まわりが気孔だらけになることを防いでいます。このように、「ストマジェン」と「EPF2」というふたつの「ペプチドホルモン」の働きによって、葉の表面が気孔だらけになることなく、気孔が適度な数に保たれていると考えられています。

●維管束ができるまで――ザイロジェンとTDIF

もうひとつの例として面白いのが、「維管束」の形成に関わる「ペプチドホルモン」です。「維管束」は、39ページで見たように、主に「導管」(木部)と「篩管」(篩部)からなりますが、実はこの両者のあいだに「形成層」と呼ばれる組織があり、そこで盛んに細胞分裂が行なわれ、「導管」と「篩部」の元になる細胞がつくられています。「維管束」が「維管束」としての役割を果たすためには、「形成層」から見て外側に「篩管」をつくり、内側に「導管」をそれぞれつくりわけなければなりません。その制御にも、それぞれ反応を促進する物質が発見されています。

ここでひとつ補足しておきたいのは、「導管」も「篩管」も、物質を輸送する通り道として機能するには、隣り合う細胞が次々と、「導管」や「篩管」になる仕組みが必要だということです。これは、「形成層」を挟んで「導管」と「篩管」をつくりわけるという要請とある意味では相反しています。植物の体の中では、この矛盾するミッションが淡々とこなされているのです。

という前置きを踏まえて、「導管」と「篩管」がつくられる仕組みをそれぞれ見てみましょう。

「導管」がつくられる仕組みは、ヒャクニチソウの細胞を使って研究が行なわれました。「形成層」でつくられた未分化な細胞が、ひとたび「導管」への分化を始めると、「ザイロジェン」と呼ばれる糖タンパク質が放出され、隣り合う細胞が「導管」になるのを誘導することが確認されました。

「形成層」を挟んだ反対側でも、同じようなことが起こります。「形成層」でつくられた細胞が「篩管」への分化を始めると、「TDIF」という「ペプチドホルモン」を分泌し、「形成層」の細胞分裂を促すとともに、「ザイロジェン」の働きによって「導管」になろうとする反応を阻害します。

このように、「ザイロジェン」と「TDIF」という2つの物質が働くことで、「導管」と「篩管」が連続してつくられ、管を形成すると考えられています。

この章では、植物が光や重力、水の多寡、物理的な刺激を感じとり、成長を調節する情報伝達物質、「植物ホルモン」の働きを主に見てきました。最新の研究成果を踏まえ、詳細なメカニズムの解説に始まり、新種の「植物ホルモン」や「ペプチドホルモン」まで、この章もかなり盛りだくさんの内容になりました。ここまで見てきたように、植物はこれらの情報伝達物質の働きにより、環境の変化を感じて、それに応答して生き延びることができるのです。

次の章では、ここまで見てきた植物の働きを踏まえ、植物が環境に応答しながら、どのように一生を過ごすのかを見ていきます。

芽生えてから背を伸ばし、葉をつけ花を咲かせ、種子の形で子孫を残し、役割を終えた植物が一生の幕を閉じるまでを、順を追って見ていきます。生まれた場所で生き続ける、物静かな植物が送る激動の一生をお楽しみください。

4章

生活環

——動かない植物が送る激動の一生

人間は、オギャーと産まれ、成長して大人になって子孫を残し、次第に年老いて一生を終えます。植物も産まれてから成長を遂げ、子孫を残すところまでは人間と同じです。人間との違いは寿命の長さで、あるものは1年に満たない短い生涯を終え、あるものは年を重ねて何百年、ものによっては千年単位の一生を送ります。

この章では、芽生えた場所で生きることを宿命づけられた植物が、生まれてから死にゆくまで、どのような一生を送るかを見ていきます。ここまでで学んだ「環境応答」や「植物ホルモン」、「光合成」の働きを総動員して、植物は懸命に生きています。動けない植物が送る一生のドラマを、とくとご覧ください。

(1) 発芽と休眠――タネに秘められた力

●眠れる森のタネ――はじめての環境応答

植物にとって、人間の出生・誕生に相当するものは何でしょうか。

タネから芽が出る「芽生え」を区切りにするのがわかりやすそうですが、親から離れて一生を歩み始めるという意味では、タネができたことをもって、植物の一生の始まりと見ることもできそうです。学問上の厳密な議論はここではひとまず脇に置いて、タネができてからの植物の生い立ちを見てみましょう。

手品でよく「タネも仕掛けもない」といいますが、タネが芽生えてくるのにはちゃんとした仕掛け、というか仕組みがあります。タネが発芽するのに欠かせない条件は、「水・空気（酸素）・（適度な）温度」の3つであることは広く知られています。これを「発芽の三条件（三要素）」といい、学校でもそのように教わったはずです。

「発芽の三条件」が揃うまで、タネは何をしているかというと、「冬眠」するクマや爬虫類や昆虫と同じように、一種の仮死状態にあります。この状態は、動物の「冬眠」と似て、冬をやり過ごすのがひとつの大きな目的ではありますが、春になれば必ず目覚めるというものではありません。タネは、けっこうビックリするぐらい長いあいだ、眠り続けることができます。

これまで知られているなかでもっとも長いタネの眠りは、約1万年にも及ぶといわれていました。カナダのユーコン川沿いの凍土で発掘されたマメ科の植物のタネは約1万年前のものと考えられ、水を与えると芽を出しました。

そこまで古いものでなくとも、古代エジプトのファラオ（王）として有名なツタンカーメンの墓からはエンドウのタネが見つかり、まいてみると芽を出し花を咲かせました。ツタンカーメンの在位は3300年ほど前のことです。日本でも、弥生時代の遺跡（千葉県・検見川遺跡）から見つかったハスのタネが芽を出して花を咲かせました。このハスは、栽培した大賀一郎博士の名前から「大賀ハス」と呼ばれています。

残念ながら、これらの報告はタネの正確な年代測定がなされていません。異なる時代のタネが混入した可能性を否定できず、年代の信憑性には疑問が残ります。年代測定が行なわれているなかでもっとも古いタネの発芽例は、約2000年前のナツメヤシのタネとされています。

とはいえ、タネが千年もの単位で眠りつづけることができるのは、タネがつくられる過程で水分を失い、細胞そのものが乾燥し、生命活動を極度に低下させるからです。それによって、タネに蓄えられている養分を使わないよう温存し、長い時間を経ても芽生えることができるのです。

動物の「冬眠」も、仮死状態にあるという意味では同じですが、体の大きさや植物との仕組みの違いから、せいぜいひと冬が限界ということなのでしょう。タネの小ささや乾燥した状態が、千年単位の眠りを可能にしていると考えられます（ただし、すべてのタネがこれほど長く生き延びられるというわけではありません。植物の種類や、タネの置かれている条件によっても大きく変わります）。理由はともかく、とても動物には真似のできない、植物のタネならではの芸当です。

タネがこんなにも長いあいだ眠り続けるのは、植物が動けない（動かない）ということと密接に関連しています。芽生えた場所で生きることを宿命づけられている植物のタネは、生きていけそうな環境でなければ目覚めないようにできています。別の言い方をすれば、芽生えるべきではないときに芽生えない仕組みを、植物は備えているのです。タネの発芽は、植物がその一生ではじめて行なう「環境応答」ということができるのです。

少し大げさにいえば、植物のタネは、身の回りの至るところで眠っています。木々が生い茂る森林の下、田畑や庭園の葉の下で光の当たらない場所……。たとえば山火事や台風などで森林の巨木が倒れると、植生の変化で地面に光が当たるようになり、タネは目覚めて芽生えてきます。焼き畑農業で背の高い草を燃やすと、土に埋まっていたタネが芽生えるのも同じ理屈です。タネは、あなたの家の庭先や、すぐ近くの公園の木の下で、目覚めるべきときを待ってじっと眠っているのです。このように、土の中で発芽のチャンスを待つタネを「埋土《まいど》種子」といいます。

なお、タネがどれだけ眠り続けていられるか、すなわちタネの寿命と芽生えてからの寿命には、大まかに次のような関係があります。芽生えてからの寿命が長いものはタネの寿命が短く、芽生えてからの寿命が短いものはタネの寿命が長いという関係です。農業や園芸の現場での困りものの雑草は、芽を出したあとは、何百年も生きる樹木よりも寿命が短いのですが、その分、タネでしぶとく生き続け、なかなか根絶やしにすることはできません。

●タネが芽生えるために ―― 発芽の三条件

タネが発芽するために必要な条件が、先ほども触れた「水・空気（酸素）・（適度な）温度」の「発芽の三条件」です。

ただ現実には、この「三条件」に当てはまらない例外もたくさん知られています。ここでは、その例外にもところどころ目配りしながら、あくまで多くの植物に共通して見られる一般的な性質を紹介します。

タネが仮死状態になるのは水が失われるから、という話の裏返しで、仮死状態から抜け出して、生命活動を再開するためにはまず水が必要です。

空気（酸素）が必要なのはなぜでしょうか？

詳しくは次章で触れますが、光合成で生きる糧を得ている植物といえども、生きていくためには酸素（O_2）を必要とします。生物が生命活動を行なうエネルギーは、光合成によってつくられたブドウ糖（$C_6H_{12}O_6$）を、酸素を使って二酸化炭素（CO_2）にまで分解する過程で得られたものだからです（この働きを「呼吸」といいます）。

ここで、3章で触れたタネの発芽のメカニズムを思い出してください（192ページ参照）。タネの「胚乳」には、光合成でつくられた養分がデンプン（$(C_6H_{10}O_5)_n$）として蓄えられています。これが、いくつかの酵素の働きによってブドウ糖に分解され、それをエネルギー源にして「胚」が成長していきます。これが発芽のプロセスです。このとき、ブドウ糖からエネルギーを得るために、タネも酸素を必要とするのです。

ただし、この条件には例外があります。

イメージしやすいのが水田です。水を張った田んぼの地表面は空気（酸素）と接していませんが、イネや水田に生える雑草は、空気（酸素）がなくとも芽を出します。このとき、イネや雑草は、空気（酸素）を伴わない「嫌気呼吸」（316ページ参照）によって、タネに蓄えられた養分をエネルギーに変えています。

温度については、植物によって生育環境が異なるため、なかなか一概にはいえませんが、おおよそ15度から35度程度を好むものが多いようです。また寒暖の差が激しくなると、発芽が促されることも知られています。これは、タネが季節の変わり目や環境の変化を察知していると考えられています。森の中で木が倒れ、光が差し込むと発芽するタネがあるのは、おそらくタネが日差しによる温度の変化を感じているからです。

●タネは季節を感じている——低温要求種子と高温発芽阻害

ここまでの説明で、「タネが発芽するのに光はいらないの?」と疑問に思った人もいるかもしれません。光合成で生きる糧を得ている植物ですから、その疑問が浮かぶのも、当然といえば当然のことです。それについてはこのあとじっくり述べるとして、ここではその前に、「発芽の三条件」が揃っても芽を出さないタネ、について見ていきます。話が少しややこしくなりますが、水も空気（酸素）も（適度な）温度も満たしているのに、発芽しないタネがあるのです。

この、「発芽の三条件」を満たしているのにタネが発芽しない状態にあることを「種子の休眠」と呼びます。先ほど、「発芽の三条件」が揃うまで何千年も仮死状態にあることも、「眠っている」と表現しましたが、植物学の用語としては、「休眠」はその仮死状態と区別されます。言葉の問題といえばそれまでですが、言葉で混乱してつまずかないようご注意ください（事実、けっこう混同しやすいところです）。

四季がある土地では、多くの植物は春先や秋のはじめにタネから芽を出します。それはそれぞれの植物にとって、暑すぎる環境や寒すぎる環境が苦手だからです。春や秋のうちに花を咲かせて果実をつくり、苦手な夏や冬をタネで乗り切るためです。この場合、タネは避難シェルターとして機能しているといえます。

ただし、よくよく考えてみると不思議なことがあります。春と秋は気候条件（つまり温度の条件）が似ているのに、ほとんどのタネは季節を間違えることなく芽を出します。

それは、タネが季節を感じる仕組みを備えているからです。寒さに弱く春先に芽を出すべき植物が、暖かいからといって秋にうっかり芽生えようものなら、やがて訪れる冬の寒さで死んでしまうのは目に見えています。同様に、暑さが苦手で秋に芽を出すべき植物が、涼しいからといってうっかり春に芽生えようものなら、夏の暑さを乗り切ることはできないでしょう。タネは、そういう事態に陥らないように、季節の移り変わりを感じ取る仕組みを備えているのです。

温帯に広く生息し、1年で命を終える「一年生植物（あるいは一年草）」は、その多くが、春に発芽して秋に結実する「夏生一年草」という種類に属します。

これらの植物が秋に間違って発芽しないのは、タネが秋に「休眠」しているからで、休眠から覚めるために一定の時間を必要とします。そのうちのあるものは「一定期間の低温」を必要とし、このようなタネを、「低温要求発芽種子」といいます。

ここでのポイントは「一定期間」というところです。「三条件」の「(適度な)温度」とは別に、数ヶ月程度のあいだ継続する低温を、タネが経験する必要があるということです。この、「一定期間の低温」というのは、要するに「冬の寒さ」のことです。それが、タネが「休眠」から目覚めるサインとなり、冬を乗り越えたことを感じ取ったタネは、「三条件」に反応して発芽できるようになります。この仕組みを「休眠打破」といいます。

「休眠」と「休眠打破」を制御するのは、ジベレリンとアブシジン酸の2つの植物ホルモンです。前の章でも触れたように、ジベレリンは発芽を促進し(192ページ参照)、アブシジン酸は「休眠」を維持する働きがあります(211ページ参照)。アブシジン酸は冬の寒さにさらされているあいだに分解されて減少し、ジベレリンの生合成が促進されて増加します。このように、互いに効果を打ち消し合う2つの植物ホルモンが温度に応じて量を変え、「夏生一年草」のタネが目覚める時期を調節しています。「休眠」から目覚めたタネは、「発芽の三条件」がそろった段階で発芽をします。

「一年生植物(一年草)」のなかには、秋に発芽して、春に結実する「冬生一年草」に属するものもあります。このような植物の代表例は、アブラナ(菜の花)やハクサイ、ダイコンなど、身近な植物が多く知られるアブラナ科の植物です。

これらの植物の「休眠」の仕組みは、アブラナ科に属するモデル植物のシロイヌナズナを使って詳しく解明されています。その流れは、「夏生一年草」と対照をなしています。夏の高温時にはアブシジン酸が盛んにつくられて「休眠」が維持され、温度が下がってくるとアブシジン酸の分解とジベレリンの生合成が進んで、「休眠打破」へと至り、「発芽の三条件」が整うと発芽が始まります。この仕組みは、高温時に発芽が抑制されることから「高温発芽阻害」と呼ばれます。

●タネと光の不思議な関係――光発芽種子と暗発芽種子

さて、続いてはタネと光の関係です。

光はタネが発芽するうえでも大切な要素ですが。すべてのタネが、発芽に光を必要としているわけではありません。その多くは、土の中の暗闇でも、条件を満たせば発芽することができますが、多くの植物のタネは、光によって発芽が促進されることがわかっています。これを「光発芽種子」といい、光は植物の生存に不可欠なものであることから、自然界の植物のタネの多くが該当します。山火事が起きたあと、比較的短い時間で地表が緑に覆われるのは、「埋土種子」が光を感じて発芽を促されるのが一因です。

反対に、光がないところを好んで芽生えるもの、光によって発芽が抑制されるものもあります。これを「暗発芽種子」といい、このタイプの種子としてよく知られるのが、キュウリやカボチャ、タマネギ、スイカ、ネギなどです。また、光の有無に関係なく発芽する「光中性発芽種子」というのもあります。

光を避ける「暗発芽種子」の性質は、植物が、芽生えた後に光合成で命をつなぐことを考えるとなんとも不思議なことですが、その理由は次のように考えられます。

光を感じてすぐに芽を出してしまうと不都合なことが起こりかねず、それを回避するための仕組みではないか、ということです。たとえば、タネができて、親からすぐ下に落ち、そこで芽を出すと、親子が生存のための資源（日光・水・養分など）を奪い合うことになりかねません。

その望ましくない競合は、タネの発芽が、親が一生をまっとうした後に起こるようにすれば回避することができます。そのために、タネがたとえば土に埋まるなどして一度光を感じなくなることが、発芽の条件として組み込まれたと考えられるのです。

その推測を後押しする観察結果として、「暗発芽種子」が光を好まない性質は時間の経過とともに弱まり、消失することがわかっています。時間が経って親が一生をまっとうした後ならば、光のあるところで発芽したほうが、生き延びる可能性を高めることができます。

コラム◆しぶとい雑草のタネ

家庭菜園や園芸に親しんでいる人は、土を耕すと、どこからともなく雑草が生えてくるのに悩まされたことがあるのではないかと思います。それは、土の中で眠っていたタネが光を感じて目覚めたのかもしれません。

本文でも何度か触れましたが、農耕地を含む屋外の土には、たくさんのタネが発芽しないで埋まっています（埋土種子）。タネというのは、いってみれば、植物の赤ん坊が「眠って」いる状態で、光は植物を目覚めさせるひとつのスイッチとして働くのです。

十分な光と酸素があるところで発芽が活性化されるという、多くのタネに共通する性質は、農薬の使用法にも反映されています。

畑作で、種をまく前に土壌を耕すことにはいくつかの意味があります。土を砕いて掘り起こすことにより、土を柔らかくして、水や酸素と根が土に入りやすくすることがひとつ。加えて、芽生えていた雑草を地中深く埋め込み、光や酸素を得られないようにして成長を止めること。そして、雑草の地下茎を切断し、繁殖を食い止めることとです。

ただし、土を耕すことは副作用も伴います。地中深くに眠っていた雑草のタネが、光と酸素を得て眠りから目覚め、発芽を始めてしまうのです。そこで、土を耕した直後の土壌に散布するタイプの除草剤があります。発芽しはじめた雑草に作用して枯死させ、雑草がいなくなったところで農作物のタネをまきます。除草剤を散布した土壌で農作物が育つのは、このタイプの除草剤が、土壌中ですみやかに分解されて作用が持続しない成分でつくられているからです。

●タネが光を感じる仕組み――フィトクロムによる光発芽

「光発芽種子」が光を好んで芽を出すということは、当然ながら、タネがどこかで光を感じているということです。その仕組みの研究は、20世紀のはじめごろから盛んに行なわれていて、今ではかなり詳しいことがわかってきています。

結論を先にいうと、光を感じているのは、「フィトクロム（Phytochrome）」と呼ばれる、タネの「胚」にある色素タンパク質です。「フィトクロム」の名は、「植物の(Phyto)」「色素(chrome)」に由来しています。

光の色は、1章で触れたように、波長によって決まります（75ページ参照）。「フィトクロム」は、太陽光に含まれる赤色光と、それより波長がやや長い遠赤色光の両方を感じる性質をもち、「光発芽種子」の発芽のタイミングは、この2種類の光によって調節されています。赤色光を浴びたタネは発芽が促進され、遠赤色光を浴びたタネは発芽が抑制されるのです。

タネは、いったい何のために、赤色光と遠赤色光を見極めているのでしょうか。

それは、芽生えた先の空間で、光合成に利用できる光を受け取ることができるかどうかの判断です。

ここで、1章で紹介した「光合成色素の光呼吸曲線」（80ページの図1・10参照）とともに、葉がなぜ緑色に見えるのか（74ページ参照）という話を思い出してください。

葉が緑に見えるのは、光合成に使われなかった緑の光が葉をすり抜け、あるいは反射するからでした。光合成に使われる光は、主に赤色光と青色光です。「フィトクロム」は、そのうちの赤色光を感じ取り、芽生えた先で光合成ができることを確認して、芽生えを促進していると考えられるのです。

ここでの発芽促進にも、植物ホルモンのジベレリンが関わっています。赤色光を感じ取ったタネではジベレリンの合成量が増えることが確認されていて、その働きによって発芽が促進されているのです。

さらに、「フィトクロム」で遠赤色光を検出したタネは、発芽を抑制する仕組みを備えています。遠赤色光は光合成に役立たない光で、葉で吸収されずに葉をすり抜けてきます。つまり、タネが遠赤色光を強く感じるのは、タネが葉の陰にあるからで、その環境で芽生えたとしても光合成に必要な光を得られない可能性が高く、そのためタネは発芽を抑制します。

光センサーである「フィトクロム」は、赤色光と遠赤色光を見分けるため、ある特徴を備えています。それは、「フィトクロム」には、赤色光を好んで吸収する「赤色光吸収型（Pr）」と、遠赤色光を好んで吸収する「遠赤色光吸収型（Pfr）」の2つのタイプがあり、両者は互いに行き来することができるという特徴です。赤色光を浴びた「Pr型」の「フィトクロム」は「Pfr型」に変わり、遠赤色光を浴びた「Pfr型」は「Pr型」に変わります（図4・1）。なお、表記のうえでの「P」は「フィトクロム」の頭文字、その後ろにつく「r」や「fr」は、「赤色光（Red light)」と「遠赤色光（Far-Red light)」を表しています。

「フィトクロム」がタネの中で働く仕組みも、かなり解明されています。

「フィトクロム」が細胞内で最初につくられたときは、すべてが「Pr型」で、それが赤色光を浴びると「Pfr型」に変わり、「Pfr型」になった「フィトクロム」は、発芽を促進するジベレリンを合成します。つまり、赤色光を浴びて細胞中の「Pfr型」が増えることが発芽の引き金となっていて、反対に、細胞中に「Pr型」が多いときは発芽が抑制される仕組みです。

実は、ここまでの「フィトクロム」の説明には、やや不正確なところがあります。

より正確にいうと、「フィトクロム」は、単純に「赤色光」と「遠赤色光」の2色の光を見分けているのではなく、2色の光の比率を測っています。両方の光を同時に感知して、赤色光が多いか同等量の場合は「Pr型」が「Pfr型」に変わり、遠赤色光が多い場合は「Pfr型」が「Pr型」に変わ

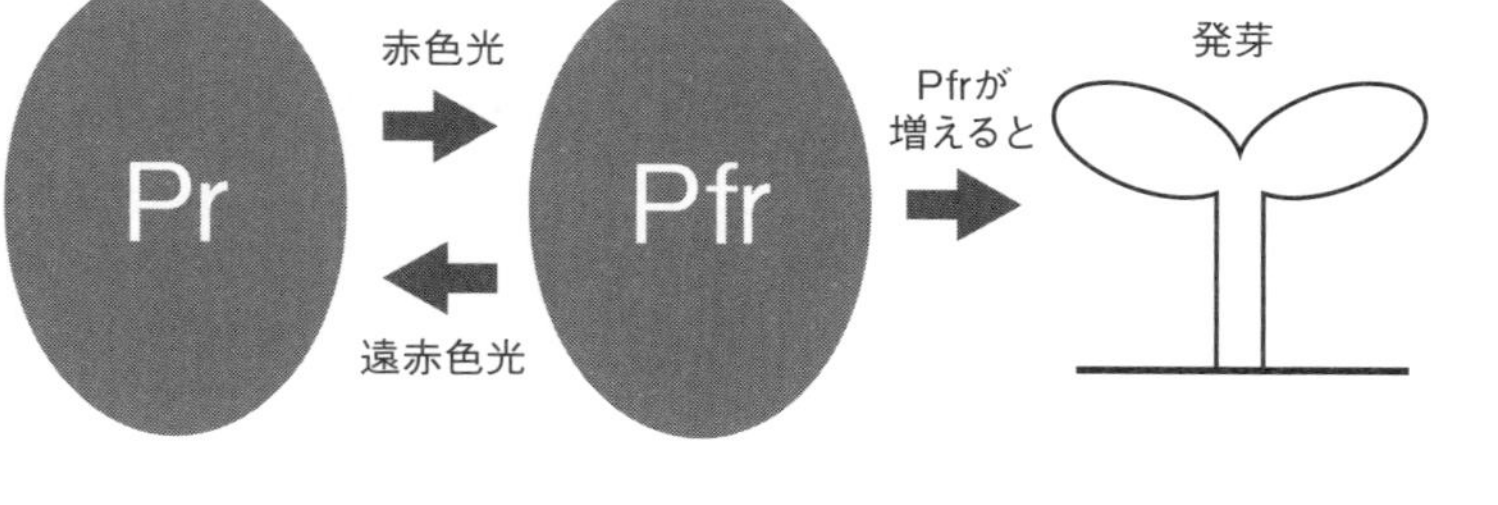

図 4.1：フィトクロムの性質と働き

ります。それもそのはず、日なたで浴びる太陽の光には、赤色光と遠赤色光が同じ強さで含まれていて、赤色光だけを浴びるということはありえないからです。遠赤色光が多いというのは、先ほど見たとおり、ライバル植物の葉の陰になっていることを意味します。

●植物はなぜタネをつくったのか――胞子から種子へ

植物が最初に「種子」（タネ）をつくったのは、序章でも触れたとおり（40ページ参照）、今から3億6000万年ほど前のことです。そのころ、シダ植物と裸子植物の中間のような植物があらわれて「種子」をつくったと考えられています。植物が「種子」によって子孫を残すようになった理由は、「種子」のないころ、植物がどのように子孫を残していたかを見てみると、その答えが見えてきます。

裸子植物より古い起源をもつコケ植物とシダ植物は、「胞子」によって子孫を残します。どちらも「胞子」を遠くへ弾き飛ばそうとする性質があり、それは、「種子植物」が、ときには動物たちの力を借り、ときには植物そのものの構造により、「種子」（タネ）を親から離れたところへ運ぼうとするのと似ています。

ただし、「種子」と「胞子」には決定的な違いがあります。「種子」は、父親と母親の生殖（有性生殖）によってつくられたもので、その中には子の命を宿しているのに対し、「胞子」は、子というよりは親の生殖細胞が切り離されたものだからです。「胞子」は、やがて「前葉体」と呼ばれる葉に似た形へと成長し、「前葉体」で精子と卵がつくられ、そこで生殖（有性生殖）が行なわれます（図4・2）。つまり「種子」と「胞子」は似て非なるものなのです。

これも序章で少し触れましたし（33ページ参照）、詳しくは後ほどあらためて触れますが（275ページ参照）、生物が有性生殖を行なうのは、両親の異なる遺伝情報（ゲノム）を掛け合わせ、新しい遺伝情報の組み合わせをつくり出すためです。

ところが、ひとつの「前葉体」でつくられた精子と卵は、同じ親からできたもので、まったく同じ遺伝情報（ゲノム）をもっています。つまり、同じ「前葉体」でつくられた精子と卵によって子をつくろうとしたところで、生まれてくる子は親と同じ遺伝情報（ゲノム）をもつことになり、これでは有性生殖

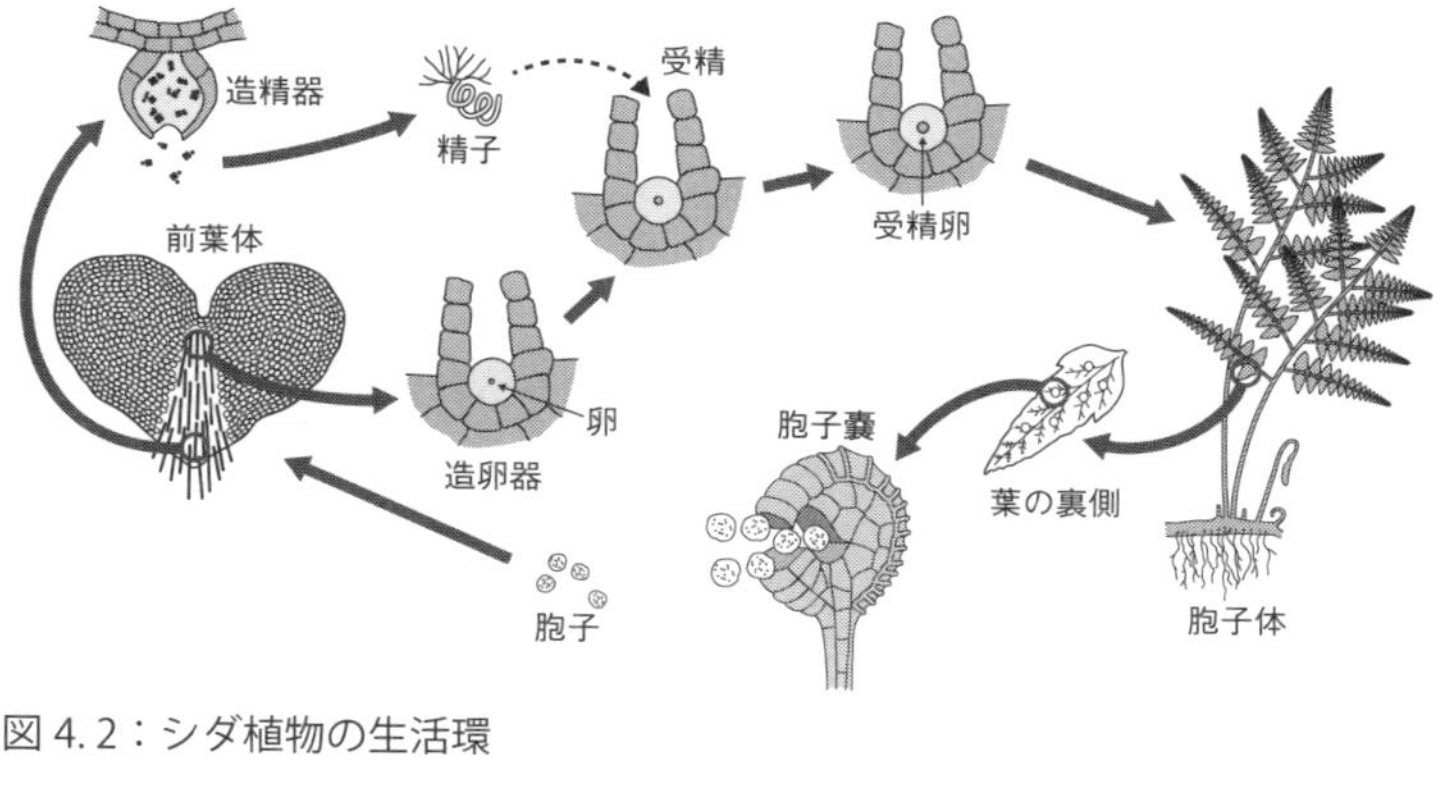

図4.2：シダ植物の生活環

の意味がありません。精子と卵は、それぞれ別の「前葉体」でつくられたものどうしが出会う必要があり、そのため、精子は別の「前葉体」の卵まで移動する能力を備えています。

ただし、精子が卵にたどり着く術はきわめて非効率です。精子は、水のないところで動くことができず、「胞子」が水辺に着地するか、そうでなければ雨が降ったときにしか生殖の可能性がありません。さらに、精子が動けるようになったとしても、周りに別の「前葉体」がなければ生殖は起こりようもありません。「胞子」がどこに落ちるかは完全に風任せで、生殖を完全に運に委ねているともいえるのです。

「種子」は、この効率の悪さを克服するためにつくられたものだと考えられています。待ち合わせで出会えないときは、2人がそれぞれ動くよりも、どちらかはひとつところに留まったほうがいいのと同じで、植物も、卵をつくるメスの生殖細胞はその場を動かないという戦略をとりました。いずれは卵になる部分を含む「雌しべ」で、オスの生殖細胞がやってくるのを待つことにしたのです。オスの生殖細胞というのが「雄しべ」でつくられる「花粉」のことで、「花粉」と出会った卵が受精卵から「種子」をつくって子孫を残すようにしたのです。

植物が動けない以上、生殖における運の要素を完全に排除することはできないとはいえ、「種子」による繁殖は、「胞子」による繁殖よりもいくつかの点で有利に働きました。水がなくても生殖が可能になったこと、「種子」というシェルターを得たことで乾燥に対して強くなり、「休眠」も可能になったことなどです。そのため、「裸子植物」とその後に進化した「被子植物」は、陸上で大きく繁栄することができたと考えられるのです。

「種子」をつくった利点は、「種子」の状態で生き延びられるようになったこと、ですが、副次効果もありました。果肉を「種子」もろとも動物に食べてもらい、「種子」は糞として排泄されることで、生息範囲を広げることが可能になったことです。動けない植物は動物の力を借りて、自力ではたどり着けない場所へ移動し、そこがタネにとって住みやすい環境であるならば、そこで芽生えて一生をスタートすることにしたのです。ここまで見てきた発芽の条件というのは、植物が産み落とされた地で生き延びるために獲得した、「環境応答」の力の賜物といえるのです。

（2）緑化と成長——光とともに姿を変える

◎モヤシはなぜひょろひょろなのか——暗形態形成

植物は、タネから芽を出したあとも光を見ています。生きていくために光合成をしなければならないわけですから、生育環境の情報のなかでも光は生死に関わるもっとも重要な情報といえます。

植物は、光の影響を受けてその姿を大きく変えます。2章で触れた「光屈性」はその代表例ですが（120ページ参照）、ほかにも光の有無に対してさまざまな反応を示します。それを身近に感じられるのが、食卓でお馴染みの、3章のコラムでも触れた「モヤシ」です（200ページ参照)。

植物学の用語としては、「植物の芽を暗いところで発芽させたもの」が「モヤシ」です。要するに、暗いところで発芽した芽生え、ということです。

植物の芽生えは、3章で触れたように、「子葉」と「胚軸」(茎の原型)、「幼根」からなります(164ページ参照)。「モヤシ」の形のうえでの特徴は、「胚軸」が白くひょろひょろと細長く、先端付近が鈎状に曲がり(「フック」といいます)、「子葉」が閉じて、葉緑素がないので黄色い色をしていることです(図4・3)。それがひとたび光を感じれば、「胚軸」がひょろ長く伸びるのを止め、「フック」の曲がりがなくなって茎がまっすぐになり、「子葉」が大きくなって開き、クロロフィル(葉緑素)をつくって緑色の植物らしい形へと姿を変えます。

このように、芽生えが光のないところで見せる「モヤシ」状の成長を「暗形態形成」と呼びます。反対に、光を浴びた芽生えが植物らしい形になることを「光形態形成」と呼びます。これは、光の状態に適応して形を変える、被子植物に共通の能力です。

なお、日なたを好んで成育する「陽生植物」(71ページ参照)が日陰で芽生えると、陰を避けるために茎をひょろひょろと伸ば

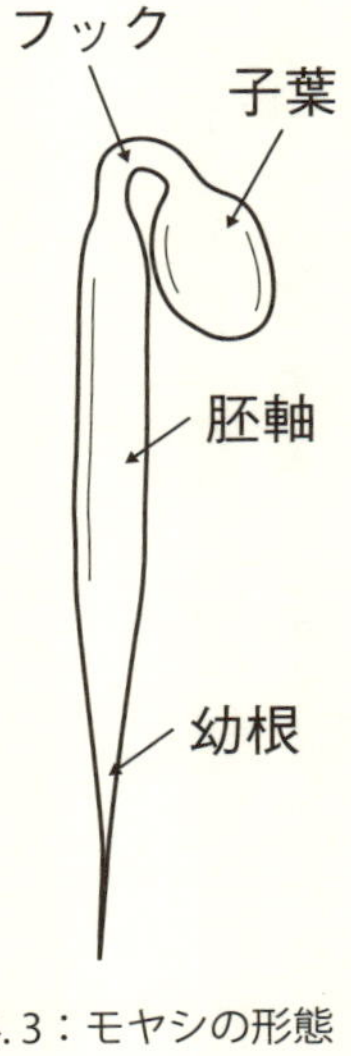

図 4.3:モヤシの形態

すことが知られています。これは「避陰《ひいん》反応」と呼ばれ、「暗形態形成」もそれに似た反応ということができます。

モヤシがひょろひょろと胚軸を伸ばすのは、光を求めてのことです。植物は、生きていくエネルギーを得るために光合成を行なう必要がありますが、それにはまず葉をつくらなければなりません。ここに、光のないところで育つ芽生えが直面する大きなジレンマがあります。

芽生えがすぐに光を得られれば、子葉で光合成を始め、そのエネルギーを元手に茎を伸ばして葉をつけることができますが、暗いところではそれができません。葉をつくるにもエネルギーや栄養素が必要で、光がない以上、そのためのエネルギーをつくり出すことができないからです。芽生えが光合成を始めるまでのあいだ、生きていくためのエネルギーは、タネに蓄えられた養分から得ています。仮に、光のない状態で無理に葉をつくれば、なけなしの養分を使い果たして、自身の生存を脅かすことになりかねません。また、そこに投入したエネルギーも栄養素も、光合成ができない環境では無駄になってしまいます。

とはいえ、暗いところにいたままでは、いつまで経っても光合成をすることができません。動き回れない植物が、光のない場所から脱出するためにできるのは、背を伸ばすことだけです。地表では、太陽の光は上から来るものと決まっていて、重力の反対方向めがけて上へ上へと背を伸ばします（負の重力屈性・135ページ参照）。このとき植物は、タネの養分を使いきってしまわないよう、葉もクロロフィルもつくらず、少しでも太陽に近づくことに専念して、省エネで背を伸ばします。そのため、芽生えはモヤシのような形になり、茎も緑色にならず白い色のままです(つまり、茎が緑色になっている植物は、茎でもクロロフィルがつくられているということです)。モヤシのひょろ長い形は、光がなければ生きられない植物が、光のないところから抜け出すために、懸命にもがいている姿ということができます。なお、モヤシがひょろひょろと伸ばすのも細胞の伸長成長によるもので、それには植物ホルモンのブラシノステロイド(212ページ参照)が必要なことがわかっています。ブラシノステロイドをつくれない変異体は、暗い場所でも胚軸が長くならず、モヤシを上手につくることができなくなります。

●か弱い芽生えを守れ! モヤシの「フック」の役割

モヤシに見られる芽生えの「暗形態形成」は、土の中で芽を出した被子植物が、効率よく地上へ這い出るために獲得した仕組みと考えられています。芽生えは、タネの養分を使い果たす前に少しでも早く地上に顔を出し、光を浴びて光合成を始められるよう、土をかき分け上へ上へと伸びていきます。

ここで重要な役割を果たすのが、先端部が鈎状に曲がった「フック」です。見ただけではわかりにくいかもしれませんが、この部分の「茎」は他より太く丈夫になっています。「フック」の役割は、土の中で植物の先端を守ることです。「フック」のさらに先、芽生えの最先端部には「子葉」があり、双子葉植物では一般に、2枚の「子葉」にくるまれるようにして、「茎頂分裂組織」があります。その両方を守るため、芽生えは「フック」をつくっていると考えられるのです。

「茎頂分裂組織」は、3章で触れたように（166ページ参照）、茎や葉や花のもととなる細胞をつくり出す重要な部位です。大きく成長した植物なら、いちばん高いところにある「頂芽」のほか、枝分かれした先の「側芽」にも「茎頂分裂組織」がありますが、枝分かれをしていない芽生えには、「茎頂分裂組織」はただひとつしか存在しません。それを失ってしまえば、茎も葉もつくり出すことができなくなってしまう、芽生えにとって文字どおりの生命線といえます。

「子葉」も、芽生えにとっては「茎頂分裂組織」に次いで重要な意味があります。「子葉」は光を感じた後、最初に光合成を行なう器官になるからです。

芽生えが生きていくために、これほど重要な意味をもつ「茎頂分裂組織」と「子葉」を土の中でいかに守るか。芽生えは、そのために先端部を鈎状に曲げ、「胚軸」を太くして「フック」を形成するのです。

●明暗が、芽生えの運命を分けるカラクリ

地中で土をかき分ける役割を果たしていた「フック」は、いのいちばんに地上に顔を出す部位

でもあります。芽生えは「フック」で光を感じ、「光形態形成」が始まります。

そこでは2種類の色素タンパク質が、光センサーとして働いていることが明らかにされています。ひとつは、タネの芽生えの際に活躍するのと同じ、赤色光を感知する「フィトクロム」。もうひとつは、青色の光を感知する「クリプトクロム」です。このうちどちらか一方が壊れると、植物は「光形態形成」を正常に行なうことができません。

光を感じた芽生えがどのように「光形態形成」を行なうか、さらには、光を浴びない芽生えがどのように「暗形態形成」を行なうか、そのメカニズムは、遺伝子レベルでかなり詳しいことが解明されています。ここではその概要を紹介します。

「光形態形成」と「暗形態形成」の大きな違いのひとつは、光合成が行なわれるかどうか、にあります。

光を浴びた芽生え（光形態形成）がまずするのは、「クロロフィル（葉緑素）」や「反応中心複合体」、「アンテナ複合体LHC」など、光合成のために必要なさまざまな装置（光合成装置）をつくることです（用語については63ページ参照）。

言葉を換えると、光を浴びない芽生え（暗形態形成）では、「光合成装置」がつくられないということです。それはひとえにエネルギー節約のためで、暗いところで芽生えたモヤシの中にも「葉緑体」のもとになるものはありますが、光合成装置をもたない「エチオプラスト」と呼ばれる特殊な形態をとっています。

光を浴びない芽生え（暗形態形成）の細胞では、「アンテナ複合体ＬＨＣ」や酵素の「RuBisCO（ルビスコ）」（１００ページ参照）をつくる遺伝子の発現が止まっていることが突き止められています。「ルビスコ」とは、光合成の「カルビン・ベンソン回路」で二酸化炭素を固定する重要な働きをする酵素のことでした。また、クロロフィルをつくるのに必要な「プロトクロロフィリド還元酵素」は光がないと働かず、暗いところではクロロフィルがつくられない仕組みが備わっています。これらの仕組みによって、光がないのに無駄に光合成装置がつくられないようになっています。

「光形態形成」と「暗形態形成」のもうひとつの大きな違いは、地中で曲がっていた「フック」が、地上に出て光を浴びるとまっすぐに伸び始めることです。光がその重要な引き金になることはわかっていますが、なぜ「フック」が解消されるのか、詳しい仕組みはまだよくわかっていません。

こうして、「光形態形成」によって植物らしい形に姿を変えると、光センサーは、芽生えの「フック」だけでなく、植物の全身でつくられるようになります。明所で光センサーは、「葉緑体の定位運動」（69ページ参照）や「光屈性」（１２０ページ参照）、「気孔の開閉」（１５１、２１０ページ参照）や「避陰反応」（２４１ページ参照）、「花芽の形成」（２６１ページ参照）など、植物のさまざまな光の反応に関わるようになります。

●核と葉緑体の連携プレイ――光合成装置の合成反応

「暗形態形成」や「光形態形成」も、さまざまな遺伝子が発現して引き起こされる反応です。ここでは、地上へ出て光を感じた植物が、どのように遺伝子にスイッチを入れ、光合成装置をつくり出しているか、その概要を紹介しておきましょう。光合成装置の合成は、遺伝子の発現反応のなかでも特殊な手順をとることが知られているからです。

じつは、植物の細胞の中で光合成を行なう「葉緑体」は、わずかながらも「核」とは独立した遺伝情報（ゲノム）をもっています。そのことについては次章であらためて触れますが、光合成装置は、「核」と「葉緑体」のゲノムが協調してつくられるのです。

反応は、光を感じた光センサーの「フィトクロム」が、「核」のゲノムに働きかけることをきっかけに動き始めます。

細胞で最初につくられたときの「フィトクロム」は、タネのところで見たとおり（233ページ参照）、どれも「赤色光吸収型（Pr）」で細胞質に存在しています。「Pr型」は赤色光を感じると「遠赤色光吸収型（Pfr）」に変わり、細胞質から核内に移動します。核の中には遺伝情報（ゲノム）の本体であるDNA（デオキシリボ核酸）を折り畳んだ染色体があり、そこで、「Pfr型」の「フィトクロム」が、「光形態形成」を引き起こす各種のタンパク質をつくるために必要な遺伝情報を読み出します。

「Pfr型」の「フィトクロム」の働きによってつくられた複数のタンパク質は、同じ細胞内の「葉緑体」へ輸送され、「葉緑体」のゲノムをもとにつくられたタンパク質と結合し、光合成装置の土台をつくります。この反応と並行して、「葉緑体」の中では「クロロフィル（葉緑素）」を生合成する酵素（タンパク質）がつくられ、光合成装置の土台とクロロフィルがひとつになって、光合成装置が形づくられます。

なお、地中で光を浴びることのない地下部（ルート）の根では、地上部（シュート）で「光形態形成」が起きたあとも、光合成装置をつくる遺伝子の発現が抑制されていることが明らかにされています。

●植物の一日のリズムのつくり方——体内時計とクリプトクロム

「光形態形成」のスイッチとして働く「クリプトクロム」は、植物の体の中でもうひとつの重要な役割を担っています。それが、植物の一日のリズムを調節する働きです。そのリズムを「概日リズム」といい、興味深いことに、「クリプトクロム」は動物からも見つかっています。

私たち人間が、一日のおおよその時間を測る「体内時計」（あるいは生物時計）を備えていることは、経験則としてよく知られています。飛行機で時差のある国へひとっ飛びすると時差ボケになり、夜更かしをすると体調がすっきりしないのは、「体内時計」の「概日リズム」が狂うからです。けれども、いちど狂った「体内時計」も、日が経てば次第に太陽のリズムと合ってきます。それは、「クリプトクロム」の働きによって「体内時計」が調節されるからです。

同じことを植物も体の中で行なっていて、このあと触れるように、花を咲かせる季節を知るうえで、植物の「体内時計」が重要な役割を果たしていると考えられています。

植物の時計についてはまだ詳細が解明されていませんが、動物の「体内時計」を司る遺伝子は特定されています。面白いことに、動物の「クリプトクロム」は、進化の過程で光の信号を受容する機能を失い、時計の役割だけを果たすようになったと考えられています。ショウジョウバエの「クリプトクロム」は光センサーとして機能していますが、ヒトの体内の「クリプトクロム」はその役割を失い、「体内時計」の主要な部品のひとつとなっているようです。

ヒトと植物が似たメカニズムを備えているとは驚きですが、それはおそらく、動物と植物が分かれる生物の初期の段階で獲得されたためではないかと考えられています。共通の祖先が獲得した仕組みが、動物にも植物にも同じように受け継がれているのです。

なお、赤色光を感知して発芽や光形態形成を引き起こす「フィトクロム」や、青色光を感知して光屈性を引き起こす「フォトトロピン」は、植物に特有の光センサーです。

コラム◆植物の光センサーいろいろ（これまでの復習）

ちょっとここで、復習を兼ねて、植物がどういう光センサー（光受容体）を持っているかを整理しておきましょう。「フィトクロム」とか「クリプトクロム」とか「フォトトロピン」とか、名前もなんだか似通っていて、どれがどの光に反応し、どんな働きをするかわからなくなってしまったかもしれません。

それをまとめたのが、表4・1です（一部はこのあとで登場する話もあります）。どれがどれだか混乱してしまったらここに戻って確認してください。

なお、光合成装置の色素である「クロロフィル」（葉緑素）も光を吸収しますが、「センサー」とは

表4.1：光センサー

光センサーの名前	感知する光	主な働き	主な参照ページ
フィトクロム	赤色光・遠赤色光	光発芽	233ページ(4章)
		光形態形成	240ページ(4章)
		光周性	259ページ(4章)
クリプトクロム	青色光	光形態形成	240ページ(4章)
		体内時計	247ページ(4章)
フォトトロピン	青色光	光屈性	130ページ(2章)
		葉緑体の定位運動	69ページ(1章)
		気孔の開閉	210ページ(3章)

異なるため、この表には載せていません。その他、光合成色素にも複数の種類がありましたが、それについては1章の78ページを確認してください。

これも表には載せていませんが、最近の研究では、ほかにも各種の光センサーが確認されています。「クリプトクロム」でも「フォトトロピン」でもない新たな青色光のセンサーや、人間の目には見えない紫外線（UV光）のセンサーなど、新たな光センサーが見つかっています。

植物がこのようにたくさんの光センサーをもつということは、植物にとって光が重要であることをあらためて示しています。

◇◇◇

●葉をつくる遺伝子の働き

「光形態形成」で植物らしい姿へと形を変えた芽生えは、茎を伸ばし、枝分かれをして、大きくなっていきます。

茎を伸ばすのは、3章で見たように、オーキシンとジベレリン、ブラシノステロイドの3つの植物ホルモンの働きによるものです（164、186、212ページなど参照）。「茎頂」では細胞分裂が盛んに行なわれ（167ページ参照）、「吸水成長（伸長成長）」によってひとつひとつの細胞が大きくなります（175ページ参照）。枝分かれを制御するのは、やはり植物ホルモンのオーキシンとストリゴラクトンの働きで（208ページ参照）、側芽の成長は、オーキシンとサイトカイニンの働きによって抑制されています。

茎を伸ばして成長を続ける植物が、「茎頂分裂組織」でつくる細胞の一部は、光合成を行なう「葉」へと変わります。「葉」は、植物の種類によって実に多様な形をしていますが、モデル植物のシロイヌナズナでは、その「葉」の形がどのように決められているか、詳しい仕組みが遺伝子レベルでわかり始めています。

葉の形は、葉の幅を決める遺伝子グループと、葉の長さを決める遺伝子グループによって決められていて、前者のグループには「AN遺伝子」、後者のグループには「ROT遺伝子」という名前がつけられています。

これらの遺伝子の名は、3章のコラムで触れたように（168ページ参照）、該当する遺伝子の機能が損なわれた変異体と関連させて呼ばれるのが生物学の慣例です。前者の変異体は葉が細くなることから、「細葉の」という意味のラテン語「angustifolia」の略称で「*an* 変異体」と名づけられ、後者の変異体は葉の背が短くなり丸い形になることから、「丸葉の」という意味のラテン語「rotundifolia」を略した「*rot* 変異体」と名づけられました。それらの原因遺伝子が、それぞれ「AN遺伝子」と「ROT遺伝子」という関係です。「ROT遺伝子」は、ブラシノステロイドの生合成に必要な酵素をつくる働きもしていることが確認されています。

葉の形だけでなく、葉の大きさ（面積）を決める遺伝子や、葉の表と裏（「背腹性」といいます）を決める遺伝子も突き止められています。表と裏の決定は、葉の機能と構造を考えるときわめて重要なことです。光を浴びる表面と、空気や水蒸気の出入口となる気孔をつくる裏面では、つくるべき細胞が異なるからです。加えて、その遺伝子が壊れると、葉を平面状につくれなくなることから、葉を薄く広い平面状にするうえでも、表と裏の決定は重要な意味をもっています。

さらに、葉を茎のどこにつくるかも、効率的に光を受けるためには重要な意味をもちます。デタラメに葉をつくっても、光を受けられなければ、つくり損になってしまいます。

実は、多くの植物では葉が螺旋階段状に並び、それを上から見ると、隣り合う葉と葉がつくる角度は、数学的な規則（フィボナッチ数列）に従っていることが古くから知られ、生物学者だけでなく数学者の興味もかき立ててきました。それについても、どのようなメカニズムで葉の配置が決まるか、詳しいことがわかってきました。

葉は「茎頂分裂組織」でもっとも活発に細胞分裂が行なわれる箇所で、細胞分裂はオーキシンによって活性化されます。「茎頂分裂組織」では、3章で触れたとおり、細胞のオーキシン汲み出しキャリアの「PINタンパク質」が、オーキシンが特定の方向に流れるように配置されます（167ページ参照）。ただ、その配置は固定的なものではなく、隣り合う細胞のオーキシン濃度を見比べながらダイナミックに調節されることがわかっています。数学的な美しさのある葉の配置は、「茎頂分裂組織」のオーキシン濃度がダイナミックに変動することによって決められているのです。

(3) 花成と開花 —— 花を咲かせる時期を知る

●花はなぜ、毎年同じ季節に咲くのか

ウメやサクラは春の訪れとともに花を咲かせ、アサガオやヒマワリ、コスモスは夏から秋のはじめにかけて、色鮮やかな花で人々を魅了します。

花は、俳句の季語や手紙の時候の挨拶にも使われる、いわば季節の象徴ですが、花はなぜ、さらにはどうやって、毎年毎年、同じ季節に花を咲かせるのでしょうか?

それは、植物が何のために花を咲かせるかを考えれば、おのずと答えが見えてきます。

植物が花をつくるのは、タネ(種子)をつくって子孫を残すためです。タネは、雄しべでつくられた花粉が雌しべの先端の「柱頭」にたどり着き(受粉)、受精が成立するとつくられます。すなわち花は、オスとメスの遺伝子が出会い、合体して新たな命を宿すための舞台なのです。

タネのひとつの役割は、すでに触れたように(236ページ参照)、植物にとって苦手な季節をやり過ごすためです。夏の暑さが苦手な植物が、夏をタネでやり過ごすには、春に花を咲かせる必要があります。つまり、タネで乗り越えるべき季節から逆算し、植物は花を咲かせる時期を見極めているのです。

もちろん、「逆算」といっても植物が月日を計算しているわけではなく、まるでそのようにしか見えないということです。春に花を咲かせる植物は、冬のあいだの寒さと暖かくなる変化を感じ取り、秋に花を咲かせる植物は、夏のあいだの暑さと涼しくなる変化を感じ取っています。植物は、季節の移ろいを感じ取り、花を咲かせているのです。

花にまつわるもうひとつの不思議なことは、同じ場所で咲く同じ種類の植物が、同じ時期に花を咲かせることです。

その理由も、花が生殖行為であると考えると、おのずと答えが見えてきます。花を咲かせて子孫を残すには、「お相手」が必要です。人間や動物は、「お相手」を探しにあちこち動き回ることができますが、植物にはそれができません。風や昆虫など、自然条件や動物の助けを借りて花粉を雌しべまで届けるのが、種子植物（裸子植物と被子植物）たちのとる常套手段です。動けない植物が、風任せ、虫の力を頼みに受粉を成し遂げようと思ったら、同じ時期に同じ種の植物が一斉に花を咲かせるのは、どうしても必要なことなのです。なお、花粉の移動に何の助けを借りるかで、「風媒花」や「水媒花」、「虫媒花」に「鳥媒花」と、それぞれ名前がつけられています。

モデル植物のシロイヌナズナでは、揮発性のある気体の植物ホルモン「ジャスモン酸」が、花の「開花」を促進し、その働きにより、花が開く時期が揃うことが明らかにされています。ひとつの個体が花を咲かせる時期に差し掛かると、ジャスモン酸を放出し、それを感知した他の個体も、

「開花」を誘導されるのです。シロイヌナズナ以外でも、ジャスモン酸が同様の働きを示すことが確認されれば、ジャスモン酸が「開花ホルモン」として認められることになるかもしれません。

ここで、少し言葉の整理をしておきます。

花が咲くまでには、蕾ができ、それが開くという大きく2つの段階があり、植物学でもこの2つをはっきりと区別します。前者の蕾、すなわち花の芽ができることを「花芽形成（花成）」といい、後者の蕾が開いて花を咲かせることを「開花」と呼びます。

花は、序章のコラムで触れたとおり（29ページ参照）、葉が変形したものであることが明らかにされています。そのことを踏まえ、「花成」を植物学の言葉で説明しなおすと、葉の「原基」をつくっていた「茎頂分裂組織」が、花の「原基」（花芽）をつくるようになること、ということができます。あるいは、光合成で体を大きくする「栄養成長」から、子孫をつくるための「生殖成長」に成長のフェーズが切り替わること、ということもできます。当然といえば当然ですが、「開花」に至るためには、まず「花成」のプロセスを経なければなりません。

●花を咲かせる物質の正体――「花成ホルモン」探求の果てに

植物は、花を決まった時期に咲かせるため（開花）、花芽をつくる（花成）べき時期を見極めています。植物がどのようにして季節の変化を感じ取っているか、モデル植物のシロイヌナズナをはじめ、いくつかの植物でそのメカニズムが解明されつつあります。

その仕組みをごくごく大まかにいうと、植物は、光と温度を頼りに、季節の変化を感じ取っていると考えられています。あれ、どこかで聞いたような話ですね。そうです、「花成」の時期を決めるのは、タネが発芽の時期を決めるのと（227ページ参照）似ているところがあるのです。

光と温度という条件をもう少し正確にいうと、前者は「日の長さ（日長）」、後者は「一定期間の低温」とその後の「適度な成育温度」です。こうした環境の変化を、植物は葉で感じ取り、日長や温度が一定の条件を満たすと、茎の先端の「茎頂分裂組織」で、葉や茎をつくる代わりに花がつくられるようになります。

植物が、花を咲かせる条件を葉で感じ取っていることは、20世紀のはじめに突き止められました。すべての葉を失うと植物は花を咲かせなくなることや、たった一枚でも葉が残っていて、それが適切な日長や温度を感じれば、植物は花を咲かせるようになることから、花を咲かせるうえで葉が重要な役割を果たしていることが明らかにされたのです。

そのことは、ひとつの仮説を導き出すことになりました。

環境の変化を感じ取るのが葉で、花を咲かせるのは茎の先端であるということは、葉から茎の先端へ、何らかの物質が信号として送られているということです。1937年、そのあいだをつなぐ未知の物質に、「フロリゲン」という名がつけられます。それは「花を咲かせるもの」という意味で、別名「花成ホルモン」とも呼ばれました。

その後、「フロリゲン」の存在は、数々の実験を経て強く支持されるようになります。長いこと正体を探る研究が続けられてきましたが、70年近くの時を経て、2000年代に入ってようやくその正体が突き止められました。双子葉植物のシロイヌナズナと単子葉植物のイネで、「フロリゲン」として働いているタンパク質がそれぞれ突き止められ、同じようなメカニズムで花を咲かせていることがわかってきたのです（イネは単子葉植物のモデル植物です）。日本の研究者も大きな貢献をしました。以下、シロイヌナズナを例にして、メカニズムを見てみましょう。

シロイヌナズナは、秋に発芽して春に花を咲かせる「冬生一年草」に属するアブラナ科の植物です（229ページ参照）。冬が過ぎて早春になり昼が長くなると、葉が「花成」に必要な日長を感じとります。すると、葉の細胞に「CO」と名づけられたタンパク質が蓄えられるようになります。「COタンパク質」は、「FT」と呼ばれるタンパク質をつくる遺伝子（FT遺伝子）のスイッチをオンにして、「FTタンパク質」をつくります。つまり、「COタンパク質」は「FT遺伝子」の転写因子です。

葉でつくられた「FTタンパク質」は、維管束の篩管（つまり細胞の内側）を通って、茎頂分裂組織にまで送られます。そこで、「FTタンパク質」は「FD」と名づけられたタンパク質と結合し、「AP1」という花をつくる遺伝子のスイッチをオンにして、葉になるはずだった芽を花へと変えます。すなわち、「FDタンパク質」は、「AP1遺伝子」の転写因子となっています。

図4・4は、この一連の流れの概略を示したものです。

つまり、「フロリゲン」の正体は、葉から茎頂分裂組織へ送られる「ＦＴタンパク質」です。イネでも同様のタンパク質が突き止められ、他の植物でも、葉でつくられたタンパク質が「花成」を引き起こしていると考えられるようになっています。

なお、「フロリゲン」は植物ホルモンのひとつと考えられていましたが、「ＦＴタンパク質」の発見により、植物学者のあいだで、それを植物ホルモンと見ることはなくなりました。タンパク質という物質そのものが、生体内の反応に大きな影響を与えるものであるため、「植物ホルモン」には該当しないと考えられるようになったからです。これにより、「ＦＴタンパク質」が「フロリゲン」と呼ばれることはあっても、「花成ホルモン」とは呼ばれなくなりました。

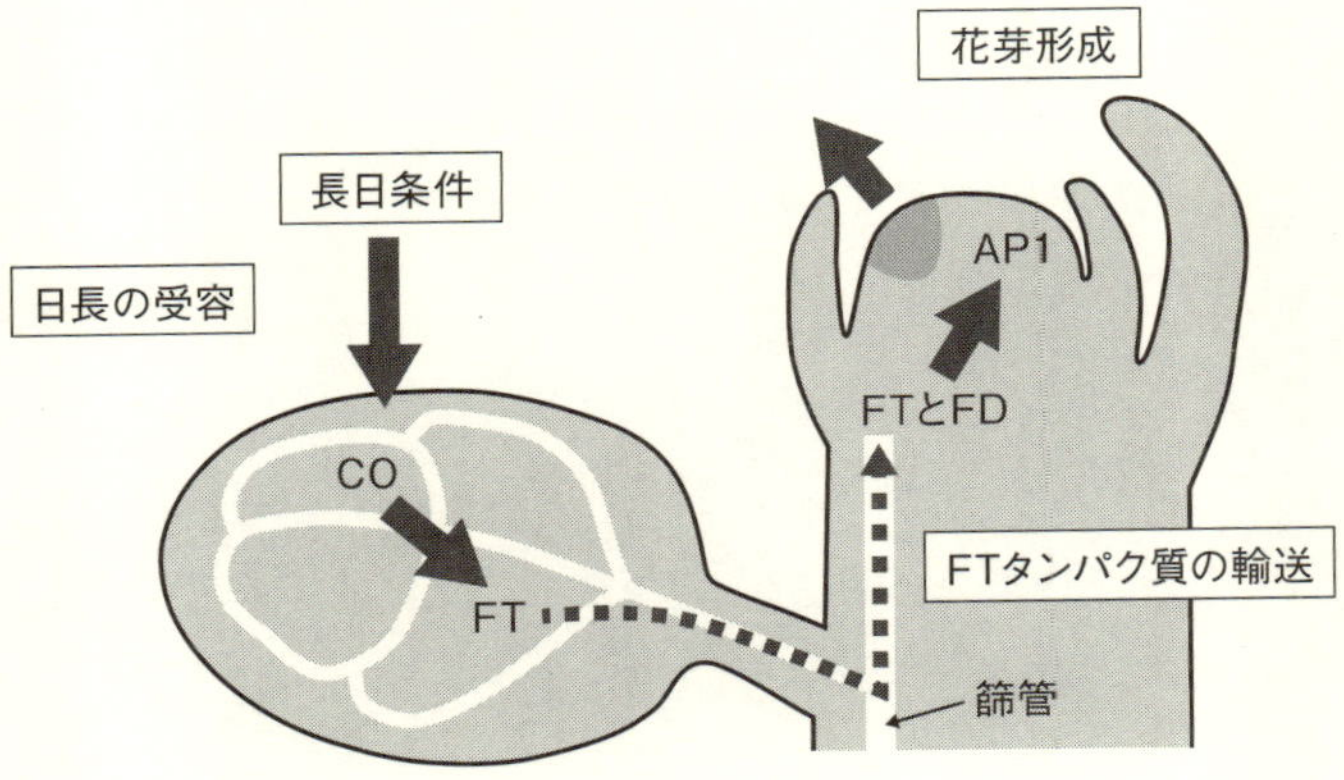

図 4. 4：花成の仕組み（シロイヌナズナの場合：塚谷、荒木（2009）をもとに作成）

●日の長さで季節を知る――植物の「光周性」

ここからは、「花成」を促す条件をひとつずつ見ていきます。

まず、日長と「花成」の関係についてです。先ほど、葉は「日の長さ」を感じ取っていると書きましたが、もっと厳密にいうと、植物は「夜の長さ」を測っていると考えられています。ある植物は、夜が長くなる（日が短くなる）のを合図に、またある植物は、夜が短くなる（日が長くなる）のを合図に、花を咲かせる準備を始めます。

このように、昼の長さ（「明期」といいます）と夜の長さ（「暗期」といいます）の変化に応じて生物が変化を示すことを「光周性」といいます。花を咲かせる植物は、「光周性」の特徴の違いによって、大きく次の3つのグループに分けることができます。

- 長日植物：夜の長さが一定時間より短くなると（つまり、日が長くなると）、花を咲かせる植物。春から初夏にかけてが開花期。
- 短日植物：夜の長さが一定時間より長くなると（つまり、日が短くなると）、花を咲かせる植物。夏から秋にかけてが開花期。
- 中性植物：日長とは関係なく花を咲かせる植物。

なぜ、植物が日の長さ（正確には夜の長さ）を頼りに花を咲かせるかというと、序章でも触れたように（47ページ参照）、日の長さの変化は、季節の変化を引き起こす大きな要因になるからです。北半球では、夏至（6月21日ごろ）のときにもっとも日長が長くなり、冬至（12月22日ごろ）のときにもっとも日長が短くなりますが、真夏は8月初旬ごろ、真冬は2月初旬ごろに訪れます。つまり、季節の変化は日長の変化からおよそ1ヶ月半遅れでやってきて、日長の変化を見ていれば、季節の変化を予測できるということです。

なお、長日植物と短日植物において、花を咲かせるきっかけとなる一定時間の夜の長さ（暗期）のことを「限界暗期」といいます。長日植物、短日植物のなかでも、それぞれの植物によって、「限界暗期」とされる夜の長さは異なります（それが、植物ごとに花を咲かせる季節が変わる要因になっていると考えられます）。

植物が、昼夜の長さを測って花を咲かせる時期を調節しているらしいということは、20世紀の前半には知られ、そのころから、その性質は園芸の現場で利用されてきました。

その代表例が、夜が長くなる（日が短くなる）と花を咲かせる「短日植物」のキクを、人工的に照明を当てることで「開花」を遅らせる「電照菊」です。「限界暗期」がおよそ10時間より長くなると花を咲かせるキクは、自然条件であれば秋口に花を咲かせますが、夜間に照明をつけることで、暗期を短く保ち、開花時期、すなわち出荷時期を調整することができるのです。

●日の長さを測る仕組み
——体内時計と光センサー

そうしたことがわかるにつれ、植物学者たちの関心は、植物が何色の光に反応して花を咲かせるのか、に移ってきました。20世紀半ばのさまざまな研究の結果、「花成」を促す光の正体とそのメカニズムも、シロイヌナズナでかなり突き止められてきました。シロイヌナズナは、日が長くなると花を咲かせる「長日植物」です。

「花成」を促す重要な光として挙げられるのは、赤色光と遠赤色光、そして青色光です。タネの発芽と「光形態形成」に関わる赤色光受容体の「フィトクロム」（233、244ページ参照）と、「光形態形成」と「体内時計」に関わる青色光受容体の「クリプトクロム」（244、247

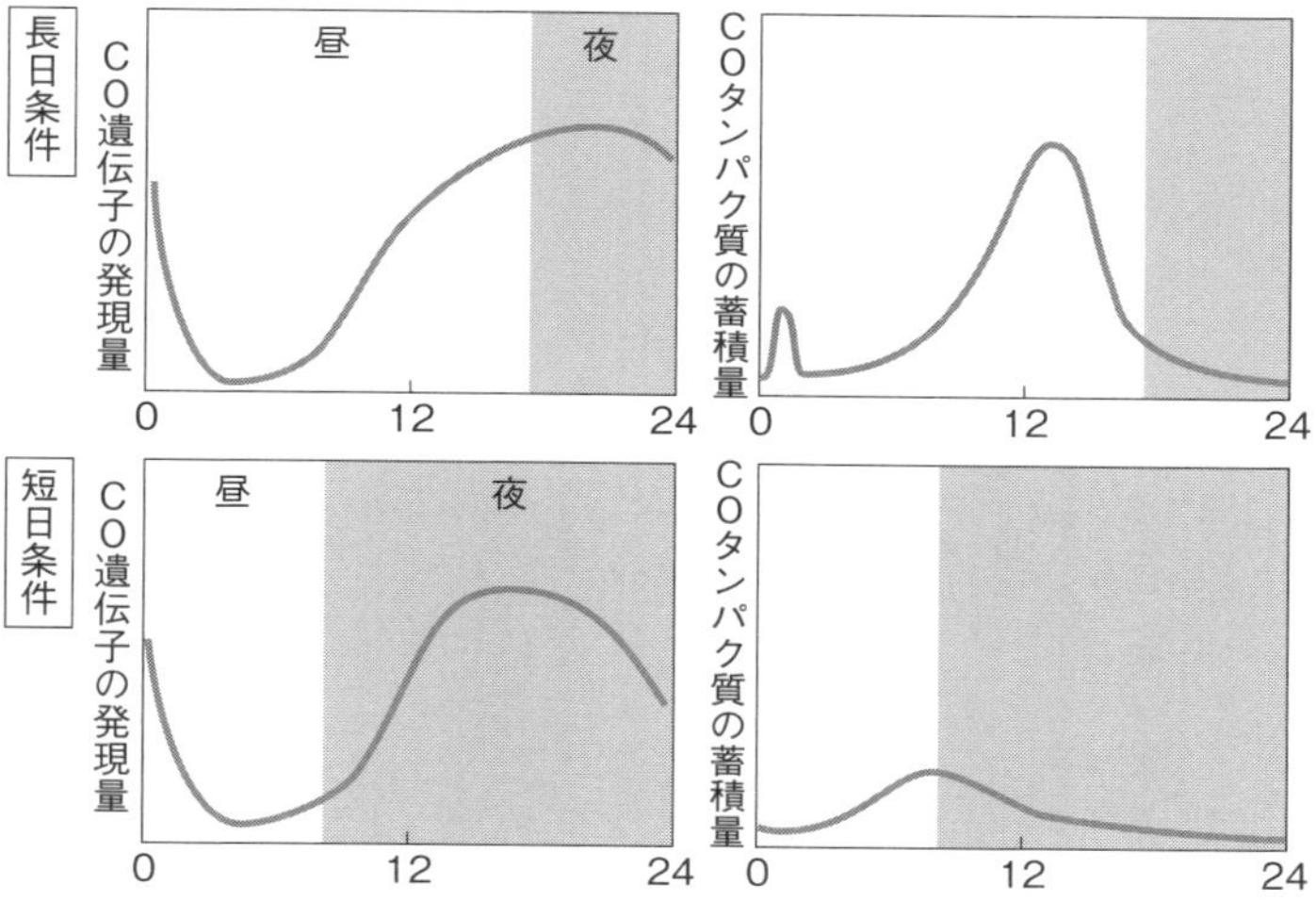

図 4.5：日の長さを測る仕組み（横軸は日の出からの時間）

ページ参照）が、「花成」においても重要な役割を果たしています。

大まかにいうと、日長の長短は、細胞内の「CO」タンパク質の量に影響を与えます。それを模式的に示したのが図4・5です。以下、この図に則して、細胞内で「COタンパク質」がどのように蓄積され、「FT遺伝子」の発現を促すかを見ていきます。

「COタンパク質」をつくる「CO遺伝子」の発現リズムは、「体内時計」（247ページ参照）によって調節され、夜明けからおよそ12時間後にもっとも活発になることが確認されています。このとき、夜明けの光で「体内時計」をリセットするのが「クリプトクロム」の重要な働きです。夜明けを感じた植物は「体内時計」で12時間を測り、そのタイミングで「COタンパク質」を細胞内で盛んにつくり出します。

日が短い短日条件では、夜明けから12時間も経つと太陽はすっかり沈み、暗くなった夜に「COタンパク質」の合成が活発になるのに対し、日が長い長日条件では、まだ明るい夕方に「COタンパク質」が盛んにつくられます。

ここで重要な働きをするのが、光センサーの「フィトクロム」と「クリプトクロム」です。「COタンパク質」は、細胞内でつくられたそばから分解されていく運命にありますが、光センサーが夕方の訪れを感じとると、そのときだけは「COタンパク質」の分解が抑制され、細胞内に「COタンパク質」が蓄積します。

「COタンパク質」の合成と分解の関係を考えると、「COタンパク質」の分解が抑制される夕方に、どれだけ「COタンパク質」がつくられるかが「花成」のカギを握ります。夜にならないと「COタンパク質」の合成が活発にならない短日条件では、細胞内で「COタンパク質」が蓄積しないのに対し、夕方に「COタンパク質」の合成が盛んになる長日条件では、「COタンパク質」が細胞内に蓄積します。それが、「FT遺伝子」の発現を活性化し、「花成」を促すことになるのです。

ここからは話がややこしくなりますが、日が長くなると花を咲かせる「長日植物」は、日が短くても、長い夜の途中で赤色光を当てると花を咲かせるようになります。一方、日が短くなると花を咲かせる「短日植物」は、長い夜があると花を咲かせますが、長い夜の途中で赤色光を当てると花を咲かせなくなります（図4・6）。この、夜間の赤色光によって「花成」が影響を受けることを「光中断」と呼び、この実験から、「花成」には「連続した暗期」が必要と考えられています。

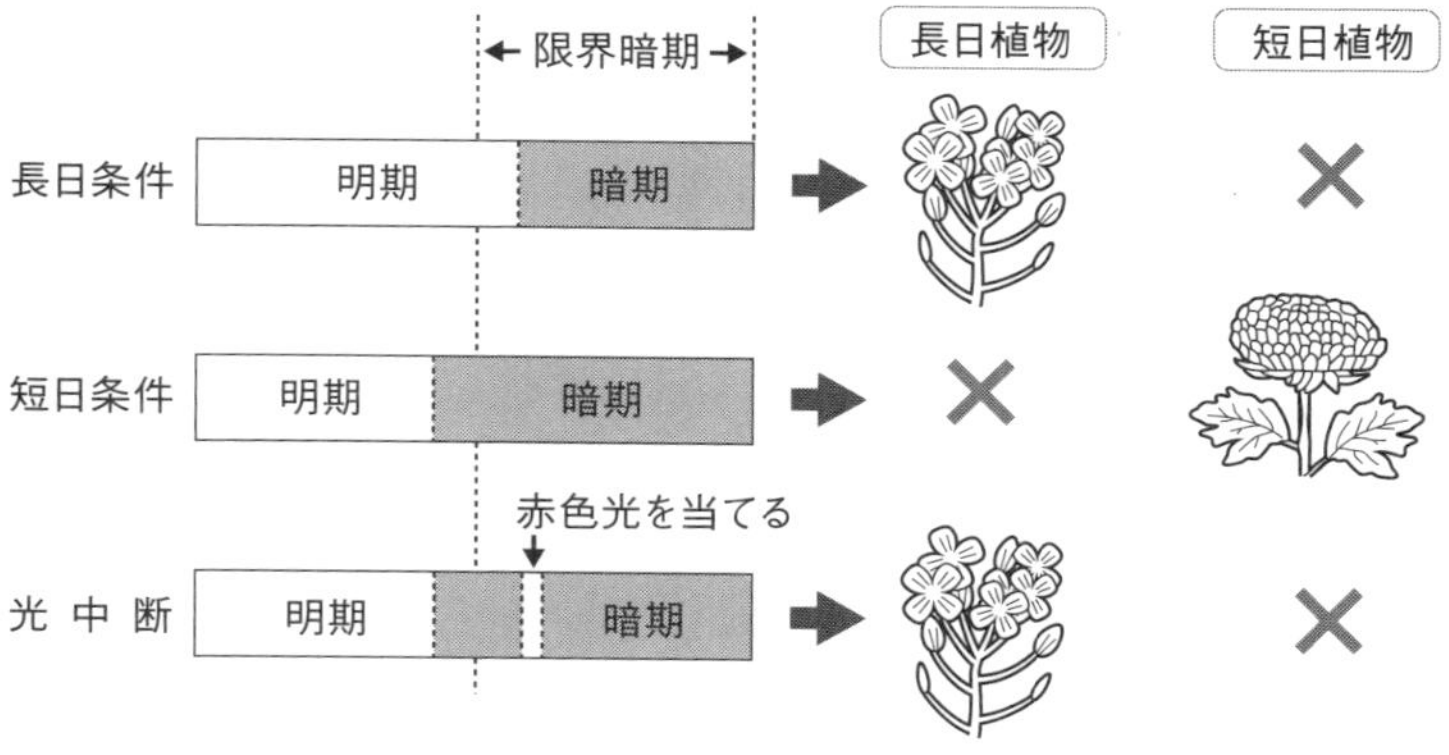

図 4.6：光中断と花芽形成

さらにややこしいのは、夜間に赤色光を当てて「光中断」させたあと、次に遠赤色光を当てると、「光中断」が「なかったこと」になることです。「長日植物」も「短日植物」も、暗期（夜）がずっと続いていると感じて、前者は花を咲かせなくなり、後者は花を咲かせるようになるのです。

こうした反応がなぜ起こるかも、細胞内に蓄積する「COタンパク質」の量によって説明可能と考えられています。暗いところで起こる「COタンパク質」の分解は、暗くなってから時間が経つごとに徐々に活発化し、「光中断」によって「COタンパク質」の分解速度は緩やかになるからです。たとえば、長い夜の合間の「光中断」で長日植物が花を咲かせるようになるのは、夜間に分解されるはずの「COタンパク質」が、「光中断」によって細胞内に残り、それが「FT遺伝子」を活性化するためと考えられるのです。

このように、日の長さや夜の長さの変化は「花成」のタイミングに大きな影響を与えます。植物の「体内時計」の精度は驚くほど精密で、さまざまな実験から、夜の長さの15分の違いを見極めていることがわかっています。また夜が長くなると花を咲かせる短日植物のイネでは、「COタンパク質」を介しつつも、シロイヌナズナとは異なる「花成」の仕組みが明らかにされつつあります。

●植物は寒さの期間を記憶する――春化とエピジェネティクス

シロイヌナズナにおいては、長日条件と並び、「花成」のために必要な条件が温度です。先にも触れたとおり、それには「一定期間の低温」とその後の「適度な成育温度」が必要です。「一定期間の低温」とは、すなわち冬のことです。冬のあと、適度な温度を感じると、「FT遺伝子」の発現が活性化され、「花成」が促されることになります。

シロイヌナズナはじめ、オオムギやコムギ、アブラナなどの「冬生一年草」（229ページ参照）は、秋に発芽して幼い芽生えの状態で冬を越し、春から初夏にかけて花を咲かせます。このように、芽生えが「一定期間の低温」、すなわち冬を経験して「花成」の条件が整うことを「春化」といい、これらの植物は、「春化」を経験したあとに長日条件になってはじめて花を咲かせることが明らかにされています。冬から春にかけては日も長くなり気温も上がります。これらの植物は、春から初夏の季節に確実に花を咲かせるように、日長と温度の両方を慎重に見極めて、「花成」の準備を始めるのです。

さらにいうと、シロイヌナズナのタネは、「高温発芽阻害」という仕組みによって、夏のあいだは発芽しないようになっています（230ページ参照）。つまりシロイヌナズナは、夏の暑さをタネで乗り切って秋に芽生え、冬の寒さを芽生えの状態でしのぎ、その後に日が長くなり温かくなってくると花を咲かせる周期を保つ仕組みを備えているのです。

この仕組みにも、「FT遺伝子」が関わっています。「春化」を経験しないシロイヌナズナの葉では、「FLC」と呼ばれるタンパク質がつくられ、それが「FT遺伝子」の発現を妨げています。つまり、「FLCタンパク質」は「FT遺伝子」の発現抑制因子であり、それによって植物は「栄養成長」(255ページ参照)を続けています。

それがひとたび「春化」を経験すると、葉で「FLCタンパク質」をつくる「FLC遺伝子」のスイッチがオフになり、「FT遺伝子」のブレーキが外れます。そこに、日が長くなって細胞内の「COタンパク質」の量が増えると、「FT遺伝子」の発現が活性化されて「FTタンパク質」がつくられるようになります。つまり「春化」とは「FLC遺伝子」の発現を抑制する働きそのものということができます。

植物がどのように温度を感じているかはいまだに大きなナゾですが、「春化」による「FLC遺伝子」発現抑制の仕組みが、最近の研究で少しずつわかってきました。

ここで登場するのが、序章で紹介した「エピジェネティクス」という最先端の研究トピックです(54ページと、このあとのコラムも参照)。

DNAは、染色体のなかで塩基のペアが結合し、「二重螺旋」を形づくっていることも序章で触れましたが(49ページ参照)、その「二重螺旋」の連なりは、「ヒストン」というビーズ状のタンパク質を包み込んで「クロマチン」と呼ばれる塊となり、それがさらに捻れて「クロマチン繊維」を形成しています(図4・7)。遺伝子が発現するには、このように絡まり合った「クロマチン」

がほどけていなければならず、「クロマチン」のほどけやすさが、遺伝子の発現や発現抑制に大きな影響を与えています。

そのカギを握るのが、ビーズ状のタンパク質「ヒストン」です。「FLC遺伝子」の周囲にある「ヒストン」は、「春化」によって構造が変わり（「メチル化」といいます）、「クロマチン」をきつく縛ることがわかってきています。

低温下に置かれたシロイヌナズナの「FLC遺伝子」周辺では、少しずつ「ヒストン」が「メチル化」され、最終的には多くの「ヒストン」が「メチル化」され、「クロマチン」をほどけないようにしています。それによって「FLC遺伝子」の発現が抑制され、「FT遺伝子」のブレーキが外れて、「FTタンパク質」がつくられる準備が整うのです。

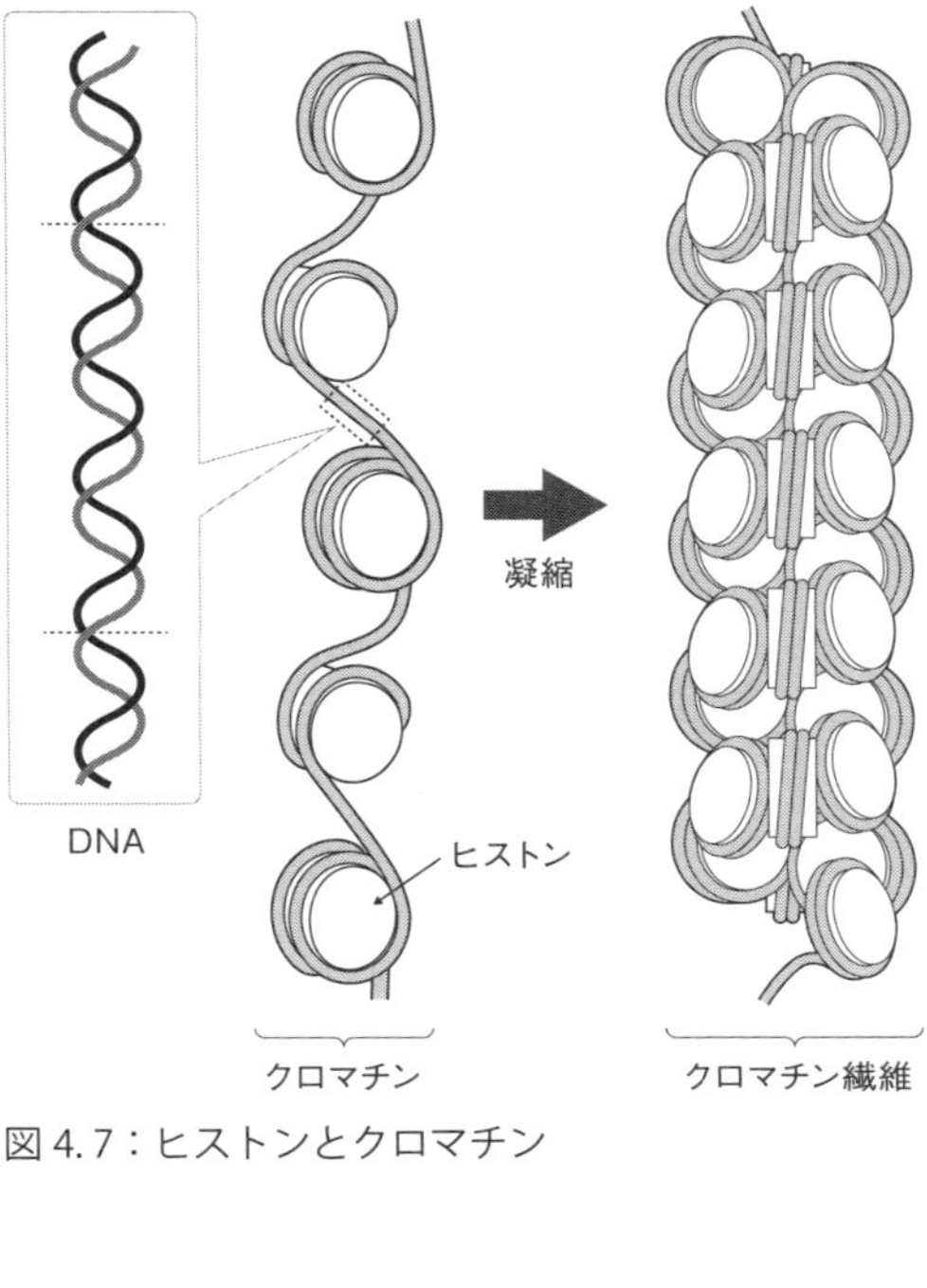

図4.7：ヒストンとクロマチン

植物は、この仕組みによって、どのくらいの期間の寒さを経験したかを記憶しているといえます。十分に長い寒さの経験が「メチル化」の増加というかたちで「記憶」されると、「FT遺伝子」が自由になり、その状態で十分な日長を感じると「FTタンパク質」がつくられ、茎頂分裂組織へ運ばれて、「花成」のメカニズムが動き始めるのです。

コラム◆植物の記憶力――ストレスとエピジェネティクス

DNAの研究が盛んになった1990年代以降、DNAの塩基配列が生物の形や特徴のすべてを決めるというDNA決定論（遺伝子決定論）が強く主張されました。ところが近年の生物学の研究は、DNAの塩基配列だけでは生物の働きのすべてを説明しきれないことを明らかにしつつあります。本文で紹介した、シロイヌナズナの春化を引き起こす「クロマチン」のほどけやすさの変化はそのひとつの例です。こうした研究分野を「エピジェネティクス」といい、植物学のみならず、生物学全般で研究が盛んに行なわれています。

植物は、寒さ・暑さに洪水（冠水）や乾燥など、さまざまなストレスに遭遇しながら生きています。植物は「環境応答」の能力をもつとはいえ、ストレスに急に襲われると、対処する遺伝子の発現が間に合わず、生存が脅かされかねません。

そこで、いちど味わった苦い経験を二度目も繰り返さないように、植物はストレスに見舞われた経験を「記憶する」術を編み出しました。脳をもたない植物は、「経験を記憶する」ため「エピジェネティック」な仕組みを駆使しています。

最初にストレスに遭遇したとき、植物の対処が間に合わないことがあるのは、ストレス応答遺伝子の発現速度が緩やかだったり発現量が少なかったりするからです。そこで、いちど使った遺伝子は、その周辺の「ヒストン」に「メチル化」のような目印をつけておくことで、次に同じストレスにさらされたとき、一度目よりは素早く対応できるようになるという仕組みです。

「エピジェネティクス」は、ヒトでも研究が進んでいます。まったく同じDNAをもつ一卵性双生児（いわゆる双子）に見られる外見や体質などの違いは、「エピジェネティクス」で説明できるようになりつつあります。

●葉が花に変わる鮮やかな仕組み —— ABCモデル

これまでたびたび触れてきたことですが、花は葉が変形した生殖器官です。

その可能性を最初に指摘したのが、序章でも触れた文豪ゲーテです（29ページ参照）。18世紀の終わりにゲーテが植物の観察からたどり着いた考察は、およそ200年の時を経て、遺伝子研究によって明らかにされました。その仕組みのあらましを、モデル植物のシロイヌナズナを例にとって見てみましょう。

花は、茎の先端の茎頂分裂組織に「フロリゲン」（FTタンパク質）が到達すると、それまでつくっていた茎や葉の代わりにつくられます。つまり、花は必ず茎頂分裂組織でつくられます。

花は、大きく4つの器官で成り立っています。外側から「萼片《がくへん》」、「花弁（花びら）」、「雄しべ」、「雌しべ」の4種類です。これを花の断面（図4・8）で横から見ると、花の外側にある器官は、茎の下側から出ていることがわかります。図の1～4の箇所に対応して、それぞれ「萼片」、「花弁（花

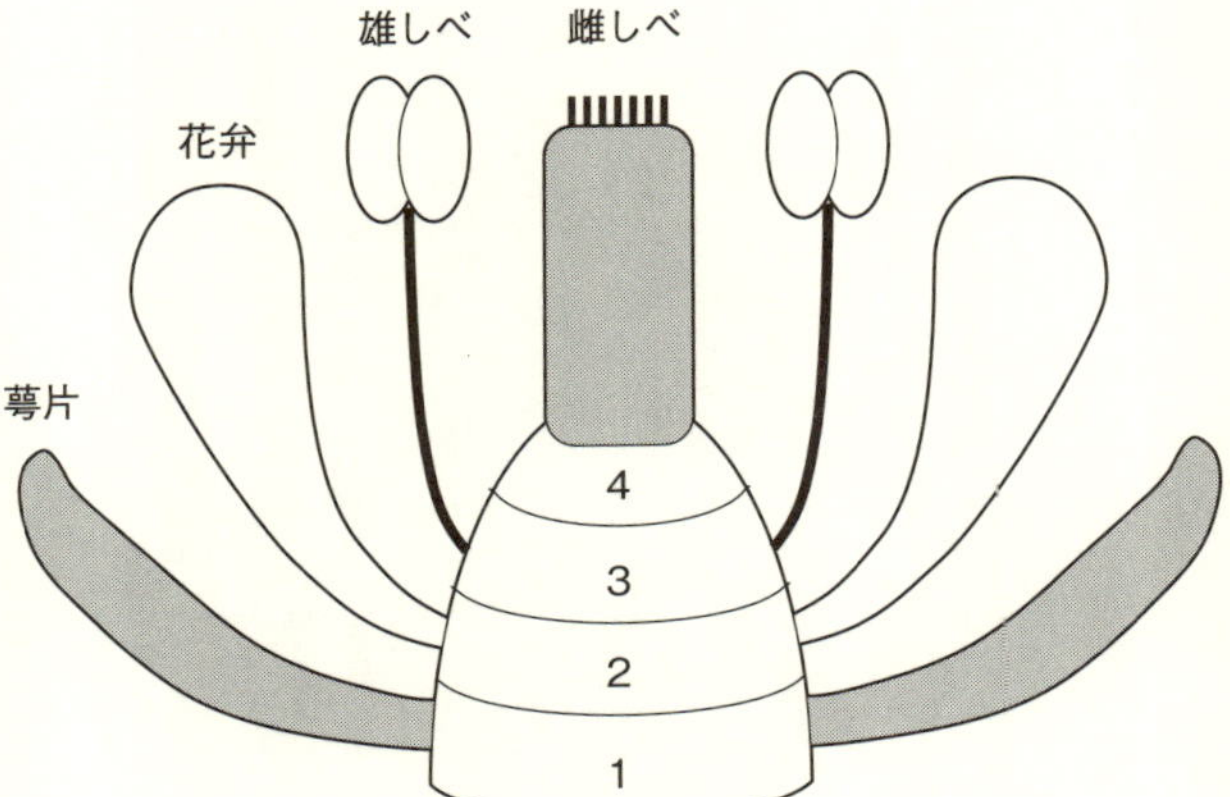

図4.8：花の断面（塚谷、荒木（2009）をもとに作成）

びら）」、「雄しべ」、「雌しべ」がつくられます。

この１～４の領域には、大きく３つの転写調節因子が働き、適切な場所に適切な器官をつくり出していることが明らかにされています。その関係は図４・９のようになり、それを言葉で説明すると次のようになります。

・領域１：Ａの転写調節因子が働いて「萼片」をつくる。
・領域２：ＡとＢの転写調節因子が働いて「花弁（花びら）」をつくる。
・領域３：ＢとＣの転写調節因子が働いて「雄しべ」をつくる。
・領域４：Ｃの転写調節因子が働いて「雌しべ」をつくる。

この仕組みは、ＡＢＣの３つの転写調節因子が働いて、葉が花に変わる仕組みを鮮やかに説明できることから「ＡＢＣモデル」といわれています。単子葉植物のイネでも似たよう

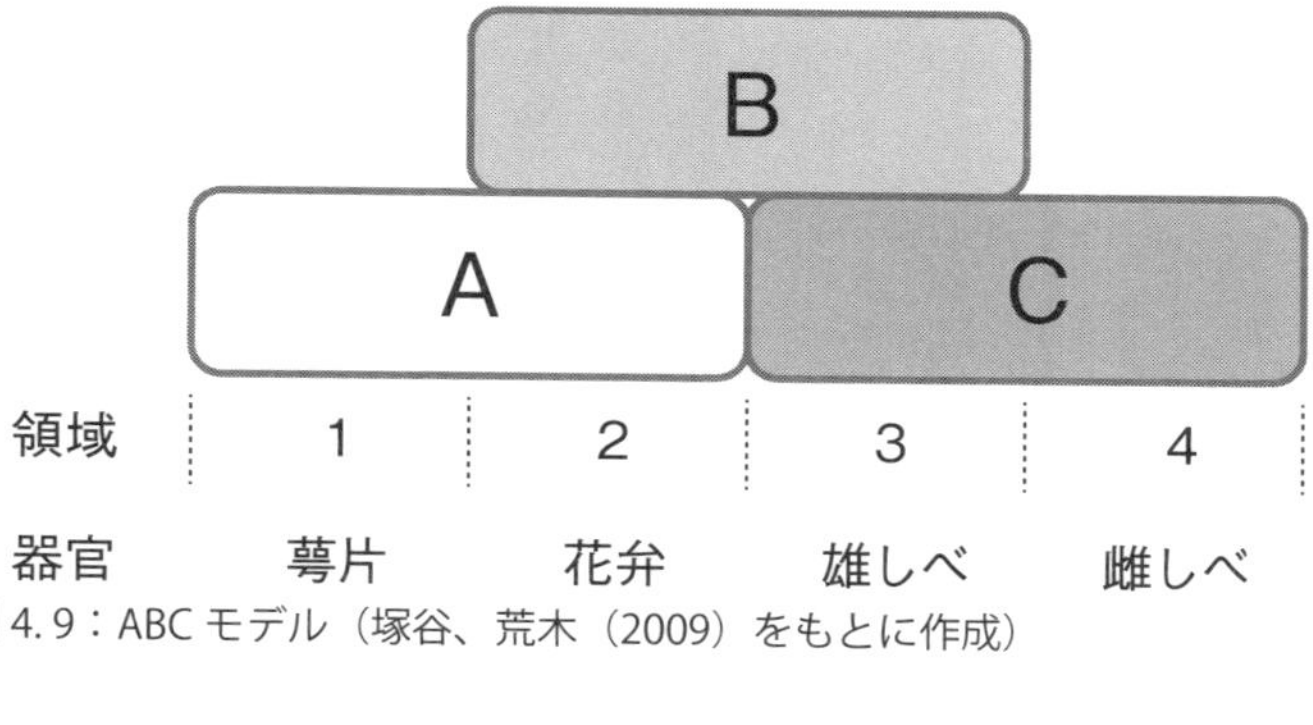

図 4. 9：ABC モデル（塚谷、荒木（2009）をもとに作成）

な転写調節因子が働いていることが確認され、被子植物全般に共通する仕組みと考えられています。

面白いことに、A転写調節因子の正体は、「花成」のプロセスで登場した「AP1遺伝子」(257ページ参照)がつくる「AP1タンパク質」です。葉をつくっていた茎頂分裂組織に「FT」と「FD」の2つのタンパク質が作用すると「AP1遺伝子」が発現し、「AP1タンパク質」がつくられます。それが花器官をつくる最初のスイッチとなり、領域1で「萼片」がつくられ始めるのにあわせてBやCの転写調節因子が働き始め、残りの「花弁(花びら)」と「雄しべ」「雌しべ」がそれぞれの領域でつくられるようになります。

「ABCモデル」に登場する3つの転写調節因子をつくる遺伝子に変異があると、「萼片」、「花弁(花びら)」、「雄しべ」、「雌しべ」の4つの花器官は正しくつくられず、他の器官へ変化することが確認されています。たとえば、B転写調節因子をつくる遺伝子に変異が生じると、領域2ではA転写調節因子だけが働いて「萼片」がつくられ、領域3はC転写調節因子だけが働いて「雌しべ」がつくられます。さらに、ABCの転写調節因子をつくる遺伝子すべてに変異が起きると花器官がつくられず、「萼片」、「花弁」、「雄しべ」、「雌しべ」がすべて葉のようなものに置き換わります。このように、3つの遺伝子に同時に変異が生じる個体を「三重突然変異体」といいます。

これらの証拠から、花が葉の変形であることが明らかになりました。そのことに観察だけでたどり着いたゲーテの目の細やかさに、あらためて驚きを感じます。

（4）受粉と結実——子孫に命をつなぐために

●近親婚はお断り——「自家受粉」を防ぐ仕組み（自家不和合性）

花は、植物（種子植物）にとって子孫を残すための生殖器官です。

花を咲かせる種子植物の多くは、動物のオスとメスが生殖して子孫をつくるのと同じように、オスとメスの遺伝情報（ゲノム）を掛け合わせ、新たな遺伝情報をもつ子をつくります。それを「有性生殖」といい（33ページ参照）、植物の生殖の第一歩は、雄しべ（オス）でつくられた花粉が、雌しべ（メス）の先端の「柱頭」につく「受粉」によって始まります。ただし、花粉はところかまわず雌しべの柱頭にくっつけばいいというわけではありません。

花には通常、雄しべと雌しべが同居しています。それを「両性花」と呼び、被子植物のうち約7割が、この特徴をもつことが知られています。同じ花に雄しべと雌しべがあるなら「受粉」はたやすいと思うかもしれませんが、被子植物の多くは、同じ花の雄しべと雌しべで受粉する「自家受粉」を避ける仕組みを備えています。

ヒトをはじめ、多くの動植物が「性」をもつ事実は、「有性生殖」に何らかの利点があることを示唆しています。その利点は、生まれくる子のゲノムを多様にし、植物の生存能力を高め、進化を有利に進めるためだとする説があります。それが正しいとすると、せっかく雄しべと雌しべを分けておきながら、結局、自分自身と受粉・交配することになれば、同じゲノムを掛け合わせることになるわけで、ゲノムの多様性を高めることはできません。また、多くの動植物では、近親交配が子孫の生存能力や繁殖力を低下させることが知られています。

植物の多くが「自家受粉」を避けるのは、こうした理由からだと考えられますが、なかには「自家受粉」を受け入れる植物も存在します。その理由や仕組みはこの後のコラムで考えるとして、ここではまず、「自家受粉」を防ぐ仕組みを見ていきましょう。

ひとつの方法として、雄しべと雌しべの成熟の時期をずらす「雌雄異熟《しゆういじゆく》」があります。たとえばモクレンは、花が咲いたときには雌しべだけが成熟し、未成熟な雄しべは花粉を出すことがありません。雄しべは雌しべが萎れたころに成熟し、同じ花の萎れた雌しべに花粉が付着したとしても受粉には至りません。

雄しべと雌しべの成熟の順が逆のパターンもあります。キキョウは、花が咲くとまず雄しべが成熟して花粉を出し、花粉がなくなるころに雌しべが成熟を始めます。

「雌雄異熟」は、「両性花」をもつ植物が「自家受粉」を避けるための仕組みです。雄しべと雌しべが同じ花の中にあっても、それぞれが活性化する時期をずらすことで、望まない受粉が起こるのを避けているのです。

この仕組みを持たない「両性花」では、雄しべでつくられた花粉が、同じ花の雌しべに付着することがあります。そうした場合も、多くの植物が「自家受粉」を妨げる「自家不和合性」という仕組みを備えていて、被子植物の半数あまりがこの性質をもつと考えられています。雌しべが柱頭に付着した花粉を識別し、自身と同じ遺伝情報を含むものは自己の花粉と見なして拒絶し、異なる遺伝情報をもつもののみを、他者の花粉であるとして受け入れるようになっています。

「自家受粉」を防ぐ仕組みは、ほかにもさまざまあります。雄しべだけをもつ花（雄花）と雌しべだけをもつ花（雌花）を、物理的に分けてしまっている植物もあり、同じ株（個体）に雄花と雌花が別々に咲くものを「雌雄異花同株《しゅういかどうしゅ》」、ひとつの株（個体）には雄花か雌花のどちらかしか咲かないものを「雌雄異株《しゅういしゅ》」といいます。

名前が仰々しいので、どちらも特殊なケースのように感じますが、どちらのタイプも身近な植物に見られます。前者の「雌雄異花同株」は、ゴーヤ、キュウリ、カボチャ、スイカ、メロン、ヘチマなどのウリ科の植物をはじめ、トウモロコシ、ベゴニア、樹木でもスギ、マツ、ヒノキ、モミ、カキ、クリなどが該当します。また、後者の「雌雄異株」は、イチョウ、ソテツ、クワ、ヤナギ、イチイ、キンモクセイなどがそうです。

コラム◆近親婚を受け入れた進化のカラクリ

先ほど本文でも触れたとおり、植物のなかには「自家受粉」を受け入れるものも存在します。その性質を、「自家不和合性」に対して「自家和合性」といい、イネやダイズ、シロイヌナズナは、その代表例としてよく知られています。イネやシロイヌナズナがモデル植物として重宝されるのは、この「自家和合性」があるため、均一なゲノムをもつ個体の繁殖が容易であることが大きな理由のひとつです。

「自家和合性」のあるこれらの植物の雌しべ（正確には「胚珠」）は、自分の雄しべから出た「花粉」を受け入れ「受精」に至ります。なお、「自家受粉」によって「受精」に至ることを「自家受精」あるいは「自殖」と呼びます。

人間の「性」に慣れ親しんでいると、自分どうしが交配・受精して子孫を残すというのは不思議なことのように思えます。実際、「自殖」によって生まれる子孫は、ヒトや他の動植物の近親交配でも見られるように、生き延びていくうえで不利な性質を備えることが多いことも知られています（この現象を「近交弱勢」といいます）。

それなのになぜ、植物は「自殖」を受け入れるのか。その謎の解明のため、最初に本格的な研究に取り組んだのも、かのダーウィンでした。

植物が「自殖」を受け入れるのは、「近交弱勢」を補う何らかの利点があるからでしょう。ダーウィンは実験と観察を繰り返し、１８７６年に「繁殖保証仮説」を提唱しました。

周囲に同種の他個体がいない（あるいは少ない）環境では、個体単体が生存のためにどれだけ有利な特徴を備えていても、子孫を残すことはできません。その場合、「自殖」を受け入れる特徴を備えていたほうが、「近交弱勢」によって生存のための条件が多少犠牲になったとしても、子孫を残せる可能性が高まります。そのために、ある種の植物は「自殖」を受け入れるようになった。そういう仮説です。

これはすなわち、先に「自家不和合性」を獲得した植物がいて、その後の進化によって「自家和合性」が獲得されたことを示唆しています。

先ほど本文でも見たように、「自家不和合性」は、雌しべの「柱頭」が、そこに付着した「花粉」の遺伝子をチェックして、自己と同じものを拒絶する仕組みです。いわば、メスの「柱頭」側の遺伝子が鍵穴の、オスの「花粉」側の遺伝子がそこに差し込むカギの役割を果たし、このふたつがピッタリはまると、「受精」を妨げる仕組みが発動します。

シロイヌナズナはアブラナ科に分類される植物です。同じアブラナ科に分類されるハクサイやキャベツ、ダイコンなどの作物は「自家不和合性」をもち、オス側のカギ遺伝子「SCR遺伝子」と、メス側の鍵穴遺伝子「SRK遺伝子」の働きによって、「自殖」を防いでいることが明らかにされていました。そのため、シロイヌナズナの「自家和合性」は、これらの遺伝子に何らかの変異が起きたために獲得されたものだと推測されていました。

その確かな証拠を掴んだのが、2010年に発表された研究成果です。オス側の「SCR遺伝子」に変異が生じ、カギが鍵穴に入らなくなったために、自己の花粉であっても「自殖」を防ぐ仕組みが発動しなくなっていたことが突き止められたのです。さらに、変異が生じた「SCR遺伝子」を人工的に修復したところ、シロイヌナズナが再び「自家不和合性」を獲得しました。

このとき明らかになったのはそれだけではありません。この変異がいつ生じたかを調べてみると、いまから数万年から数十万年ほど前のことであることがわかりました。それはちょうど氷期と間氷期のサイクルによって植物分布が大きく変動していた時代です。

この結果は、周辺に交配相手を見つけるのが難しい環境であったがために、「自殖」を受け入れる突然変異が生存に有利に働いたことを物語り、ダーウィンの仮説を裏付けるものとされています。仮説提唱から130年以上の時を経て、ダーウィンの慧眼がまた大きな脚光を浴びたのです。

●受粉に向けた準備の数々

風や水、虫や鳥の力を借りて「受粉」したからといって（254ページ参照）、子孫を残すためのタネが必ずつくられるわけではありません。「受粉」のあとに、動物と同じく「受精」が成立しなければなりません。花粉には、動物の「精子」に相当する「精細胞」という生殖細胞が含まれており、それが雌しべでつくられる「卵細胞」にたどり着き、合体すると「受精」が成立します。

ここで、「受粉」の前段階から、「受粉」と「受精」が成立するまでの流れを見ておきましょう。日常生活ではお目にかからない言葉が続きますが、随所で図と見比べながら、大まかな流れを押さえておきます。

花粉が雌しべの先端の「葯《やく》」というところでつくられる流れを示したのが、図4・10です。

まず、「葯」の中の細胞が分裂（体細胞分裂）を繰り返し、多数の「花粉母細胞」がつくられ、ひとつの「花粉母細胞」は、2度の細胞分裂（減数分裂）によって「花粉四分子」と呼ばれ

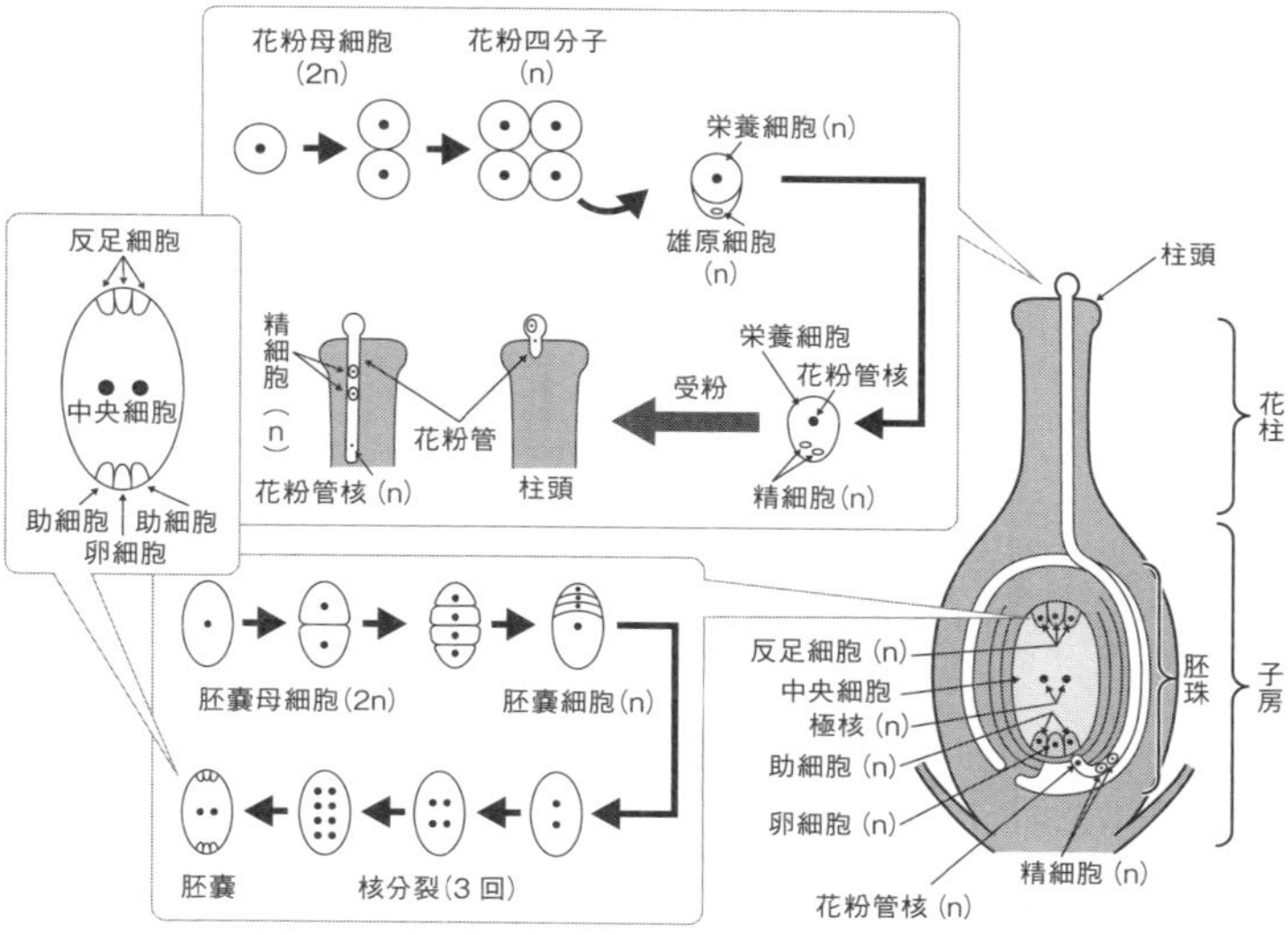

図 4. 10：花粉と胚嚢ができるまで

る4つの未熟な花粉になります。

なお、「体細胞分裂」とは、いわゆる体を構成する細胞が増える細胞分裂のことで、分裂によって同じ細胞のコピーがつくられます。対する「減数分裂」とは、「生殖細胞」をつくるための特殊な細胞分裂のことで、分裂によって、細胞の核に含まれる「染色体」の数が半分に減ることから、その名がつけられました。

「花粉四分子」は、さらに細胞分裂（体細胞分裂）を行ない、「栄養細胞（あるいは花粉管細胞）」と「雄原細胞」と呼ばれる細胞に分かれ、「栄養細胞」が「雄原細胞」を包み込む形で、ひとつの花粉が形づくられます。「雄原細胞」は、「栄養細胞」に包まれた状態でもう一度分裂し、ふたつの「精細胞」になります。このように、ひとつの「花粉」の中に、ひとつの「栄養細胞」とふたつの「精細胞」が含まれるのが、「花粉」の大きな特徴です。

一方の雌しべは、大きく見ると、「柱頭」、「花柱」、「子房」のパーツからなり、基部側の「子房」の中で「卵細胞」がつくられます。もう少し正確にいうと、「子房」は後に「果実」になる部分、その中のいずれ「種子」になる「胚珠」で、「卵細胞」がつくられます。

その流れを示したのが、図4・10の下の部分です。

「胚珠」の「胚嚢《はいのう》母細胞」が2度の細胞分裂（減数分裂）によって4個の細胞になり、そのうち3つは退化して消失し、退化せずに残った細胞を「胚嚢細胞」と呼びます。

なぜ、4つのうち3つの細胞が退化するのかはナゾですが、動物で「卵細胞」をつくる「卵母細胞」も、植物同様、減数分裂ののち、4つのうち3つの細胞が退化して消えてなくなります。「有性生殖」を行なう生物が、進化の過程で獲得した手順ということなのかもしれません。

「胚嚢細胞」は、そこから3度の細胞分裂（体細胞分裂）を行ない、8個の核が7つの細胞に分かれます。その結果、「卵細胞」と「中央細胞」がひとつずつ、「助細胞」がふたつ、「反足細胞」が3つつくられます。「中央細胞」には、「極核」と呼ばれる「核」がふたつ含まれます。これら7つの、「胚嚢細胞」から分裂した8個の核からなる細胞を、総称して「胚嚢」と呼びます。

●花粉はなぜ卵細胞にたどり着くのか——花粉管ガイダンス

ひとつの「栄養細胞（花粉管細胞）」とふたつの「精細胞」からなる「花粉」は、雄しべの「葯」から飛び出し、雌しべの「柱頭」にたどり着きます。そこで雌しべによるチェックを受け、別の個体と認められると、晴れて「受粉」が成立します。

すると、「受粉」に成功した「花粉」から、雌しべの「胚珠」に向かって「栄養細胞（花粉管細胞）」の一部がするすると管状に伸び、「花粉管」と呼ばれるその管の中を、ふたつの「精細胞」が運ばれていきます。植物の「精細胞」は、動物の「精子」と異なり運動能力をもたないため、「花粉管」を伸ばし、細胞の中で「精細胞」を運ぶ仕組みがつくられたものと考えられています。

このとき、「花粉管」は迷わず「胚珠」の「卵細胞」にまでたどり着きます。それには何らかの仕組みがあるはずで、この現象を「花粉管ガイダンス」と呼び、それが起こるのは、「胚嚢」から「花粉管」を誘引する物質が出されているからだ、という説が19世紀から唱えられていました。100年以上ものあいだ、その物質を突き止める研究が続けられ、2000年代に入ってようやく、その物質の存在を強く示唆する現象が、日本人研究者によって確認されました。

これまでの研究成果を踏まえると、「花粉管ガイダンス」は、大きくふたつの段階に分けられます。まず、雌しべの「柱頭」から、キリンの首のように長く伸びた「花柱」を経て、「子房」に至るまでの「メカニカルガイダンス」と呼ばれる段階です。ここでは、列車がレールに沿って走るように、雌しべの物理的な構造で、「花粉管」はまっすぐ伸びていきます。

ふたつめが、「花柱」を通過したあとの段階です。「胚嚢」が何らかの誘引物質を出し、「花粉管」の進む方向を誘導していることが確認され、この現象は2章で紹介した「化学屈性」（145ページ参照）のひとつであることが判明しました。

8つの核をもつ7つの細胞からなる「胚嚢」のうち、どの細胞が「花粉管」を誘導する物質を出しているか、次の実験によって確認されました。

細胞をひとつずつレーザーで破壊し、「花粉管ガイダンス」へ与える影響を調べてみると、「卵細胞」の隣にあるふたつの「助細胞」をつぶしたときに、「花粉管ガイダンス」が起こらなくなりました。また、「助細胞」が残っている「胚珠」を植物の体から切り離し、花粉管を伸ばし始めた花粉のそばに置くと、「花粉管」が「助細胞」めがけて伸びていきます。このことから、「助細胞」が何らかの誘引物質を出し、「花粉管」を誘導していることがほぼ確実視されるようになりました。

この物質の正体を確認したところ、低分子のタンパク質（ペプチド）であることがわかり、「LURE」という名がつけられました。その後の研究で、「LURE」は植物の種類ごとに違ったアミノ酸で構成されていることが突き止められ、花粉が異なる植物種の雌しべに「受粉」しても、「受精」にまで至らない理由のひとつと考えられています。

なお、この研究で使われたのは、「トレニア」という熱帯原産の植物です。通常、被子植物の「胚嚢」は組織の中に入り込んでいて、生きた状態で見ることはできません。「胚嚢」を守るためにこそ、被子植物は「子房」をつくったと考えれば、当然といえば当然ですが、「トレニア」は例外的に「胚嚢」の一部が剥き出しになっていて、この画期的な発見につながりました。

●被子植物は2度「受精」する――「重複受精」の仕組み

「花粉管ガイダンス」により、するすると「胚嚢」に向かって伸びている「花粉管」の中では、ふたつの「精細胞」が運ばれます。

動物では、ひとつの「精子」とひとつの「卵細胞」が「受精」するのが通例ですが、被子植物では、「受精」にふたつの「精細胞」が登場するのが大きな特徴です。ふたつの「精細胞」によって、「受精」（のような現象）が2度起こることから、被子植物の「受精」を「重複受精」と呼びます。

その概要を示したのが図4・11です。

ふたつの「精細胞」は、「花粉管」が「胚嚢」にまでたどり着くと、それぞれ「卵細胞」、「中央細胞」と「受精」します。「精細胞」と「卵細胞」が「受精」して「受精卵」となり、それがいずれ「胚」となって、植物の幼体となります。

もうひとつの「精細胞」は「中央細胞」と「受精」し、後にタネ（種子）の中で「胚」の栄養となる「胚乳」になります。「胚」と「胚乳」は、それらを包む「種皮」とあわせて、子孫に命をつなぐタネ（種子）がつくられます。

雌しべの「子房」のどの部分が、どうタネ（種子）と果実に変わっていくかは図4・11の左側にまとめたとおりです。「受精卵」が「胚」になり、「中央細胞」と「精細胞」の融合体から「胚乳」がつくられ、

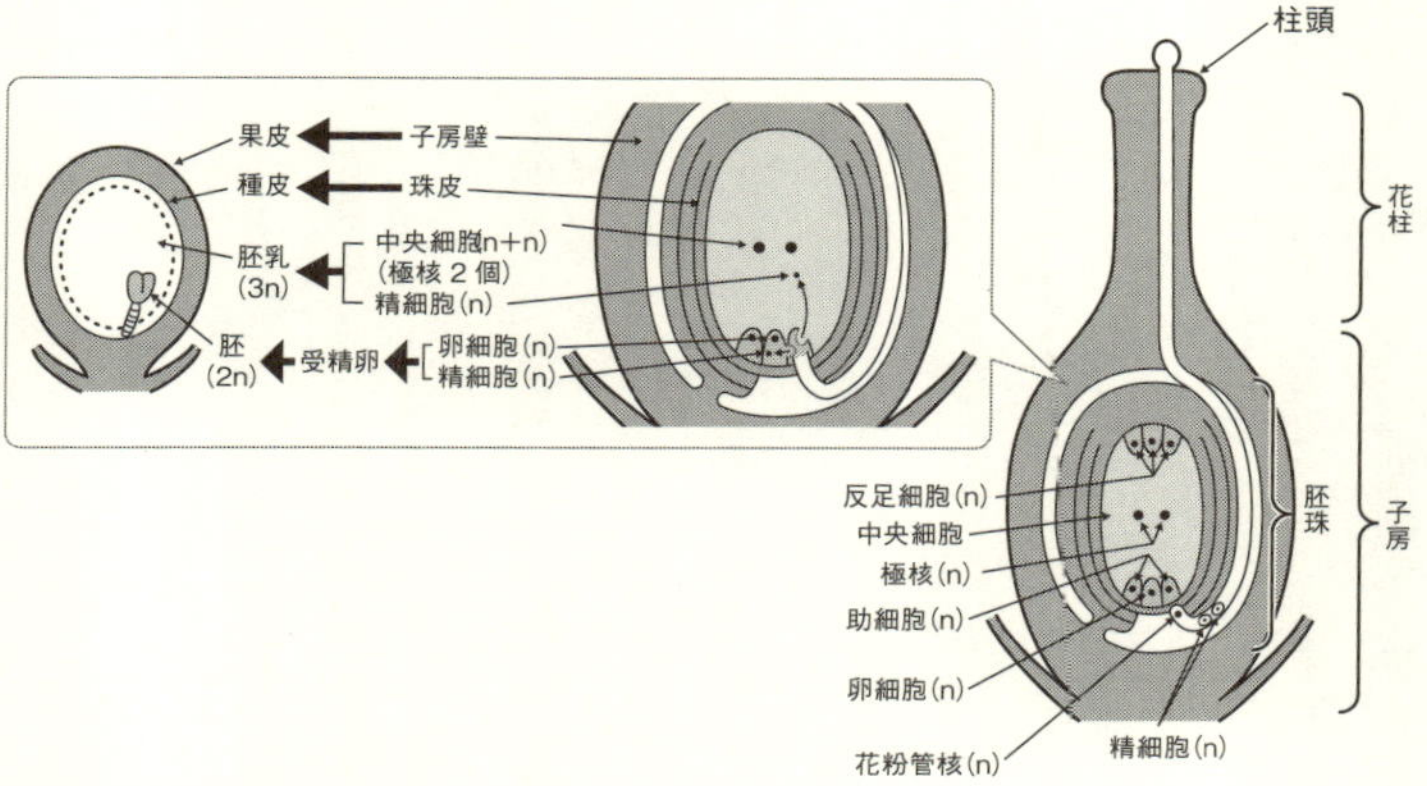

図 4.11：重複受精

「胚嚢」を包んでいた「珠皮」がタネを包む「種皮」になり、「子房」は「果実」に、それを包む「子房壁」が「果皮」に変わります。

●父と母のせめぎ合い ――「重複受精」の舞台裏

ここまで見てきたように、植物の「受粉」と「受精」の仕組みはとても複雑で、中学や高校の生物でも苦手とする人が多いようです。じつは、植物がこうした複雑なメカニズムをつくり出した裏には、父と母の知られざる駆け引きのドラマがあります。

ひとつの個体にいくつもの花を咲かせられる植物は、ヒトと違って、ひとつの体で同時にいくつものタネ(種子)をつくることができます。私たち人間には想像もつかないことですが、母親(花を咲かせる草や木)はいくつもの父親の花粉を同時期に受け入れ、いくつもの子を同時期に授かることになります。これを父親(花粉)の側から見ると、母親のひとつの個体を舞台に、「受粉」が成功した数だけ存在する他の父親と競争することを意味します。

「有性生殖」を行なう生物は、往々にして、自分の遺伝情報を受け継いだ子孫が有利に生き延びられるような生殖の仕組みを獲得しています。

被子植物が「重複受精」の仕組みを獲得したのも、父親(花粉)が他の父親(花粉)たちとの競争のなかで、自分の遺伝情報をもった子孫が有利に生き延びられるようにするためと考えられています。その有力な状況証拠は、「重複受精」によって、「胚乳」が大きくなる現象が引き起こされることにあります。

「胚乳」は、タネが生き延びる栄養源です。「胚乳」が大きくなれば、その分だけタネは産まれながらにして多くの資源を手にしていることになり、生存の可能性を高めることができます。そのためにこそ、父親（花粉）は「精細胞」をふたつ用意して、ひとつを「中央細胞」と「受精」させ、その遺伝子の中に「胚乳」を大きくする仕掛けを盛り込んだと考えられるのです。

一方の母親は、あえて擬人的に表現すれば、「胚乳」を大きくしたいという父親（花粉）の思惑に唯々諾々《いいだくだく》と従うわけではありません。母親は、自分の体でつくるいくつものタネ（種子）が少しでも多く生き延びられるように、タネ（種子）に平等に栄養を分け与えようとするうえに、母親自身が、タネ（種子）をつくったあとも生き延びられるようにしなければならず、ひとつひとつの「胚乳」に含まれる栄養分が多くなりすぎないように調整しています。

●タネと果実の不思議な関係――「タネなし果実」のつくられ方

「受粉」を経て「受精」が成立すると、「胚嚢」と「珠皮」から次の世代に命をつなぐタネ（種子）ができ、タネができると「子房」に栄養が蓄えられ、膨らんで果実ができます。植物が果実をつくるのは、前章でも触れたとおり（190ページ参照）、動物に果実を食べてもらい、消化できないタネをウンチとして運んでもらって生息地を広げるためです。

これも前章の同じ箇所で見たことですが、本来ならタネがあることによって大きくなる果実を、植物ホルモン（オーキシンやジベレリン）の力で大きく成長させることができ、その仕組みを利用して「タネなし」のトマトやブドウがつくられています。

植物ホルモンの力によらない「タネなし」の果実も存在します。

そのひとつが、冬のこたつとセットになったお茶の間の定番、「タネなしミカン（温州みかん）」です。タネをつくらないミカンの存在は、江戸時代から知られていましたが、武家社会で「タネなし」は「世継ぎがいない」ことを連想させ、縁起が悪いとして本格的に栽培されることはありませんでした。それが、江戸時代も終わりごろになると「タネなし」の食べやすさが認められ、各地で栽培されるようになったといわれています。ミカンがタネをつくらなくなり、それでも果実ができて大きくなるようになったのは、要するに突然変異です。

「温州みかん」に何が起きたかというと、受精が成立しなくても子房が発達して果実が大きくなる「単為結果」という現象です。タネがないのに果実を成長させるのは食べられ損で、自然界で生き残るには不利なはずですが、人間に好まれ栽培されたことで、今日まで生き延びていると考えられます。

タネをつくらない「温州みかん」は子孫を残せないはずですが、どうして死に絶えてしまわないのかというと、「受精」による「有性生殖」ではなく、人工的な「接ぎ木」による「栄養繁殖」

で株（個体）を増やしているからです。「クローン」を次々につくり、それによって栽培を続けているのです（34ページ参照）。

●もうひとつの「タネなし果実」――「染色体」の数のカラクリ

バナナも突然変異によってタネを失い「タネなし」の果実をつくりますが、「温州みかん」とは仕組みが異なります。それを理解するには、「染色体」と生殖の関係をきちんと押さえておく必要があります。

一般に「有性生殖」を行なう生物は、「受精」の際に両親から遺伝情報（ゲノム）を1セットずつ受け継ぎ、あわせて2セットのゲノムを1対（ペア）の「染色体」に分けて保持しています。このように「染色体」をペアでもつ生物を「二倍体」と呼び、私たちヒトも「二倍体」の生物です。序章でも触れたように、ヒトの体をつくる細胞（体細胞）は23対（ペア）、合計46本の「染色体」をもっています（49ページ参照）。なお、イネの体細胞は12対（ペア）、合計24本の「染色体」を含んでいます。

これらのペアの「染色体」は、生殖の前段階、「生殖細胞」（精子や卵）をつくるとき、「減数分裂」（279ページ参照）によって半分に分かれます。というここまでが、「タネなし」のバナナを理解するための準備段階です。

「タネなし」のバナナは、もともと「二倍体」だったこれらの植物が、体細胞の中に「染色体」を3セット持つようになった突然変異体です。そういう生物を「三倍体」と呼び、どう頑張っても「有性生殖」を行なうことができません。理由は単純な算数の問題で、3つの染色体をきれいに半分に分けることができないからです。

この仕組みを応用して、人工的に「三倍体」の「タネなし」果実をつくることにも成功しています。それが「タネなしスイカ」です。

スイカはもともと、11対（ペア）合計22本の「染色体」をもつ「二倍体」の植物です。それをコルヒチンという薬剤で処理することで、11本の「染色体」を4セット、合計44本の「染色体」をもつ「四倍体」のスイカがまずつくられました。

「三倍体」が「有性生殖」をすることができないのは、「染色体」のセットが奇数で「減数分裂」がうまくできないからです。ということは、「染色体」のセットが偶数であれば「減数分裂」は可能なはずで、「四倍体」のスイカも、その理屈に違わず「有性生殖」を行なうことができます。

工夫が施されたのは、その後の話です。「四倍体」のスイカ（メス）に「二倍体」のスイカ（オス）を交配させると、前者のスイカがつくる「生殖細胞」は11本の染色体を2セット含み、後者の「二倍体」からつくられた「生殖細胞」は、同じ数の染色体を1セット含むので、両者を足して11本の染色体を3セットもつ「三倍体」のスイカが生まれます。

「タネなしスイカ」は、日本の植物遺伝学の父として知られる木原均博士（1893〜

1986）によって発明されました。木原博士は、遺伝子の正体がDNAであると知られていない戦前から「染色体」や「遺伝子」の研究をはじめ、1930年には、「生物の生活機能を保つため（生存するため）に欠かせない最小限の染色体の1組をゲノムとする」という「ゲノム」の定義も行ないました。また、日本のスキーの発展に尽力したことでも知られ、冬季オリンピックの選手団長として活躍したこともある逸話の持ち主です。

「タネなしスイカ」の作出法は、博士が研究していたコムギの進化の研究の副産物ともいえます。コムギの原生種はもともと「二倍体」で、それがあるとき自然界における突然変異によって、「染色体」を4セットもつ「四倍体」のコムギが生まれました。これが、一般にパスタ用に使われる「パスタコムギ」の正体です。さらに、原生種の「二倍体」のコムギと「四倍体」の「パスタコムギ」を交配させると、さっきの理屈で考えれば「三倍体」になるはずが、なぜかその2倍、「染色体」を6セットももつ「六倍体」のコムギが誕生します。それが、主にパンに使われる「パンコムギ」の正体です。

木原博士は、こうしたコムギの進化の研究から、「染色体」の数が交雑によって変化しうることを突き止め、その知見を活かして「タネなしスイカ」を発明しました。ひとくちに「生殖」といっても、植物は進化の過程でさまざまな方法を獲得し、それがときに生存に有利に働き、ときに人間に有益と認められ、多くの種が今日まで命をつないでいるのです。

（5） 老化と寿命――自分の死期は自分で悟る

●秋の実りの黄金色――命の終わりのはじまり

植物には、何十年何百年、ときには何千年と生きる「多年生植物」に属する樹木（木本《もくほん》：44ページ参照）もありますが、多くは一年で命を終える「一年生植物」（あるいは一年草）です。タネから芽を出し茎を伸ばし、葉をつけ光のエネルギーを生きる力に変え、花を咲かせた「一年生植物」は、自らの子孫となるタネをつくりながら、その命を終える準備を始めます。親からタネの形で受け継いだ命を精一杯輝かせ、自分もタネのかたちで子孫を残すことができた暁に、短い一生に幕を下ろす準備に入ります。

その象徴的な姿といえるのが、田畑に植えられたイネやムギがたわわに稲穂や麦穂を実らせる秋の収穫期に、夏には青々と繁らせていた葉が、一面の黄金色へと装いを一変させることです。あるいは、「多年生植物」の樹木（木本）が、なかでも落葉広葉樹に分類される樹木が、同じく秋の行楽シーズンに、葉を紅や黄色に色づかせる紅葉（あるいは黄葉）も、命の終わりを感じさせる現象です。

なお、ムギには春にタネをまき、夏の終わりから秋のはじめに収穫する「春まき」のものと、秋にタネをまいて春の終わりから夏のはじめに収穫する「秋まき」のものがあり、どちらも収穫を前にすると葉は黄金色に染まります。

このように、イネやムギのような「一年生植物」が、タネを実らせるのにあわせて葉を黄金色に変え、死への準備を始めることや、「多年生植物」の樹木（木本）が葉の色を変えたり落としたりすることを「老化」と呼びます。

それは、私たちに季節の移ろいを感じさせてくれる美しい光景ですが、イネやムギは、あるいは秋の紅葉は、何も人間を感動させようとして葉の色を変えているわけではありません。自分の命がもうすぐ終わることを悟り、死への準備を始めたことを示すものなのです。「老化」は、訪れる寒さに耐えかね弱り果てていく姿ではなく、植物の遺伝情報（ゲノム）、すなわち命の設計図にあらかじめ組み込まれたものなのです。

●細胞に組み込まれた「老化」のプログラム

「老化」は、植物の遺伝情報（ゲノム）にあらかじめ組み込まれたプログラムに則って進みます。言葉を換えると、植物が一生の最後に進める積極的な成長過程が「老化」の現象です。

日長や温度の変化、タネの結実など、環境や自身の体でいくつかの重要な変化を感じると、それまで眠っていた「老化」を司る数々の遺伝子が発現することが、近年の研究の成果により明らかにされています。「老化」というのは、植物自身が、葉を青々とさせていたころとは積極的に姿を変えようとする、きわめて能動的な反応ということができるのです。

「老化」のもっとも特徴的な変化は、すでに触れたとおり葉の色の変化です。青々と繁っていた葉は、多くの場合、「老化」によって黄金色に変わります。植物は何のために、あるいはどうやって葉の色を変えているかというと、葉緑体に含まれるさまざまな物質を分解し、タネや果実をつくる栄養素へと再利用しています。つまり、親は元気な子（タネ）をつくるために、自らの身を削って栄養素を回収しているのです。

花を咲かせてタネや果実をつくり始めた「一年生植物」にとって、その先、多くの栄養を消費する出来事は起こりません。自分の体に栄養素を蓄えたまま死にゆくよりも、体に残っている栄養分を子孫に受け渡したほうが生物種としての繁栄には有利です。そのため、植物は自ら積極的に葉緑体を分解し、含まれる栄養分を回収しています。

葉が緑色をしているのは、光合成のところで触れたように（74ページ参照）、葉の中に葉緑体があるからです。葉緑体が分解された葉が緑色でなくなるのは、植物の体の中で起きていることを考えると当然のことなのです。

「多年生植物」の樹木（木本）が葉の色を変えるのも、目的は同じです。温度が低く、雨が少ない冬のあいだに葉で光合成をし続けても、生産できる炭水化物は高が知れています。むしろ、葉を維持するエネルギーの方が高くつき、水が足りなくなって葉が枯れてしまえば収支が合いません。そのため、葉緑体を分解して栄養分を回収し終えたら、みずから葉を落とし、省エネで冬をやり過ごすのです。葉のほうが、樹木本体の生存のために犠牲になっているともいえます。
「一年生植物」と「多年生植物」に共通して見られる「老化」のプロセスもあります。葉の色を変え、落とす時期でなくとも、土壌中の栄養素の量が限られているときは、新しい葉をつくる栄養素を確保するために、古い葉を「老化」させ、中に含まれる物質を分解して再利用することもあります。新しい葉は、太陽により近い上のほうでつくられます。地面に近い下の葉（つまり古い葉）が黄色くなっているのを見たことがある人も多いと思いますが、それは、土壌に不足する栄養素を補うため、太陽の光をあまり浴びられない古い葉を犠牲にして、新しい葉をつくる栄養素に変える現象なのです。

いずれにしろ、「老化」の段階に入った植物が積極的に葉緑体を分解するのは、葉緑体には、タンパク質や脂質、核酸（ＤＮＡ：デオキシリボ核酸）などの物質が豊富に含まれているからです。それらの物質は、植物の主要な栄養源となる窒素（Ｎ）、リン（Ｐ）のほか、さまざまな元素で構成されており、葉緑体を分解することで、それらを効率よく回収することができます。

植物が「老化」の過程を積極的に進めているといえるいちばんの証拠は、遺伝子の発現にあります。「老化」を始めた葉では、さまざまな遺伝子が発現していることが確認されています。その働きによって、クロロフィル（葉緑素）をはじめとする色素や、タンパク質や脂質などを分解する酵素が次々とつくられます。また、「紅葉」を引き起こす赤い色素のアントシアンを生合成する酵素も、植物の（葉の）成長の最終段階になって、遺伝子の発現によってつくられることが明らかにされています。

これらの酵素をつくる遺伝子は、「老化関連遺伝子（SAG）」と呼ばれ、このときつくられた酵素の多くは葉緑体へと運ばれて、葉緑体を内側から分解します。なお、葉緑体の内部で光合成装置の分解が進行しても、葉緑体の外膜は保たれたままで、細胞の中で抜け殻のように残り続けます。

●再利用にもルールあり――老化で回収する栄養素

ではここで、葉緑体がどのような栄養分を含んでいるか、1章で見た光合成を振り返りながら思い出してみましょう。

葉緑体内部の袋状の構造「チラコイド」では、その膜上で、光のエネルギーを化学エネルギーに変換する「チラコイド反応」が起こります（89ページ参照）。その反応を司るのが、膜上に埋め込まれたいくつかのタンパク質複合体です。そのなかでも、特に大量のタンパク質を含むのが、光を集めるアンテナの役割を担う「アンテナ複合体LHC」や、光のエネルギーを受け取り光合成のスイッチを入れる「反応中心複合体」などが結合した「光化学系（PS）」です（62ページ参照）。「アンテナ複合体LHC」の正式名称は「集光性クロロフィルタンパク質複合体（LHC）」、その名が示すとおりタンパク質やクロロフィル（葉緑素）のほか、黄色い色素のカロテノイドから構成されています。

また、葉緑体のストロマで起こる「ストロマ反応」（カルビン・ベンソン回路）では、「RuBisCO（ルビスコ）」というタンパク質が、二酸化炭素（CO_2）を炭水化物に変換する際の重要な役割を担っています（100ページ参照）。このルビスコは、104ページで紹介したように、葉の中でもっとも多量に存在するタンパク質であると同時に、地球上にもっとも多く存在するタンパク質といわれています。

「老化」の過程で葉緑体を分解するのは、そこに含まれる栄養素を回収して再利用するためです。けれども、植物はすべての栄養素を回収しようとするわけではありません。人間社会でも同様ですが、使われなくなったものを再利用するには、それ相応の手間や労力がかかります。どこからでも容易に手に入れられるものをわざわざ再利用するのは、労多くして得るものの少ない非効率な作業になってしまいます。

植物にとっては、炭素（C）がそういう類いの「どこからでも容易に手に入れられる」物質にあたります。炭素は空気中に二酸化炭素（CO_2）の形で無尽蔵に存在し、光合成によって必要なだけ体の中に取り入れることができるからです。そのため、「老化」の際に炭素を回収する優先順位はもっとも低くなり、葉には多くの炭素が、光合成によってつくられた炭水化物の形で残っていても、そのまま葉を落として捨ててしまうのです。

では、植物が「老化」によって何を回収しているのかというと、生きていくために必要な量の栄養素が、いつもすぐに手に入るとは限らないものです。

植物が「老化」の際にまず優先的に回収しようとするのが、「植物の三大栄養素」といわれる窒素（N）・リン（P）・カリウム（K）です。窒素はタンパク質を、リンは核酸（DNAやRNA）をつくるのに必要で、カリウムは、「カリウムチャネル」（178ページ参照）を介して細胞内の「浸透圧」を維持するために欠かせません。いずれも植物の体をつくるうえで大量に必要となる元素ですが、炭素ほど容易には手に入りません。

それ以外に、カルシウム（Ca）やマグネシウム（Mg）、硫黄（S）などのミネラル分（無機元素）も優先的に回収されます。植物は通常これらの無機元素を土壌中から根を通して吸収しますが、自然環境においては、土壌中に無機元素が常に豊富に含まれているとは限らず、いちど体内に取り込んだものは大切に何度も使おうとします。

●葉を黄色くするものの正体——葉緑素の分解

ここまでの話では、葉緑体が分解されて葉が緑色でなくなる理由は説明できても、葉が赤や黄色に色づく理由は説明できません。

活発に光合成をしている葉には、1章で触れたように、さまざまな光合成色素が含まれています（78ページ参照）。そのなかの主なものが、緑色をしたクロロフィル（葉緑素）と、黄色みがかって見えるカロテノイドです。若い葉ではクロロフィルの緑の色が強く出て、カロテノイドの黄色は目立ちませんが、葉の「老化」が始まると、光合成色素のなかではクロロフィルが優先的に分解されます。そのため葉の緑色が薄まり、カロテノイドの黄色が目につくようになって、葉はまず黄色く色づきます。

「老化」のプロセスが始まっても、カロテノイドが分解されずに残るのには、大きく2つの理由があります。

ひとつは先ほど触れた話で、カロテノイドはクロロフィルと比べて回収の優先順位が低いからです。

クロロフィルは、赤血球の「ヘモグロビン」に含まれる「ヘム」という化合物によく似たつくりをしています。「ヘム」は酸素を運ぶ赤色の色素で、「ポルフィリン」という主に炭素と水素と酸素からなる炭化水素化合物と鉄（Fe）との結合体です。クロロフィルは、「ヘム」の鉄の代わりにマグネシウム（Mg）が「ポルフィリン」に結合した色素で、その中に含まれるマグネシウムは植物にとって貴重なミネラル分のひとつです。

一方のカロテノイドは、炭素と水素と酸素からなる炭化水素化合物で、中にミネラル分を含みません。このミネラル分の有無が回収の優先順位の差となってあらわれ、植物はクロロフィルの分解をまず先に始めます。

カロテノイドが分解されずに葉に残るもうひとつの理由は、日よけの効果です。

1章で何度か触れたように、酸素（O_2）が強い光のエネルギーを浴びると、植物の体を傷つける活性酸素が発生します（18ページ参照）。光合成色素は、光のエネルギーを生きるエネルギーに変えるだけでなく、光のエネルギーを吸収し、活性酸素の発生を抑える「抗酸化作用」（21ページ参照）ももちます。

葉に含まれるすべての色素を分解してしまうと、この抗酸化作用も葉から失われ、細胞が強い太陽の光に直接さらされることになり、大量に発生する活性酸素で細胞が壊れてしまいかねません。そうなっては、栄養素を再利用するための反応を進めるうえでも支障を来してしまいます。それを防ぐために、「老化」のプロセスを進める際にも葉には何らかの色素を残しておく必要があり、要するに、「抗酸化作用」という日よけの役割を果たすものとして、植物はカロテノイドを積極的に残していると考えられています。

なお、このときは分解されずに残されたカロテノイドも、「老化」がさらに進むと、いずれは葉から分解されます。というのも、カロテノイドは「アンテナ複合体ＬＨＣ」に結合していて、その中に大量に含まれる窒素を回収するため、「ＬＨＣ」が分解される過程で、カロテノイドも一緒に分解されることになるのです。

●葉が紅く色づくのはなぜか——アントシアンの合成

「多年生植物」の樹木（木本）では、葉は黄色くなった（黄葉）あと、徐々に紅みを帯びてきます（紅葉）。緑から黄色、赤へと変わる色の移ろいは、何だか道路の信号機みたいですが、その順番になるのには意味があります。また、「黄葉」も「紅葉」も、どちらも「葉の老化」であることに変わりはありませんが、葉の中で起きている反応としては大きな違いがあります。

「黄葉」は、先に触れたとおり、クロロフィルが分解される一方でカロテノイドが分解されずに残って黄色く見える現象です。それに対して「紅葉」は、クロロフィルの分解と並行して、紅い色素であるアントシアンが新たに生合成されることによって起こる現象です。葉の色が濁った赤から鮮やかな赤へと変わるのは、「老化」の進行に伴い、葉に含まれるカロテノイドが減少し、アントシアンが増えるからです。

アントシアンの生合成にも、もちろんエネルギーが必要です。「老化」の段階に突入し、栄養素の回収を進める葉の中で、どうしてわざわざエネルギーを使って新しい色素をつくるのか、その理由は長くはっきりと突き止められていませんでした。これまでにも、アントシアンは葉の老化に伴う副産物であるとか、木に寄生するアブラムシへの警告色である（といってもアブラムシを殺す作用はもたない）とか、さまざまな説が提唱されてきましたが、植物にとっての利点が見いだせないものばかりでした。

その理由を巡る論争は完全に決着したとはいえませんが、有力と考えられる説が浮上していま す。アントシアンは、分解されゆくカロテノイドに代わる日よけのためにつくられるのではないかという見解です。

アントシアンは、カロテノイドと同様、炭素と水素と酸素だけで構成される炭化水素化合物で、活性酸素の発生を防ぐ「抗酸化作用」をもちます。カロテノイドと違うのは、カロテノイドが、葉緑体の「アンテナ複合体LHC」の中でタンパク質と結合して存在するのに対し、アントシアンは葉緑体の外側、細胞の液胞中にタンパク質とは結合せずに存在することです。つまりアントシアンは、回収を必要としないありふれた元素からなり、タンパク質と結合せずに存在しうるために、いずれ分解する必要もありません。それが、「抗酸化作用」という日よけの性質をもつことから、植物は「老化」の段階で、わざわざエネルギーを投入してまでアントシアンをつくっているると考えられるのです。

寒くて晴天の日が続くと、「紅葉」がいっそう美しくなることが知られています。この経験的事実も、右の説を支持する状況証拠のひとつです。低い温度が「限定要因」(64ページ参照)となって光合成はあまり進まず、光合成色素が吸収した光のエネルギーは使い道がなく、葉の中で活性酸素が発生し、回収したい栄養素を多く含む光合成装置が壊れてしまいかねません。それを防ぐため、過剰な光から葉を保護する日よけの役割として、アントシアンをつくり、それによって紅葉が鮮やかになっていると考えれば理にかなっています。

植物は、日の長さを測って季節を感じ取り、冬が訪れる前に「老化」の準備を進め、葉から有用な栄養素を回収し、葉を黄色く紅く色づけます。

なにも秋の時点で「老化」の準備を始めずに、冬でも光合成を続けたほうが多くのエネルギーを得られると思った人もいるかもしれません。けれども、冬は温度が低く光合成速度も上がらず、地域にもよりますが雨が少なく水も不足しがちで、思わぬ形で葉が枯れて死んでしまう危険性が高まります。そうなっては葉から大事な栄養素を回収することができず、本体である樹木そのものの生存にも危険が及び、あるいは子に託す栄養素が不足しかねません。「老化」は、光合成によるエネルギーの生産という利点と、冬の到来による枯死のリスクという、葉を残すことがもつ両方の側面を絶妙なところでバランスをとって進められるプロセスといえます。

栄養素の回収も、闇雲に葉緑体を壊して進めればいいというものではありません。葉緑体には光のエネルギーを吸収する光合成色素が大量に含まれており、それらを安易に壊してしまえば、葉の中はたちまち活性酸素だらけの状態となり、その害によって葉が枯死してしまいます。そうなっては、やはり栄養素の回収ができなくなります。ここでも、栄養素を早く多く回収したいという目的と活性酸素の発生を最小限にとどめたいという目的、両者のバランスをとりながら、「老化」の過程は進められています。

秋の黄葉・紅葉は、私たち人間から見ると華やかな季節の移ろいを感じさせるイベントですが、植物にとっては、迫り来る冬に備え、自らが生き延びるための、あるいは子を健やかに育てるための、懸命の大仕事といえるのです。

●葉を落とすのにもワケがある――エチレンとオーキシンの綱引き

「多年生植物」は、「葉の老化」によって葉の色が変わると、そのころあいを見計らって、自ら積極的に葉を落とします（落葉）。その理由は、日が短く温度も低い、乾燥しがちな冬のあいだに葉をつけていても、光合成で得られるエネルギーよりも、水分を確保し、葉を維持するコストのほうが高くつき、非効率だからです。

「落葉」は、葉の付け根（基部）に「離層」と呼ばれる組織がつくられ、そこで葉が茎から離れることで引き起こされます。

「離層」の形成には、それを抑制するブレーキの役割を果たすオーキシンと、それを促進するアクセルの働きをするエチレンの、2つの植物ホルモンが関わっていることが明らかにされています。

青々と繁る葉では、高濃度のオーキシンが生合成されて葉の付け根に送られます。すると、「離層」が形成される葉の付け根部分のエチレンへの感受性が低下し、結果として「離層」の形成を阻害しています。

葉で「老化」のプロセスが始まり、クロロフィル（葉緑素）の分解と栄養素の回収が進んで葉が黄色みがかってくると、葉でつくられるオーキシンの量も低下し始めます。すると、葉の付け根がエチレンに対して敏感な反応を示すようになり、徐々に「離層」が形成されます。

見方を変えると、葉の付け根部分の細胞は、葉の細胞の活動の強さを、葉からやってくるオーキシンの量で測っているともいえます。葉でつくられるオーキシンの量が減ると、葉の活動が下がったと判断して「離層」をつくり始めるのです。

「離層」の形成を推進するのは、細胞壁の主成分であるセルロースを分解する酵素「セルラーゼ」で、それがエチレンの働きによって活性化されます。葉でクロロフィル（葉緑素）の分解が進み、栄養分の回収を終えて葉が黄色くなるころあいに、「離層」の形成が進行して、ついには葉が茎から離れて落ちます。

紅葉のメカニズムを「離層」の形成と関連づけて説明しようとする説もあり、インターネット上ではこの説をよく見かけます。いわく「秋になると葉に離層が形成され、葉から出られなくなった（蓄積した）糖分がアントシアンに変化する」という説ですが、なぜ糖分をエネルギーを投入してまで別の物質に変える必要があるのか、はたまた、それによってつくられるのがなぜアントシアンでなければならないのか、十分には答えていません。

しかも、「離層」が形成された葉は枝についていることはできず、地面に落ちてしまいます。植物が葉の「老化」を進めて葉を色づかせ（黄葉と紅葉）、「離層」を形成して「落葉」へと至るのは、葉に蓄積した栄養素を十分に幹へ回収し、回収を終えた葉を維持し続けるコストを節約するためです。そう考えると、この説はやはり間違っているといわざるを得ません。

オーキシンは、「老化」の進行全体を和らげる性質をもつこともわかっています。オーキシンの合成を活発にした変異体のシロイヌナズナは、通常の（野生型の）シロイヌナズナと比べて枯れにくいことが実験で明らかにされました。

「老化」のプロセスは、ほかにも植物ホルモンの影響を受けていることが明らかにされています。たとえば、サイトカイニンは「老化」の進行を防ぐだけでなく、いちど「老化」した葉を「若返らせる」こともできます。黄色くなった葉にサイトカイニンを塗ると葉緑体が再び形成され、葉の色は緑に戻ります。このとき、サイトカイニンは「老化関連遺伝子（ＳＡＧ）」（２９５ページ）の発現を抑制することが明らかにされています。

●みずから生命を絶つ植物の細胞たち——プログラム細胞死

「老化」は「一年生植物」による個体としての死の始まり、葉の「老化」が「多年生植物」による葉という組織のレベルでの死の準備だとすれば、植物は細胞単位でも死がプログラムされていることが明らかにされています。

それは、「プログラムされた細胞死（プログラム細胞死：Programmed Cell Death）」あるいは「アポトーシス」と呼ばれ、「老化」が個体や組織が死ぬためのプロセスであるのに対し、「アポトーシス」はむしろ、個体や組織が生きるために細胞が自殺するプロセスです。
「アポトーシス」の代表例として挙げられるのが、病気に感染した細胞の周辺を積極的に死に至らしめる「過敏感細胞死」です。これはたとえていうなら、人間が火事の延焼を防ぐために、周辺の木造建築物を壊したり、木を伐採したり(山火事の場合)するのと同じように、問題を検出した細胞が自ら命を落とすことで、病気が葉全体、ひいては個体全体に蔓延するのを防いでいます。個体や組織が生き延びるために、細胞は自ら命を犠牲にしているのです。このとき、感染部位の周辺では、抗菌活性をもつ植物ホルモンのサリチル酸(215ページ参照)が大量につくられることが確認されています。

「過敏感細胞死」が起こるメカニズムも、近年の研究成果によりわかってきました。細胞内でつくられたタンパク質が液胞を破壊し、それによって細胞を死に至らしめています。

それを模式的に示したのが図4・12です。病原体に感染した植物の細胞は、細胞表面にあるタンパク質がそのことを感知し、細胞内の核に信号を送ります。核ではそれが引き金となり、遺伝子の発現によって「液胞プロセシング酵素(VPE)」と名づけられたタンパク質がつくり出されます。VPEは、つくられたままでは機能しませんが、ひとたび液胞内に運ばれると働きを活性化させ、液胞膜を内部から分解して破壊します。液胞には、細胞内のさまざまな物質を分解する酵素が多数含まれていて、それによって細胞も破壊されることになるのです。

「アポトーシス」のもうひとつの例としてよく知られるのが、「形態形成における細胞死」と呼ばれるものです。これはたとえば、図4・13にあるような複雑な形の葉が形づくられるプロセスで起こります。最初に単純な円形の葉がつくられ、成長の過程で切り込み部分の細胞が死ぬことで、この葉の形はつくられます。この葉は風が強いところに生息する植物のもので、葉の複雑な形態は、広く太陽の光を浴びることと、強い風で葉が破損するのを避けることを両立させるため、進化の過程で確立したものと考えられています。

また、水を運ぶ導管は死んだ細胞からできているという話を序章でしましたが（39ページ参照）、それも「形態形成における細胞死」の一種です。複雑な葉を形づくるための細胞死も、導管の形成も、液胞の破壊によって引き起こされることが突き止め

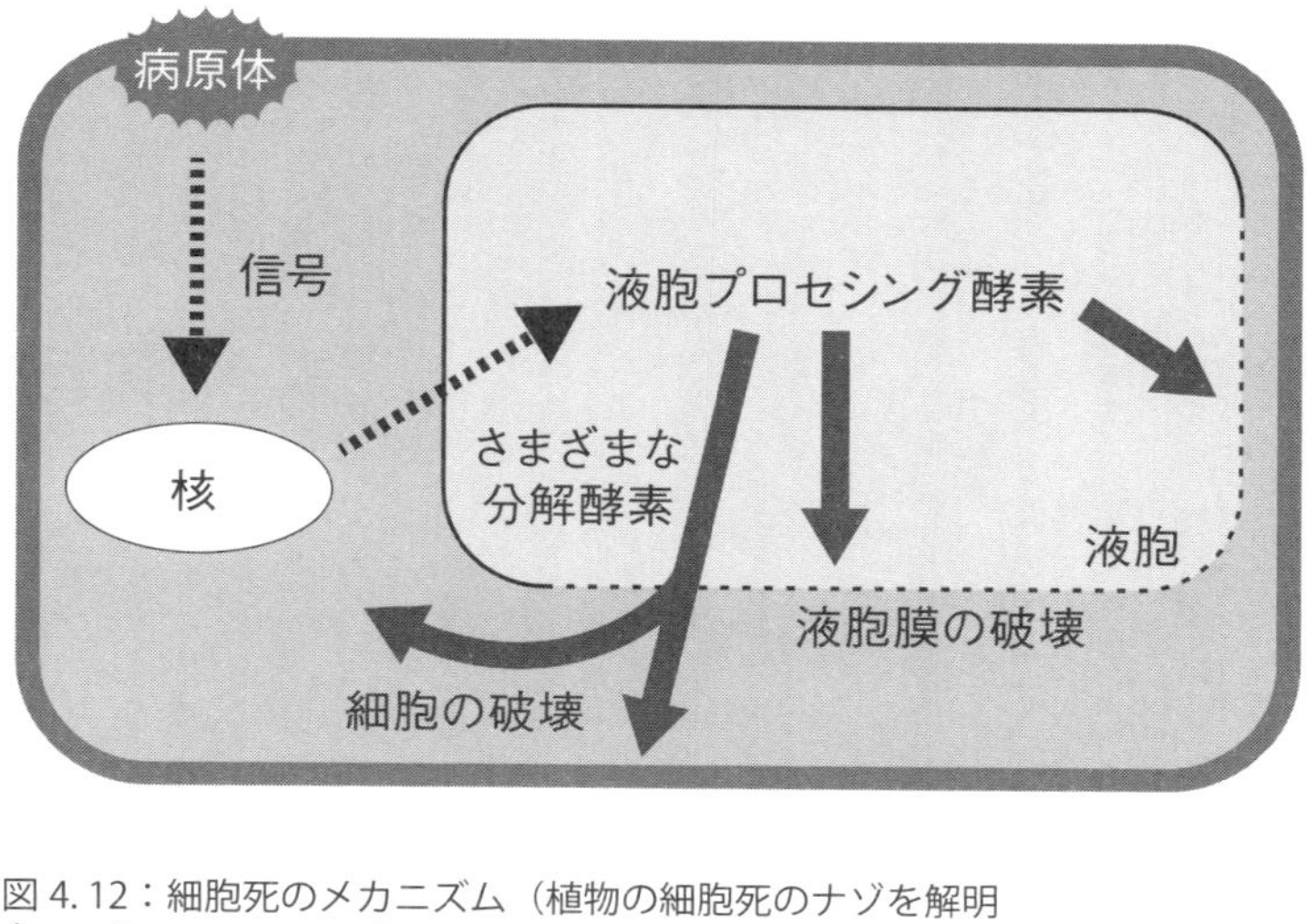

図 4. 12：細胞死のメカニズム（植物の細胞死のナゾを解明（http://www.jst.go.jp/kisoken/seika/zensen/08nishimura/）をもとに作成）

図 4. 13：形態形成における細胞死。モンステラの葉の例

られています。

じつは「アポトーシス」は、植物に固有のメカニズムではありません。私たち人間をはじめとする動物も、体のさまざまな部分が「アポトーシス」によって形づくられています。その代表例が、手足の指がつくられるプロセスです。母親のお腹の中にいる胎児の手は、最初は水かきのように指と指のあいだがつながっていますが、成長する過程でその部分の細胞が死に、5本の指が形成されるのです。細胞死のメカニズムは異なりますが、細胞が自殺する過程としては、よく似ています。

●植物の寿命はどのように変化したのか

この章の最後に、植物の寿命について考えてみたいと思います。

人間は、医療技術の進歩もあり、先進国ではおよそ80年、というのがおおよその寿命です。動物で長寿の代表例として挙げられるツルやカメは、「ツルは千年、カメは万年」といわれますが、実際のところは、鳥類が長生きするもので100年強、リクガメの寿命は200年というところのようです。それが「千年」や「万年」といわれるようになったのは、どちらもヒトの寿命よりも長く、生きている間に寿命を確認するのが難しかったためだといわれています。

では、植物はいったいどれぐらい長生きできるのでしょうか。

もちろん、「一年生植物」は、通常、1年以上は生きられません。長生きできるのは、「多年生植物」の樹木（木本）です。とくに、マツやスギのような針葉樹は長寿であることが知られ、「縄文杉」に代表される「屋久杉」や、北米地域に生息する「アメリカゴヨウマツ」と呼ばれるマツは、5000年以上生きることができるといわれています。これらはいずれも裸子植物に属する植物です。

植物の進化と寿命、そして植物種の繁栄には、興味深い関連性が見られます。

植物は、序章でも触れたように、コケ植物からシダ植物、裸子植物から被子植物へと進化を遂げ（40ページ参照）、中生代（2億5000万年前〜6500万年前）にもっとも栄えた裸子植物までは、寿命を長くする方向で進化が起きたことが確認されています。ところが、裸子植物から進化した被子植物は、寿命が明らかに短くなっています。また、現在の地球上には27万種の植物が生存しているとされますが、もっとも長寿の裸子植物は800種ほどしか現存しない少数派で、そのほとんどは25万種にも及ぶ被子植物です。

さらに、被子植物に含まれる植物の進化と寿命と種の繁栄も、同じような関係になっています。図4・14と見比べながら、被子植物の進化の流れと、寿命と植物種の繁栄の関係を見てみましょう。

被子植物でもっとも原始的とされるのが、中生代の白亜紀（1億5000万年前～6500万年前）に出現した、「原始的双子葉植物」（42ページ参照）です。ボタンやモクレンなどがこの分類に属し、モクレンの仲間には日本を代表する巨木であるク

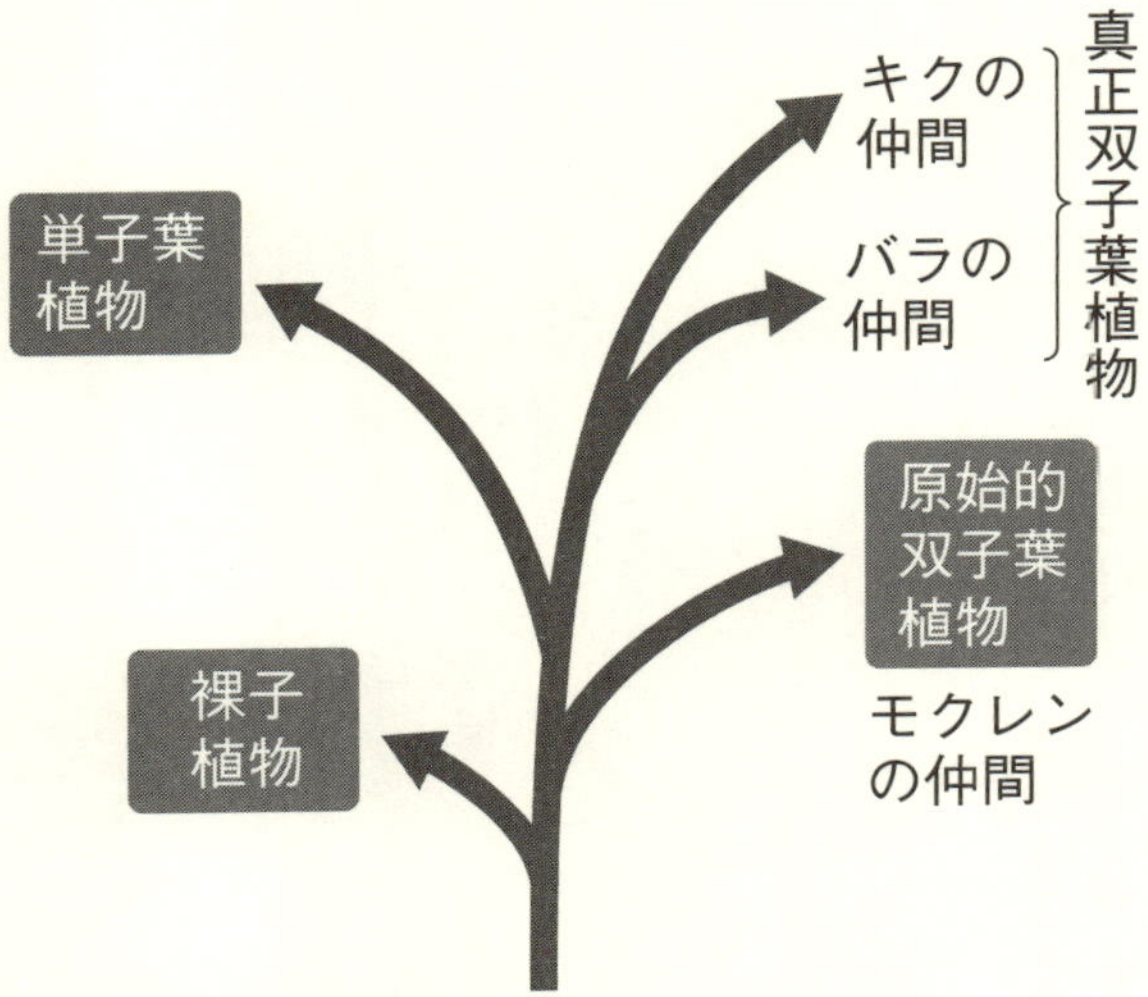

図 4. 14：被子植物の進化

スノキをはじめ、「多年生植物」である「木本植物」を多く含みます。巨木になるのには何年もの時間がかかり、長く生きることで知られます。

続いて、「原始的双子葉植物」から子葉をひとつしかもたない「単子葉植物」が進化の過程で分かれ、さらに「真正双子葉植物」が出現します。

「単子葉植物」は、一部の例外を除いてほぼ「草本植物」で構成され、「一年生植物」も多く含みます。「真正双子葉植物」では、中生代の終わりごろ（1億年ほど前）にバラの仲間が生まれ、続く新生代（6500万年前~現代）に入るとキクの仲間が生まれます。バラの仲間には巨木になる種があるものの、キクの仲間で巨木になるものはありません。また、キクの仲間だけで2万もの種を含み、被子植物のなかでももっとも繁栄しているグループです。つまり、被子植物のなかでも、原始的なもののほうが長寿の植物種が多く、「単子葉植物」や新しい時代に誕生したキクの仲間は、「一年生植物」を含めた寿命の短い「草本植物」が多く、多様な種を誇るという傾向があります。

このように、被子植物が裸子植物と比べて短命化し、被子植物のなかでも進化とともにその傾向が強まるのには、中生代の終わりから新生代はじめにかけて起きた気候の寒冷化が大きく影響していると考えられています。地球全体で平均気温が下がっただけでなく夏と冬の温度差も大きくなり、一年を通して気候の変動が激しくなったと推測されています。つまり、植物が生きていく環境が厳しくなったことで、温暖な気候のもと、体を大型化し、寿命を伸ばすことで繁栄を誇った裸子植物が受難の時を迎えます。

そういう変化の激しい環境では、むしろ素早く成長して子孫を残す種のほうが、種全体の生存には有利に働きます。個体としては一年で一生を終え、厳しい寒さや暑さをタネの形でやり過ごすスタイルをとった「一年生植物」が出現し、それが繁栄を誇るようになりました。樹木（木本）のなかで冬に葉を落とす「落葉樹」が生まれたのも、進化の過程で気候の変化に適応した結果だと考えられます。「一年生植物」が自ら死にゆき、「落葉樹」が葉を落とす「老化」のプログラムは、植物が進化の過程で獲得した能力といえるのです。

寿命の短さは、進化そのものにも有利に働きます。同じ個体が何千年も生き続ければ、遺伝情報（ゲノム）の組み合わせは何千年も変わらぬままですが、寿命を短くする代わりに頻繁に子孫をつくるようにすれば、オスとメスとの遺伝情報の掛け合わせによって新たな遺伝情報の組み合わせが生まれ、遺伝子の多様性が高まるスピードが早まります。「一年生植物」（草本植物）が地球上に多く生存するのは、新たな遺伝情報のセットをもった個体が次から次へと誕生し、それによって多様な環境に適応し続けてきたためと考えられます。

死は、生物にとってけっして不幸な結末ではなく、種が繁栄を誇るために必要な、積極的な意味をもっているといえるのです。

5章

呼吸と代謝
——植物の起源のナゾに迫る

●植物も行なう「細胞呼吸」とは

ここまでは、動けない植物たちの、植物ならではの生きる仕組みについて主に見てきましたが、植物には動物と共通する仕組みもさまざまあります。

たとえば、動物も植物もあらゆる生物は、見た目や機能の特徴は大きく違っていても、どれも「細胞」という部品を組み合わせて（あるいは単体で）体ができあがっていますし、DNAからタンパク質がつくられることで、生物の種や個体の特徴が形づくられることも、あらゆる生物に共通しています。

もうひとつ、動物と植物という枠を超え、すべての生物に共通する、生体維持のための重要な仕組みがあります。それが「呼吸」です。

「呼吸」というと、日常的には、人間が酸素（O_2）を肺に取り入れて二酸化炭素（CO_2）を吐き出す「肺呼吸」のことを指しますが、生物学では少し違った意味合いをもちます。あえて大ざっぱにいえば、生物の細胞が炭水化物を分解し、生きていくためのエネルギーを得ることです。動物も植物も、あらゆる生物は、「呼吸」によって得られたエネルギーを使って生体反応を維持しています。

細胞レベルでの「呼吸」にも、基本的には酸素が必要とされ、反応の過程で二酸化炭素が排出されます（酸素を必要としない例外についてはコラムを参照ください）。いうなれば、「肺呼吸」

というのは、細胞が必要とする酸素を外気から取り込み、細胞が排出した二酸化炭素を体外へ運び出す働きのことを指します。

このように、「呼吸」は2段階に分かれています。「肺呼吸」のように動物が体の外から酸素を取り入れて二酸化炭素を吐き出すことを「外呼吸」、生物体内の細胞レベルの呼吸を「内呼吸」あるいは「細胞呼吸」と呼びます。「外呼吸」には、「肺呼吸」のほか、「鰓《えら》呼吸」と「皮膚呼吸」があります。以下、とくに断りのない場合、単に「呼吸」といえば「内呼吸」のことを指します。

植物の細胞も「呼吸」を行ない、そのために酸素を取り入れ二酸化炭素を吐き出します。ここで、1章の光合成の速度のグラフを思い出してください（72ページ参照）。光が弱いときには光合成の速度が上がらず、光合成によって二酸化炭素が吸収されるどころか、植物から二酸化炭素が放出されていました。それが、植物の細胞も、酸素を取り入れ二酸化炭素を排出する「呼吸」を行なっていることの何よりの証です。

なお、二酸化炭素の吸収と放出が釣り合うところを「光補償点」といい、光の強さがこれを下回ると植物は生きていけないという話も先にしました。それは、「呼吸」によるエネルギー消費に光合成のエネルギー生産が追いつかず、体内で炭水化物に蓄えられたエネルギーが失われていく一方になるからです。

このとき、「呼吸」によって細胞内で何が起きているかというと、炭水化物を分解してエネルギーを取り出し、そのエネルギーで「ＡＴＰ（アデノシン3リン酸）」（95ページ参照）をつくり出しています。生物は、「呼吸」によってつくり出した「ＡＴＰ」に蓄えられたエネルギーを消費して、生体維持や成長、運動など、さまざまな生命活動を行なっています。なお、「ＡＴＰ」に蓄えられたエネルギーは、「ＡＤＰ（アデノシン２リン酸）」に分解する過程で取り出しています（図５・１）。ここまで見てきた植物のさまざまな生体反応も、「呼吸」によって得られる「ＡＴＰ」のエネルギーが支えています。

「呼吸」に使われる炭水化物は、植物の光合成の働きによってつくられます。つまり、植物が「光補償点」より光が弱いところで生きていくことができないのは、光合成による炭水化物の生産が、「呼吸」による炭水化物の分解に追いつかなくなるからです。いわば、動物でいえば食べるものがなくなって餓死するのと同じように、光を得られない植物は痩せ細り、いずれ生命活動を維持できなくなります。

●意外に身近な「呼吸」のいろいろ——「好気呼吸」と「嫌気呼吸」

「呼吸」（内呼吸）は大きく２つの種類に分けられます。ＡＴＰをつくるのに酸素を必要とする「好気呼吸」と、酸素を必要としない「嫌気呼吸」の２つです。

「好気呼吸」は、「嫌気呼吸」よりも進化した「内呼吸」と考えられ、細胞内に核をもつ「真核生物」は通常「ミトコンドリア」で「好気呼吸」を行ないます。動物も植物も「真核生物」に含まれ、主に「好気呼吸」によってATPをつくりますが、「真核生物」も酸素が限られた条件では「嫌気呼吸」を行ないます。細胞内に核をもたない原始的な「原核生物」は、「好気呼吸」を好むものと「嫌気呼吸」を好むものがいます。

どうして「好気呼吸」がより進化しているといえるかというと、酸素を使うことによって、大量のATPをつくることができるようになったからです。

「嫌気呼吸」にもいくつかの種類があります。そのうち私たちの生活でも身近なものをいくつか紹介しましょう。

ひとつは、日本酒やビール、ワインなどのアルコール飲料の製造に欠かせない「酵母」の働き、「アルコール発酵」です。飲料になるアルコール(エチルアルコール、あるいはエタノール：C_2H_6O）は、酵母がブドウ糖（$C_6H_{12}O_6$）を分解してATPをつくる過程で出される排出物です。同じ反応過程から排出されるのが二酸化炭素（CO_2）で、それを活用したのがパンづくりです。酵母が排出した二酸化炭素をパン生地が風船のように受け止め、パンはふっくらと膨らみます。

「アルコール発酵」の原料はみな植物です。日本酒とビールは、それぞれイネとオオムギの種子に含まれるデンプン

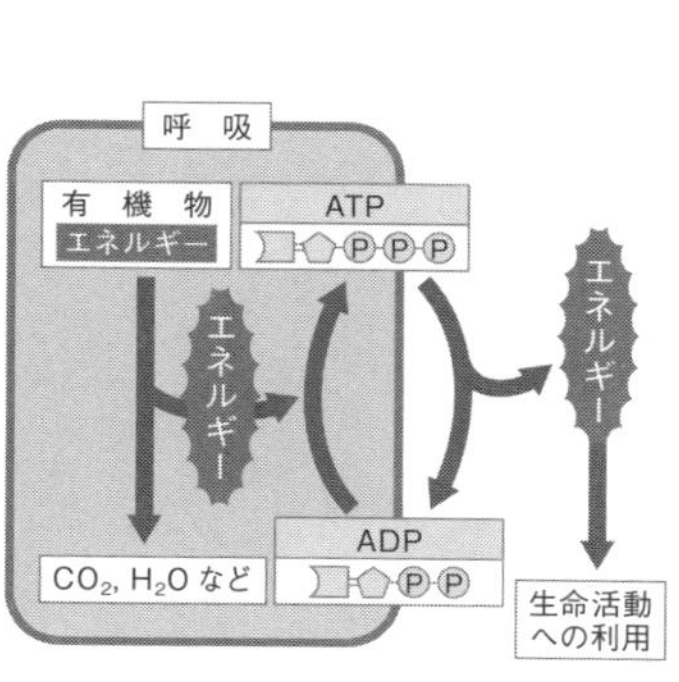

図 5.1：呼吸におけるエネルギーの流れ

（$(C_6H_{10}O_5)_n$）が微生物（麹菌《こうじきん》）や発芽しようとするタネの働きによってブドウ糖に分解され、それが酵母の餌になります。ワインはブドウの果実に含まれる糖分を酵母が分解し、アルコールがつくられます。

「嫌気呼吸」のもうひとつの例が、ヨーグルトなどに含まれる乳酸（$C_3H_6O_3$）を生成する、「乳酸菌」の働きによる「乳酸発酵」です。「アルコール発酵」と同様、ブドウ糖を分解して乳酸がつくられます。

●小さく分けるから使いやすい――「呼吸」によるＡＴＰ生産

動物や植物が、細胞内のどこで「好気呼吸」を行なうかというと、「ミトコンドリア」という細胞小器官（オルガネラ）です。

ミトコンドリアは、炭水化物のなかでも主にブドウ糖（$C_6H_{12}O_6$）を分解してエネルギー（ＡＴＰ）をつくり出します。その反応の全体像を化学式で表現すると次のようになります。

$C_6H_{12}O_6$（ブドウ糖）＋ $6H_2O$（水）＋ $6O_2$（酸素） → $6CO_2$（二酸化炭素）＋ $12H_2O$（水）

「どこかで見た化学式だな」と思った方は、素晴らしい記憶力です。光合成の化学式（84ページ参照）と、矢印の向きが変わっただけの反応です。すなわち、光合成と呼吸は、反応の向きが違うだけの、いわば鏡合わせの関係にあることを示しています。

この化学式は、ブドウ糖の粉末を火で燃やしたときも、まったく同じになります。

では、「呼吸」による反応はブドウ糖を火で燃やすのと何が違うのかというと、エネルギーの放出のされ方です。

ブドウ糖を燃やしたときは、ブドウ糖が即座に酸素（O_2）と結合し（酸化）、ブドウ糖に蓄えられていた化学エネルギーは、熱と光のかたちで一気に放出されます（図5・2左側）。そのエネルギーは細胞には大きすぎて使いにくく、「呼吸」では細胞が使いやすいように、反応を小刻みにして、小さなエネルギーをＡＴＰのかたちでいくつも取り出しています。（図5・2右側）。「呼吸」の反応全体で約30のＡＴＰが合成され、そのひとつひとつが、さまざまな生命活動のエネルギー源として使われます。

なお、ものを燃やすことは一般に「燃焼」と呼びますが、

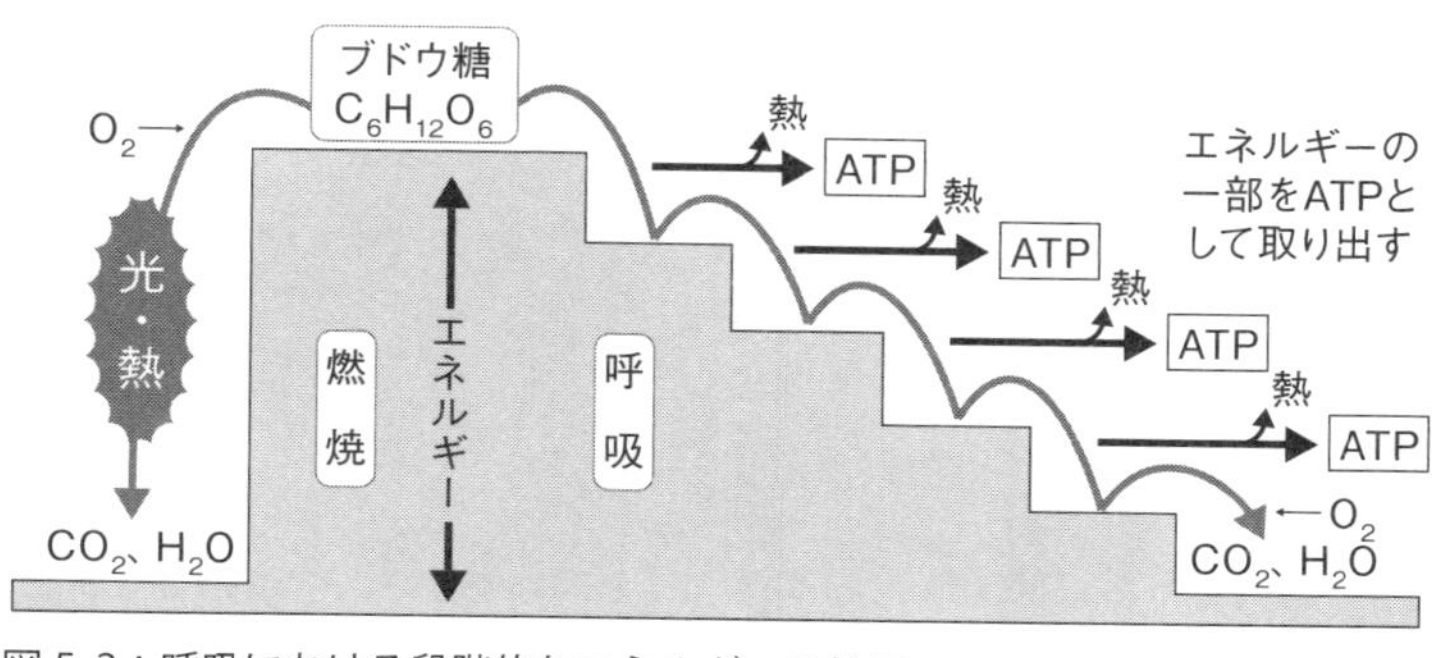

図 5.2：呼吸における段階的なエネルギーの放出

「呼吸」によってブドウ糖が二酸化炭素と水に分解されることも「燃焼」といいます。反応のはじまりと終わりだけ見れば、ブドウ糖を火で燃やすのと何ら変わるところがなく、「燃焼」という言葉は、物質が酸素と反応してエネルギーが放出されることを意味しています。

●「呼吸」の第一段階――酸素を必要としない解糖系

人や植物における呼吸の反応は、大きく「解糖系」、「クエン酸回路」、「電子伝達鎖」の3段階に分けられます。このうち「解糖系」だけは、ミトコンドリアではなく「細胞質」で起こり、酸素を必要としない「嫌気呼吸」に属する反応です。同じく嫌気呼吸に属する発酵では「解糖系」に続いて、「アルコール発酵」と「乳酸発酵」とでそれぞれ固有の反応が起こります（図5・3）。

「解糖系」の反応の大まかな流れを示したのが図5・4です。細かい流れには深入りせず、反応の過程で何が生まれているかを中心に見ていきましょう。

まず、ブドウ糖（$C_6H_{12}O_6$）1分子は、ATP2分子の化学エネルギーを投入され、炭素3つからなる分子「GAP（グリセルアルデヒド3リン酸）」2つに変換されます。「GAP」（C_3）は、光合成のストロマ反応（カルビン・ベンソン回路）の最後で、ブドウ糖が合成される直前につくられた化合物です（101ページ参照）。

全体としてATPをつくり出す「呼吸」の反応の入り口で、ATPが消費されるのは意外に感じられるかもしれませんが、これは、このあとの反応で、いくつものＡＴＰで小分けにしてエネルギーを取り出すには、ブドウ糖よりも「ＧＡＰ」（C_3）のほうが使いやすいというだけのことです。ブドウ糖から「ＧＡＰ」をつくるにはエネルギーの投入が必要で、そのためにＡＴＰが少し使われています。

次の段階で登場するのが、「ＮＡＤ／ＮＡＤＨ」という、電子の受け渡しを取りもつ物質です。光合成の説明で何度も出てきた「ＮＡＤＰ／ＮＡＤＰＨ」と名前が似ていますが、電子の受け渡しを担う役割も非常によく似てい

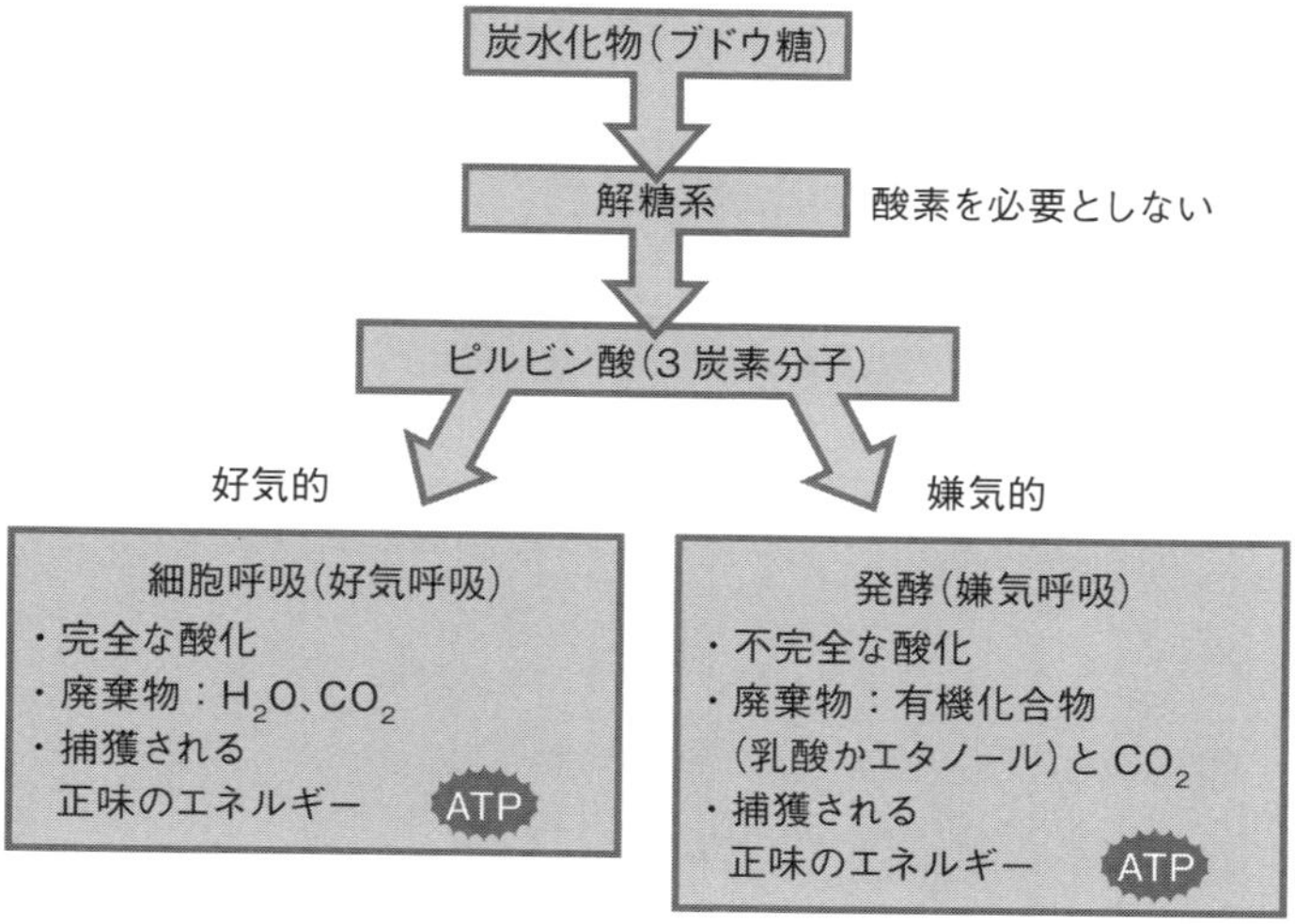

図5.3：好気呼吸と嫌気呼吸

ます。「NAD」は相手の物質から電子を奪う力（酸化力）を、「NADH」は相手の物質に電子を与える力（還元力）をもち、電子の受け渡しにより2つの状態を行き来します。

炭素3つからなる化合物「GAP」（C_3）2分子は、まず「NAD」の「酸化力」で電子を失います。続く化学反応を触媒する酵素の働きで、炭素3つからなる「ピルビン酸」（$C_3H_4O_3$）2分子に変換され、その過程でATPが4分子生成されます。「GAP」（C_3）から電子を奪った「NAD」は、還元されて「NADH」になり、この後の「電子伝達鎖」で再び登場します。

ここまでの流れをまとめると、ブドウ糖がピルビン酸になる「解糖系」全体の過程で、次の3つのことが起きています。

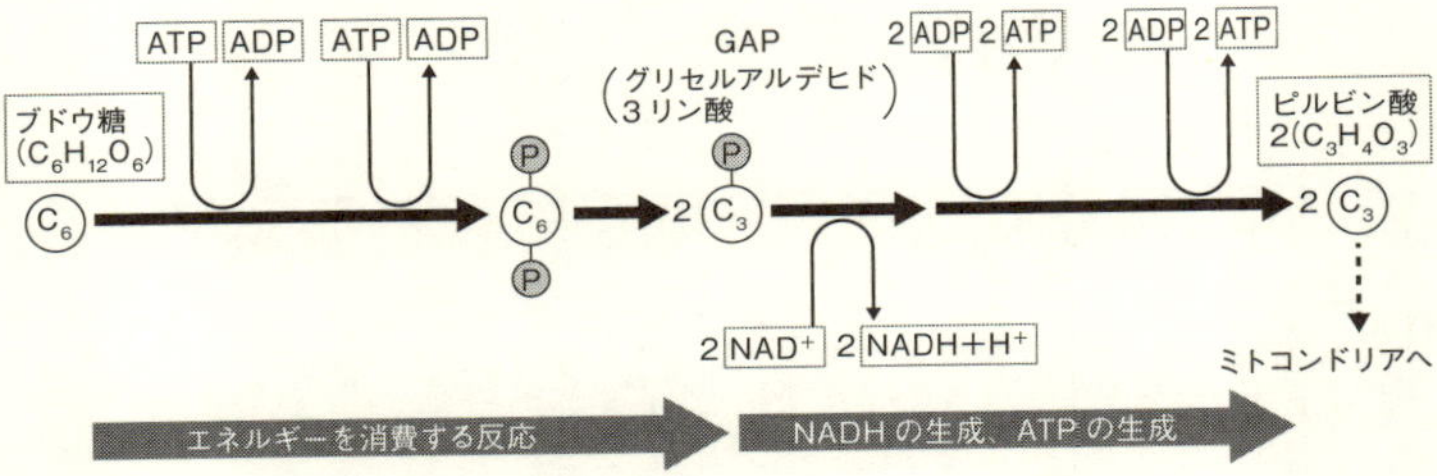

図5.4：解糖系の流れ

・ブドウ糖の酸化（電子を失う）
・差し引き2分子のＡＴＰの生成（2分子のＡＴＰの消費・4分子のＡＴＰの合成）
・2分子のＮＡＤＨの生成

●鏡写しの2つの反応――クエン酸回路とカルビン・ベンソン回路

「解糖系」に続く「クエン酸回路」以降の反応は、細胞小器官の「ミトコンドリア」で起こります。「ミトコンドリア」は、図5・5に示すように、外膜と内膜という2つの膜で囲まれています。内膜に囲まれたミトコンドリアの内側は「マトリックス」、内膜がところどころ内部に入り組んだ部分は「クリステ」と呼び、「クエン酸回路」の反応は、内膜に囲まれた「マトリックス」で起こります。

「クエン酸回路」の反応の全体像を示したのが、図5・6です。この図、どこかで見たような気

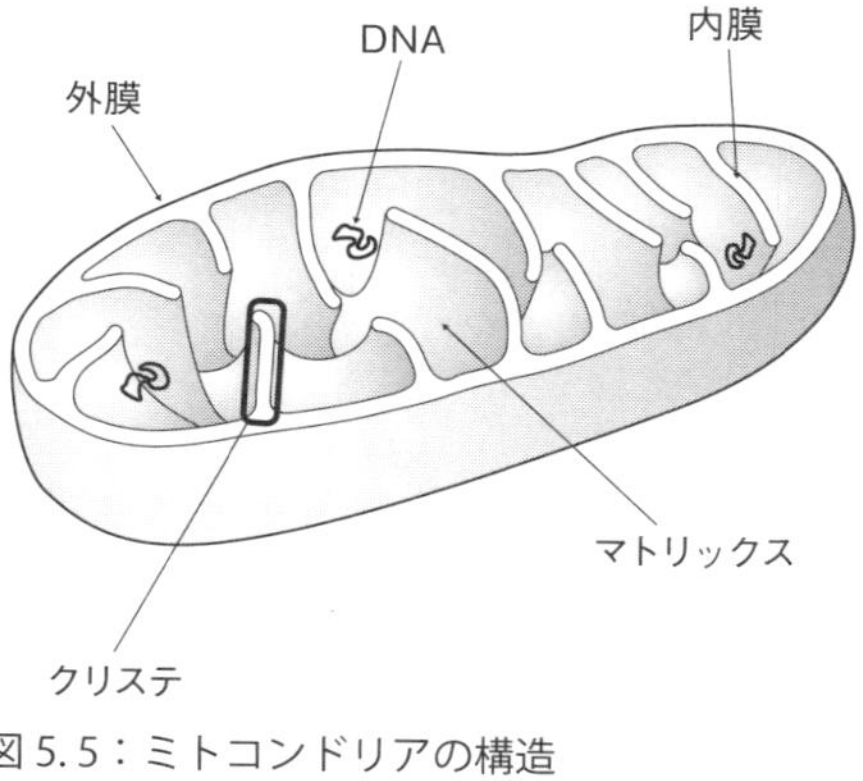

図5.5：ミトコンドリアの構造

がしないでしょうか。

そうです、光合成の「カルビン・ベンソン回路」（ストロマ反応：99ページ参照）と一見してよく似ています。

「カルビン・ベンソン回路」が、二酸化炭素（CO_2）と炭素化合物を結合させて炭水化物「GAP」をつくり出す反応なら、この「クエン酸回路」は、ブドウ糖を分解したピルビン酸（$C_3H_4O_3$）2分子を、炭素化合物とくっつけたり形を変換させたりして、二酸化炭素（CO_2）6分子にまで分解する反応です。

「クエン酸回路」では小刻みな反応が続き、その過程で小さなエネルギーが少しずつ放出されます。小分

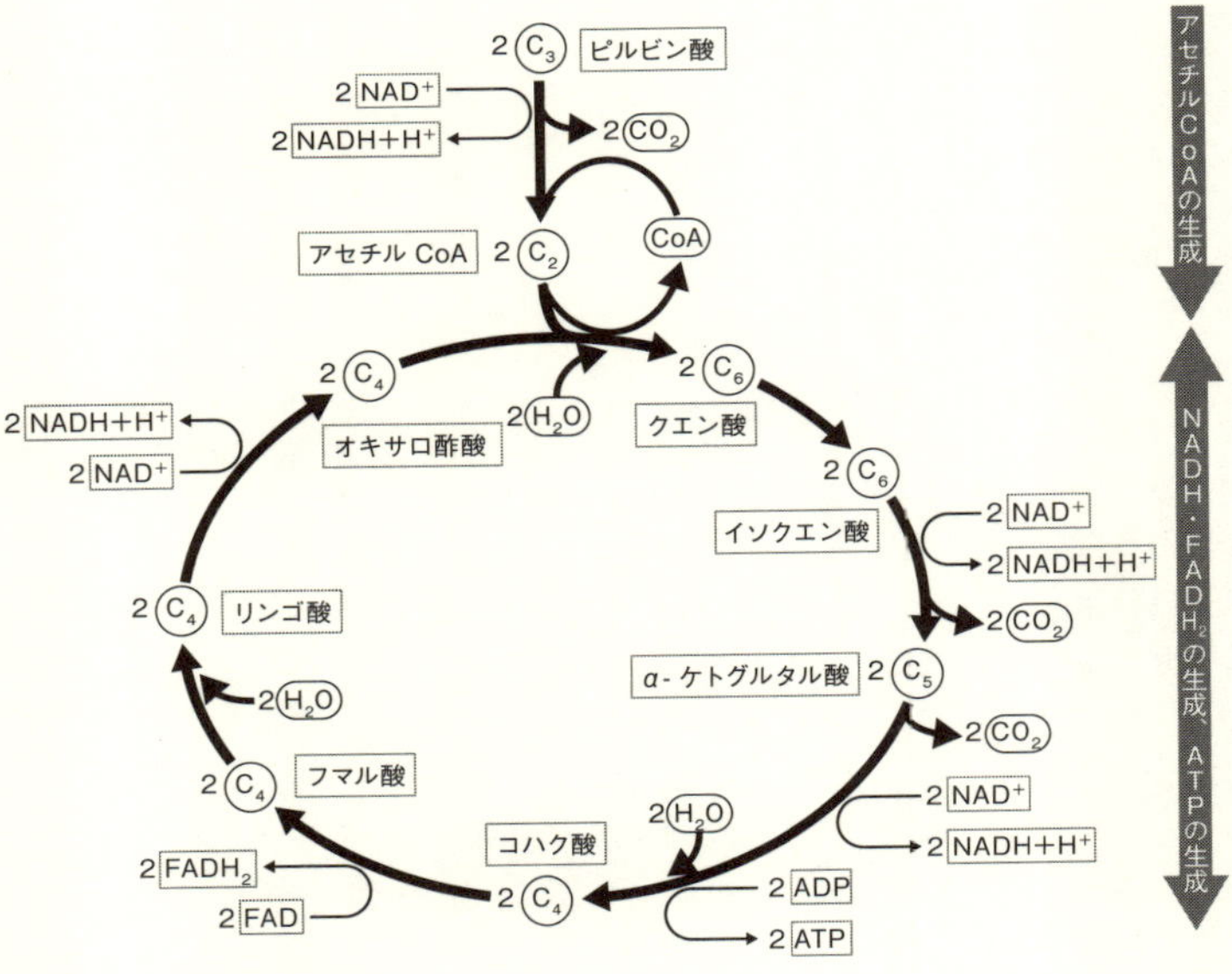

図5.6：クエン酸回路

けにされて放出されたエネルギーは、一部はATP（2分子）の化学エネルギーのかたちで、残りは「還元力」として捕捉されます。このとき炭素化合物から放出された電子を受け取るのが、「NAD」と「FAD」という物質です。これらはいずれも電子を得て還元され、それぞれ「NADH」と「$FADH_2$」になり、これらの物質がもつ「還元力」は、後続の「電子伝達鎖」で、ATPを合成する原動力となります。

ここであらためて、「光合成」の「カルビン・ベンソン回路」と、「呼吸」の「クエン酸回路」をじっくり見比べてみると、両者の意味合いがよく見えてきます。前者が、二酸化炭素（CO_2）が「NADPH」から電子を得て還元され、炭水化物「GAP」が合成される反応であるのに対し、後者は、炭水化物が電子を失い酸化して、二酸化炭素（CO_2）にまで分解される反応です。「光合成」と「呼吸」は、化学式だけでなく、細かい反応のレベルでも鏡写しのようになっているのがわかります。

●「電位差」が駆動するATP合成――電子伝達鎖とチラコイド反応

呼吸の最終段階で起こるのが、「電子伝達鎖」の反応です。この反応は、ミトコンドリアの内膜が内側に入り組んだ「クリステ」で起こります。

「電子伝達鎖」の反応の全体像を示すのが図5・7です。「クリステ」には、入り組んだ内膜と外膜のスペース（膜間）があり、内膜に埋め込まれた一群のタンパク質複合体が、マトリックスと膜間の両方に顔を出しています。

この図から、また何かを思い出さないでしょうか。そうです、光合成の「チラコイド反応」（89ページ参照）を彷彿とさせます。

「電子伝達鎖」で活躍するのが、「クエン酸回路」で生成された「NADH」と「$FADH_2$」の「還元力」です。これらの「還元力」が、「電子伝達鎖」を構成するタンパク質複合体の一群に電子を渡し、横に並んだ複数のタンパク質複合体に、電子が次々と受け渡されていきます。このとき酸素（O_2）は、最後に並んだタンパク質複合体から電子を受け取る「酸化剤」として働き、その際にプロトン（H^+）と結合して水分子（H_2O）となります。

1章でも触れたように（87ページ参照）、物質間で電子の受け渡しが可能なのは、「電位差」という

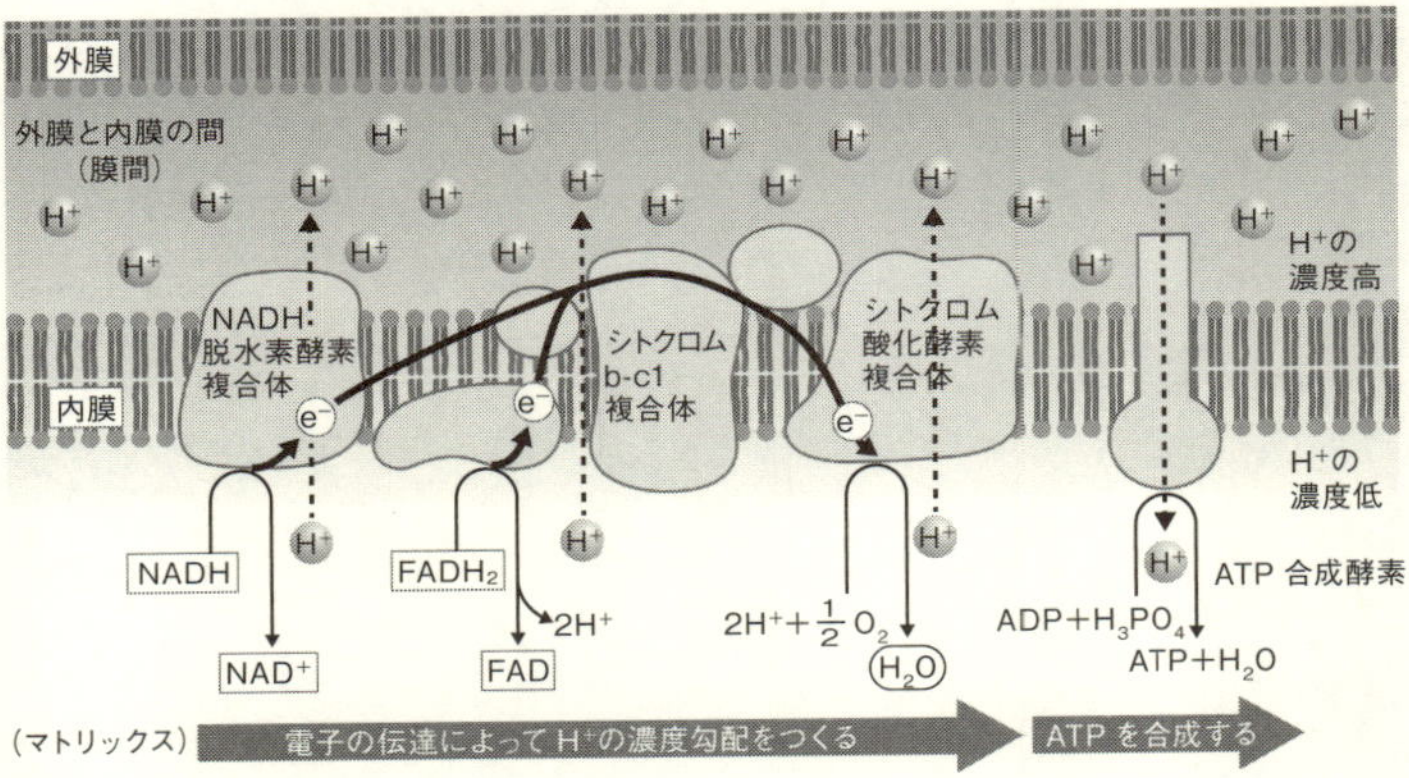

図 5.7：電子伝達鎖

エネルギーの落差がある場合に限られます。「電子伝達鎖」の一群のタンパク質複合体は、電子の受け渡しができるように、少しずつ「電位差」をつけて巧妙に配置されています。

電子の受け渡しの際に放出される「電位差」のエネルギーは、光合成の「チラコイド反応」と同様、プロトンの汲み出しに利用されます。プロトンは、タンパク質複合体が電子を放出するたび、ミトコンドリアのマトリックスから膜間へ（図5・7の下から上へ）汲み出されます。

その結果、マトリックス（図5・7の下側）と膜間（図5・7の上側）でプロトンの濃度差（濃度勾配）が生まれ、プロトンは膜間からマトリックスへ戻ろうとするエネルギーをもちます。このようにして「電位差」のエネルギーは、プロトンの濃度勾配のエネルギーへと変換されます。

反応の最後に起こるのが、プロトンの濃度勾配のエネルギーを原動力としたATPの合成です。これまた光合成の「チラコイド反応」と同様、プロトンが「ATP合成酵素」のチャネルを通って膜間からマトリックスへ移動し、その運動エネルギーを利用して複数のATPが合成されます。

このように、「呼吸」の「電子伝達鎖」と「光合成」の「チラコイド反応」も、一連の反応の流れが細部までとても似通っています。

●除草剤と人間の呼吸の危険な関係

ここで、序章のコラム（19ページ参照）で触れた「メチルビオローゲン（パラコート）」という除草剤の話を思い出してください。葉にふりかけると活性酸素の「スーパーオキシド（O_2^-）」を発生させて葉を枯らすだけでなく、人間が誤って飲むと呼吸困難に陥るという薬剤です。

このパラコートが、そもそもなぜ除草剤として働くのかというと、光合成の「チラコイド反応」で電子伝達鎖から電子を奪うからです。パラコートは横取りした電子を酸素に渡し、活性酸素の「スーパーオキシド」を発生させて植物を枯死させます。

では、除草剤のパラコートが人間の呼吸困難を引き起こすのはなぜでしょうか？

ここまでの話でおおよその察しはつくと思うのですが、「呼吸」（細胞呼吸）の「電子伝達鎖」の電子の流れが、光合成の「チラコイド反応」と瓜二つであることが大きな理由です。「電子伝達鎖」から電子が奪われると、反応の最後に登場する酸素が電子を受け取ることができなくなるのとあわせて、電子を横取りしたパラコートが、活性酸素の「スーパーオキシド」を発生させるからです。そのため、「外呼吸（肺呼吸）」もできなくなってしまいます。

なお、すでに1章で見ましたが、ADPからATPが合成されることを「リン酸化」といいます（95ページ参照）。「チラコイド反応」でのATP合成は、光のエネルギーを原動力にATPが合成されることから「光リン酸化」と呼ぶのに対し、「電子伝達鎖」でのATP合成は、「NAD

H」と「$FADH_2$」という還元力をもった物質の「酸化」（電子の放出）が反応の出発点になることから、「酸化的リン酸化」と呼びます。

コラム◆除草剤はなぜ効くのか

農薬はどちらかというと嫌われる存在かもしれませんが、安価で安定して農産物を生産するには欠かせないものともいえます。農薬といっても用途によって殺虫剤や殺菌剤などいろいろな種類があり、なかでも除草剤がもっとも大きなウエイトを占めています。除草剤は、植物科学によって得られた科学知識が実用的に利用されているひとつの例です。

ひとくちに除草剤といってもさまざまなタイプがあります。植物には多様な種類があり、それぞれに除草効果のある化合物は異なります。また、人間や動物にはできる限り安全なものでなければならないという要請もあり、さまざまな除草剤が開発されています。

人間や動物に害がない除草剤をつくる基準は、ある意味とてもシンプルです。動物にはない植物固有の機能を阻害する化合物を見つけ出せば、動物には何の影響も与えずに植物を枯死させることができるからです。

植物固有の機能としてまず挙げられるのが光合成です。ただし、光合成の仕組みは、この前の本文の「パラコート」の例で説明したように、生物の「呼吸」（内呼吸）の仕組みと似通っていて、光合成の働きを阻害し、活性酸素を発生させる薬剤は、人間や動物にも悪影響をもたらす危険性があります。

植物固有の機能として次に挙げられるのが植物ホルモンです。なかでもオーキシンは植物の生存にとってきわめて重要な意味があり、高濃度のオーキシンは植物の成長を阻害することが明らかにされています（140ページ参照）。そのため、人工的に合成されたオーキシンは除草剤として使われています。

ベトナム戦争では、「2・4D」という名の合成オーキシンが枯葉剤として使用されました。ベトナム戦争の枯葉剤というと負のイメージがつきまといますが、さまざまな健康被害や環境影響を与えたとされるのは、合成オーキシンそのものの作用ではなく、オーキシン合成時に副産物のダイオキシンが混入したためだと考えられています。

このときの教訓を踏まえ、合成オーキシンに副産物としてダイオキシンが含まれないよう改良が加えられ、改良型合成オーキシンの代表格「MCPA」は、水田でイネだけに作用する選択性の除草剤として活用されています。除草剤の効果が特定の植物種だけに働くのは、高濃度のオーキシンに対する感受性が植物の種類ごとに異なるからです。

光合成と植物ホルモン以外にも、植物は動物にない生体機能を備えています。それは、ここまで何度か紹介してきたように、植物は自らの生存のために必要な有機物をすべて自前でつくり出せる「独立栄養生物」（116、184ページなど参照）であることと密接に関わっています。たとえば「従属栄養生物」であるヒトは、生きていくために必要ないくつかのアミノ酸を体内でつくり出すことができません。それらを「必須アミノ酸」といい、植物や微生物がつくったものを食べものとして取り入れてヒトは命をつないでいます。

それらのアミノ酸が生きるために重要なのは植物にとっても同じことで、それらがつくれなくなってしまうと植物も生きていられません。「グリホサート（商品名ラウンドアップ）」と呼ばれる除草剤は、こうしたアミノ酸の生合成を阻害することを標的としています。

ラウンドアップの名は、遺伝子組み換え植物との関わりでよく知られていて、ラウンドアップをかけても枯れない遺伝子を組み込んだダイズやトウモロコシが開発されています。農場一面にラウンドアップを散布すれば、ダイズやトウモロコシ以外の植物は枯れ、ダイズやトウモロコシだけが成育をつづけることから、除草剤散布の作業を効率化すると期待されています。

クロロフィル（葉緑素）も植物が自分でつくり出す有機物のひとつで、その合成を阻害することに狙いを絞った除草剤も存在します。

クロロフィルの生合成が阻害された植物の体の中では、クロロフィルをつくる過程の中間生成物が蓄積します。それらは光合成色素の仲間のような物質で、光のエネルギーを吸収する性質がありますが、吸収したエネルギーは使い道がなく、過剰なエネルギーで活性酸素が発生して植物の体が傷つきます。このタイプの除草剤は、光を浴びることで効果が出ることから「光要求型除草剤」と呼ばれ、少ない薬量で植物を枯死させられるとして注目されています。

●ミトコンドリアと葉緑体、見事なまでの分業体制

ここで、光合成と呼吸の全体の流れをざっと整理して、あらためて見比べてみましょう。

【光合成】 $6CO_2$（二酸化炭素）＋ $12H_2O$（水）→ $C_6H_{12}O_6$（ブドウ糖）＋ $6H_2O$（水）＋ $6O_2$（酸素）

「チラコイド反応」（葉緑体のチラコイド膜で起こる）

1．光エネルギーの電子エネルギーへの変換：光を受けたクロロフィル a が電子を放出する（酸化）。

2. 水の分解と酸素の発生：水（H_2O）が電子を失い（酸化）、酸素（O_2）とプロトン（H^+）が発生し、クロロフィルaがその電子を受け取る（還元）。

3. ATP合成：電子伝達鎖が電位差を利用して電子を受け渡し、電位差のエネルギーを利用してプロトンの濃度勾配をつくり、プロトンの濃度勾配のエネルギーでATPを合成する（1～3の流れを「光リン酸化」という）。

4. NADPH（還元力）の生成：伝達された電子はNADPが受け取ってNADPHとなり、還元力として蓄えられる。

5. 二酸化炭素固定：NADPH（還元力）とATPを投入して二酸化炭素（CO_2）を還元（電子の供与）、炭水化物「GAP」を合成して二酸化炭素を固定する。NADPHは酸化されて（電子の放出）NADPとなり、ATPはADPに分解されて「チラコイド反応」に戻される。

「カルビン・ベンソン回路」（葉緑体のストロマで起こる）

【呼吸】 $C_6H_{12}O_6$（ブドウ糖）＋$6H_2O$（水）＋$6O_2$（酸素）→ $6CO_2$（二酸化炭素）＋$12H_2O$（水）

「解糖系」＋「クエン酸回路」（細胞質基質、ミトコンドリアのマトリックスで起こる）

1. ブドウ糖の酸化と分解：ブドウ糖を酸化し（電子の放出）、分解して二酸化炭素が発生する。放出された電子は、NADとFADが受け取ってNADHと$FADH_2$となり、還元力として蓄えられる。

「電子伝達鎖」（ミトコンドリアのクリステ／内膜／膜間で起こる）

2. 電子の供給：電子伝達鎖のタンパク質複合体が、還元力をもったNADHと$FADH_2$から電子を供給され、電子の受け渡しが始まる。NADHと$FADH_2$は電子を放出し（酸化）、NADとFADになって、「解糖系」と「クエン酸回路」の反応に戻される。

3. 酸素の吸収と水の発生：タンパク質複合体から放出された電子を酸素が受け取り（還元）、プロトンと結合して水分子がつくられる。

4. ATP合成：電子伝達鎖が電位差を利用して電子を受け渡し、そのエネルギーを利用してプロトンの濃度勾配をつくり、プロトンの濃度勾配のエネルギーでATPを合成する（2～4の流れを「酸化的リン酸化」という）。

こうやって振り返ると、光合成と呼吸の関係が、まさに鏡写しのようになっていることがわかります。光合成で1から5まで順を追って合成されたブドウ糖（炭水化物）が、呼吸の1～4の反応で、ちょうど一歩ずつ階段を降りるように分解されていきます。光合成と呼吸は、化学式のレベルにとどまらず、反応の細部においても、矢印の向きを正反対にした関係にあるのです。

ここで不思議なのが、葉緑体とミトコンドリアが、まるでお互いの存在を知っているかのような見事な分業体制を敷いていることです。葉緑体は、ミトコンドリアのために炭水化物「GAP」と酸素をつくり、ミトコンドリアは、葉緑体から炭水化物「ピルビン酸」と酸素が供給される見返りに、葉緑体のために二酸化炭素をつくり出しているようにも見えます。

●生物の「代謝」の連なり――独立栄養と従属栄養

この見事な分業体制を整理したのが、図5・8です。

光合成は、光エネルギーによってATPを生産し、その化学エネルギーを使って水（H_2O）と二酸化炭素（CO_2）から炭水化物を合成します。合成された炭水化物には、光エネルギーから変換された化学エネルギーが蓄えられています。

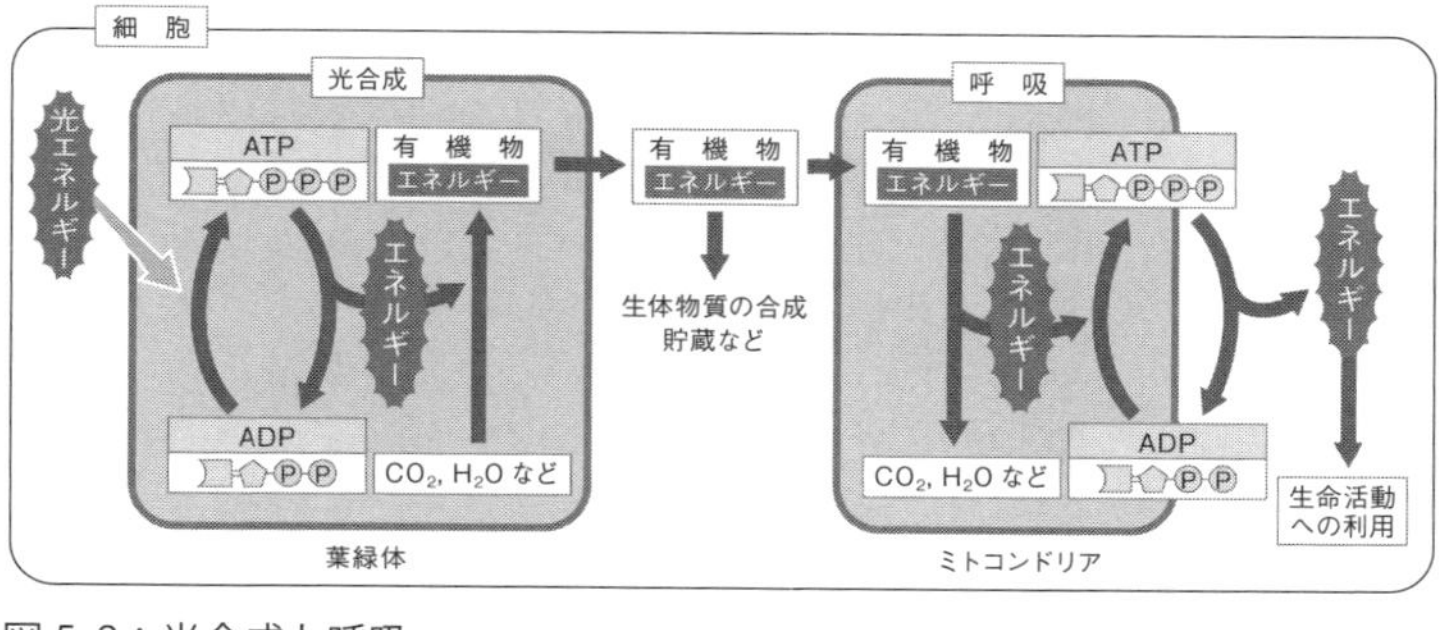

図 5.8：光合成と呼吸

呼吸は、炭水化物を分解して、そこに蓄えられた化学エネルギーを取り出してATPをつくり、ATPを消費・分解して、生命活動のためのエネルギーを得ます。炭水化物の化学エネルギーをそのまま生命活動に使わず、いちどATPに置き換えるのは、先にも触れたとおり、そのエネルギーが、細胞がそのまま使うには大きすぎるからです。このように光合成と呼吸は、植物の体内で密接な関係にあり、両者が協調的に働くことで、植物は生命活動を維持しています。

ここで、こんな疑問が浮かぶ人もいるかもしれません。

光合成でもATPがつくれるのに、植物はなぜそれをそのまま生命活動に使わないのか——と。両者の分業体制は見方によっては見事ですが、どこか迂遠なようにも見えます。たしかに、光合成でつくったATPをそのまま使えば、植物はもっと効率的に生きられるような感じがします。なぜ植物は、葉緑体でもつくれるATPの合成を、わざわざミトコンドリアに頼るのか。考えられる主な理由は、葉緑体とミトコンドリアのATPの輸送能力の違いにあります。

ATPを外へ出す仕組みをもたない葉緑体に対し、ミトコンドリアはつくったATPを外へ出す輸送経路を備えています。生物の細胞は、ミトコンドリアから細胞質に送り出されたATPを使ってさまざまな生体反応を行ないます。

ATPを外に出せない葉緑体は、太陽のエネルギーを利用して炭水化物を合成するところまでいったん仕事を終え、つくられた炭水化物はショ糖（$C_{12}H_{22}O_{11}$）のかたちで全身の細胞に送られます（117ページ参照）。それは、光合成ができない器官（たとえば根）にとって貴重な栄養分となり、ミトコンドリアはそれを元手に必要なときにATPをつくり出します。こうして、光合成と呼吸はひと続きの生体反応となったと考えられるのです。

さらに、光合成と呼吸は、「独立栄養生物」である植物と、「従属栄養生物」である動物とをつなぐうえでも重要な役割を担っています。それを示したのが図5・9です。

ここで少し言葉の整理をしておきましょう。

光合成や窒素同化のように、生物が生体内で単純な物質から複雑な物質（主に有機物）を合成する化学反応は、1章で触れたとおり「同化」と呼びます（114ページ参照）。反対に、生体内で複雑な物質（主に有機物）から単純な物質に分解する化学反応を「異化」といい、「呼吸」による有機物の分解は、「異化」の代表的な反応です。「有機物」とは、これも1章で見たように、主にタンパク質や核酸、糖質

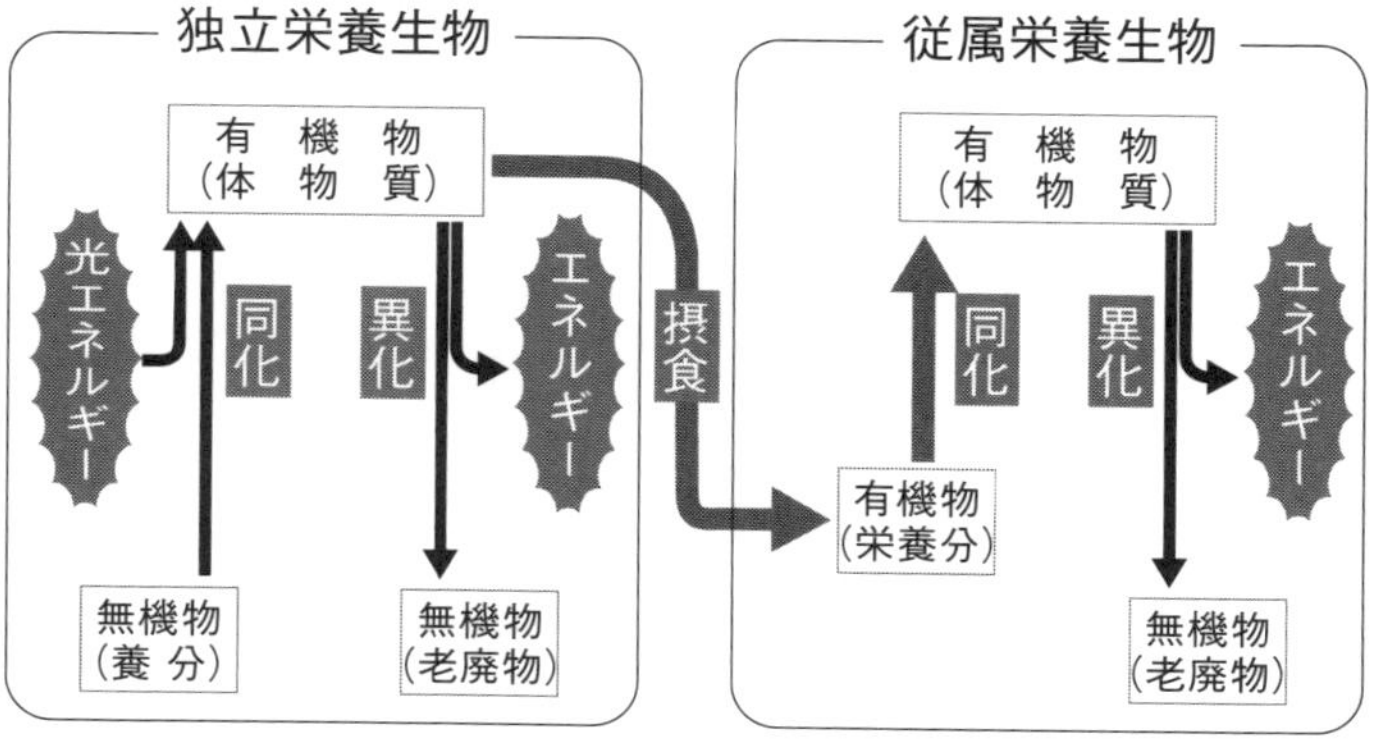

図 5.9：独立栄養生物と従属栄養生物（図 1.21 の再掲）

や脂質のことを指します。

「同化」と「異化」は反応の向きが反対で、エネルギーとの関係性も対照的です。「同化」の反応を起こすにはエネルギーの投入を必要とするのに対し、「異化」の反応からはエネルギーが放出されます。

すべての生物は、「異化」すなわち「呼吸」により放出されたエネルギーを活用して生命活動を営みます。そのエネルギーをつくり出しているのは、図5・9が示すように、植物の「同化」作用、「光合成」です。

それこそが、「独立栄養生物」である植物と、「従属栄養生物」である動物を分かち、両者をつなぐ要です。動物は、生命維持に必要なエネルギーを自力で（独立して）つくり出すことのできる植物に、生存を完全に依存（従属）しているのです。

なお、ここで触れた「同化」と「異化」をあわせ、生体内で起きている化学反応を「代謝」と呼びます。生体を構成する物質は絶えず「代謝」によって入れ替わり、「代謝」は生物が「生きている」ことそのものといえます。その「代謝」を動かし続ける原動力は、植物が光エネルギーを化学エネルギーに変換する光合成にあるのです。

●細胞の中は居心地がいい？——細胞内共生説

光合成と呼吸の反応がこんなにも似通い、鏡写しのようになっているのはなぜなのでしょうか？

その理由を説明する、非常に興味深い仮説が提唱されています。

それは、葉緑体とミトコンドリアは、もともと共通の祖先から枝分かれした、核をもたない単細胞の「原核生物」で、それが個別に細胞に取り込まれ、これらを取り込んだ宿主の細胞と共生するようになったのではないかという「細胞内共生説」です。

この説によれば、葉緑体やミトコンドリアのような細胞小器官（オルガネラ）をもつ「真核生物」は共生によって生まれ、宿主と細胞小器官はもともと別の生物だったということです。生物進化の過程は巻き戻して見ることができないため、あくまで仮説とされていますが、その根拠となる多くの証拠が指摘されています。

この説を支持する根拠のいくつかは、葉緑体やミトコンドリアの構造にあります。

そのひとつが、葉緑体やミトコンドリアが二重の膜をもち、外側の膜と内側の膜で、それぞれの成分に明らかな違いが見られることです。

宿主が別の細胞を取り込むときは、図5・10に示すように、自身の細胞を窪ませ、そこに取り入れたい細胞を包み込むと考えられます。すると、宿主と取り込まれた細胞の境界は、宿主自身の細胞膜と、取り込まれた生物の細胞膜の二重になります。膜の成分が違うことも、それぞれの膜が別の生物のものであったと考えれば容易に説明が可能です。

もうひとつの大きな根拠は、4章でも触れたように（246ページ参照）、葉緑体やミトコンドリアが、核にあるDNA（デオキシリボ核酸）とは別に、少量ながら独自のDNAをもつことです。DNAには、生物が子孫を残すために欠かせない遺伝情報が記されていて、それを葉緑体やミトコンドリアがそれぞれもつことは、これらがもともと単独の生物であったことを強く示唆しています。

そもそも、共生はなぜ起こったのでしょうか。

おそらく、もともとは外界の生物を捕食し、消化・分解によってエネルギーを得ていたある生物が、あるときから、自分が捕らえた生物を

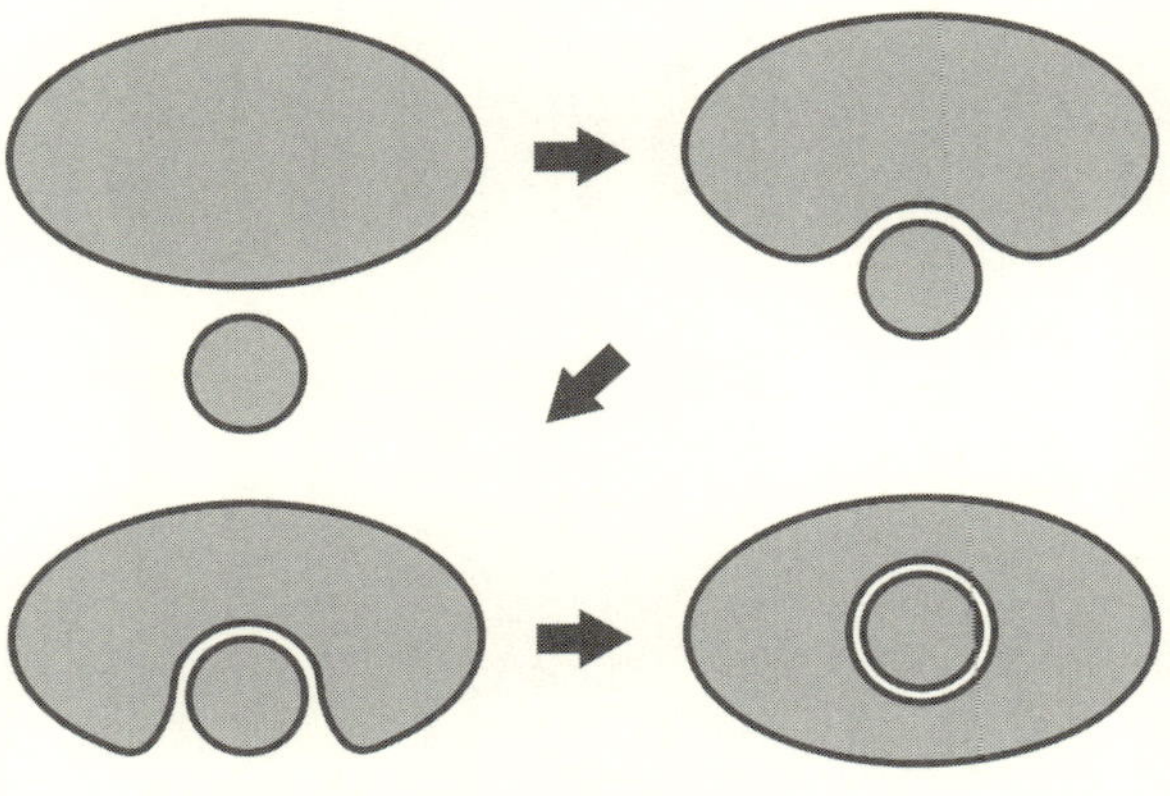

図5.10：宿主が別の細胞を取り込む様子（園池（2008）をもとに作成）

自身の内部に住まわせ、それらの生物がつくり出したものの「上前をはねる」ようになったと考えられます。葉緑体からは光合成産物を、ミトコンドリアからはATPを得て、宿主の細胞が生きるようになった可能性があるのです。葉緑体やミトコンドリアは、自身がつくったものを取られて損をしているように見えますが、宿主側からたくさんの栄養（有機物・無機物）を得て生きています。

では、ミトコンドリアと葉緑体は、どちらが先に宿主の細胞に取り込まれたのでしょうか。

答えは、先にミトコンドリアが取り込まれ、それは時にしておよそ15億年前のことと考えられています。「好気呼吸」を行なう「真核生物」の誕生です。酸素を使って有機物を分解し、ATPをつくり出すこれらの生物は、従来の生物と比べてはるかに効率的にATPを生産できるようになり、おおいに繁栄します。この時点で、ミトコンドリアが細胞にATPを供給する輸送システムが確立されたと推測され、その後シアノバクテリア（藍藻）の仲間が細胞に取り込まれ、光合成を行なう「真核生物」が誕生します。

●光合成はいつ生まれたか——植物の起源に迫る

ここまでの説明では、光合成と呼吸が似通っている理由について何も答えていませんが、それを考える手掛かりとして、ここでひとつ謎かけをします。

光合成と呼吸は、いったいどちらが先に確立された仕組みなのでしょうか？

これにはいくつかの推論が成り立ちます。

ひとつは、光合成と呼吸の土台ともいえる代謝の仕組みを確立した生物がいて、その生物を共通の祖先として、片や光のエネルギーを活用する能力（光合成）を獲得し、片や有機物を分解する能力（呼吸）を獲得し、それぞれが宿主の細胞に取り込まれたという考え方です。

あるいは、どちらかの能力をもった生物が先に生まれ、もう一方はそれをコピーして生まれたという推論も成り立ちます。この説に従えば、呼吸には酸素と炭水化物が必要で、その両方をつくり出すのが光合成の働きであることを考えると、最初に光合成をする生物が誕生し、そこから呼吸をする生物が派生したというのが、ありそうな展開です。

ところが、いまの研究成果から有力視されているのは、このどちらとも異なる見解です。生物の進化は実証することができないとはいえ、さまざまな状況証拠を並べてみると、一筋縄ではいかない進化のプロセスが見えてきます。

本書の冒頭で、原始の地球には酸素（O_2）がほとんどないという話をしました（16ページ参照）。さらに、原始の地球には、酸素のみならず有機物もわずかしか存在していなかったことも、さまざまな研究から明らかになっています。

そういう環境で最初に生まれた生物は、地球上にごくわずかに存在する有機物を「嫌気呼吸」（発酵）で分解し、ATPを生産して細々と生きていた細菌（発酵細菌）だったと考えられています（図5・11）。それがふとしたきっかけで、「電子伝達鎖」と「ATP合成酵素」の原型、つまり「好気呼吸」のもととなる仕組みを獲得し、効率的にATPを生産できるようになります。生存に有利な力を得て、他の細菌を押しのけ増殖を始めます。

この延長線上で「好気呼吸」を行なうミトコンドリアが生まれてくるかと思いきや、次に誕生したのは、「光合成」の機能をもつ細菌（光合成細菌）でした。「電子伝達鎖」と「ATP合成酵素」を活用し、光のエネルギーを化学エ

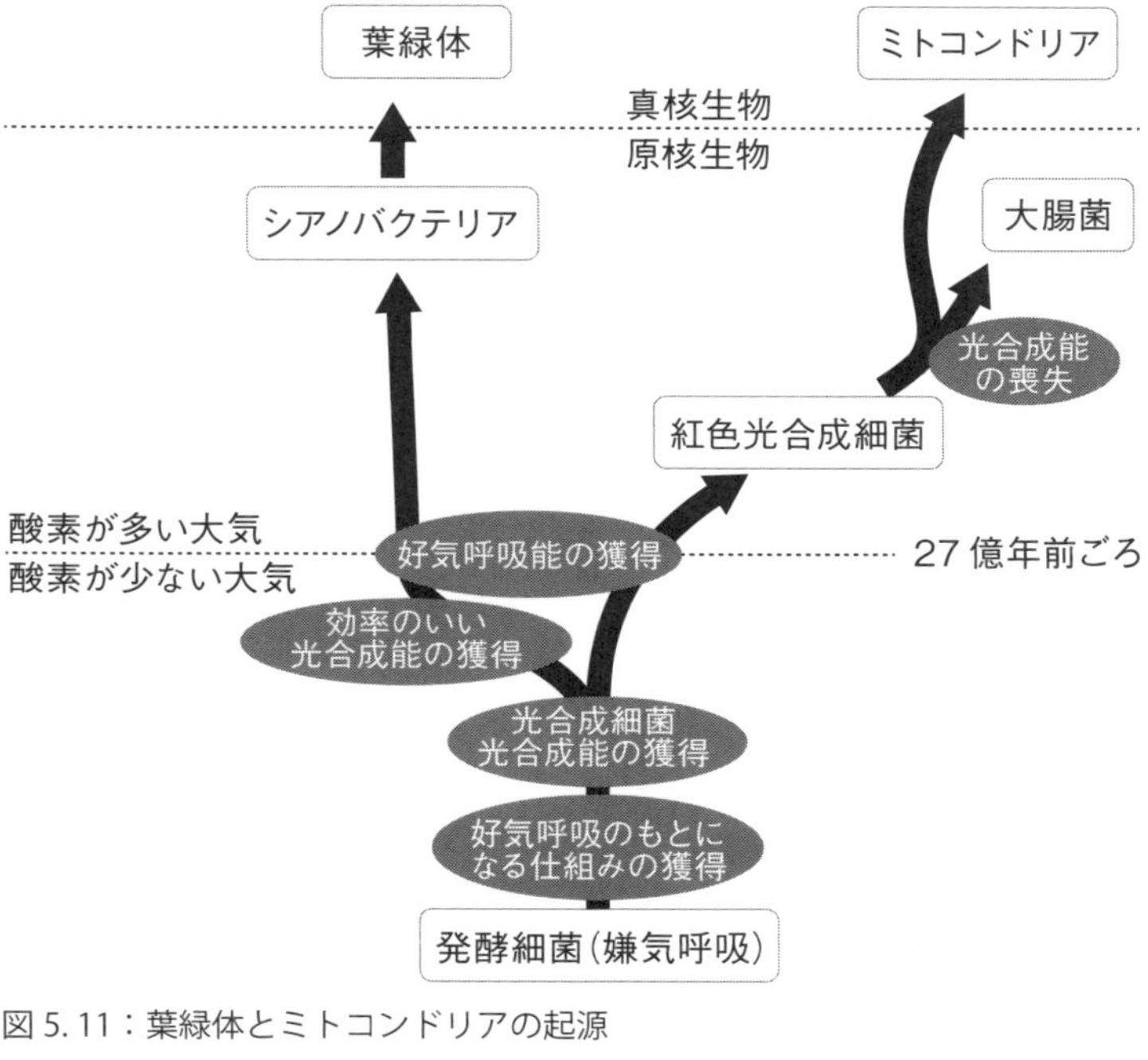

図5.11：葉緑体とミトコンドリアの起源

ネルギーに変換する力を、光合成細菌が獲得したのです。

その後、原初の光合成細菌の子孫はより効率のいい光合成の仕組みを獲得します。光合成を行なう生物の働きによって、27億年前ごろを境に地球の大気が徐々に酸素を含むようになると、多くの生物が酸素を使った「好気呼吸」の能力を獲得します。続いて、より効率のいい光合成能を獲得した生物の子孫に、「シアノバクテリア（藍藻）」の祖先が誕生し、それがいずれは葉緑体として宿主の細胞に取り込まれたと考えられています。

原初の光合成細菌からは、別系統の子孫も生まれてきます。それが「紅色光合成細菌」で、「好気呼吸」と「光合成」を周囲の環境に応じて使い分ける変幻自在の能力を獲得しました。有機物と酸素が十分にある環境では「好気呼吸」を行ない、酸素が乏しい環境では「光合成」で自らATPを生産し、生命活動を営むようになったのです。「電子伝達鎖」と「ATP合成酵素」の仕組みが「好気呼吸」と「光合成」で共通しているからの芸当です。この「紅色光合成細菌」は、誕生から約20億年の時を経て、現代の地球でも生き延びています。

この優れた能力をもった「紅色光合成細菌」から、どういうわけか、「光合成」の能力を失った細菌が生まれ、それが、「好気呼吸」を行なうミトコンドリアや大腸菌の祖先になったと考えられています。

葉緑体とミトコンドリアが、ともに光合成細菌という共通の祖先から進化したというこの仮説は、光合成と呼吸が似通っている理由を鮮やかに説明します。これだけ似た働きが、細胞内の別々の器官で個別かつ偶然に発達したとは考えにくく、宿主の細胞があるとき、共通の祖先から枝分かれした葉緑体とミトコンドリアを飲み込んだと考えるのが妥当です。すでに触れたように、二重膜の構造や独自のＤＮＡの存在も、この「細胞内共生説」を強く支持します。

いま見てきたことが意味するのは、私たち人間の細胞の中にあるミトコンドリアも、元をたどれば「光合成」の能力を備えていたということです。ミトコンドリアが「呼吸」（細胞呼吸）で使う「電子伝達鎖」や「ＡＴＰ合成酵素」は、太古の昔に「光合成」にも使われていたもので、私たち人間も、いわばその名残りの仕組みを使って生命活動を営んでいます。

人間は、有機物や酸素の生産を植物に頼っているという以上に、もっと深い細胞の仕組みの次元で、植物と分かちがたくつながっています。人間が生きる仕組みの一部（呼吸）は、植物が生きる仕組み（光合成）から派生したものなのです。

おわりに

本書を最後までお読みいただき、ありがとうございました。本書は一般の読者に向けて、植物が生きる仕組みの面白さを伝えたいという思いで書きました。お読みいただいた方の期待に十分応えられたでしょうか。

執筆に際して、植物科学の現状を一般に向けてわかりやすく書きたいということで、サイエンスライティングが得意なライターの萱原さんに加わってもらいました。萱原さんの協力を得て、二人三脚により、ここまでの本を書き上げることができました。少しでもわかりやすい、面白いと感じていただけたとすれば、萱原さんの尽力によるものだと思います。

本書は植物科学の幅広い課題を扱いました。執筆するにあたり多くの専門書などの文献を参考にしています。それらの原著を書かれた研究者の方々に感謝いたします。また先輩や同僚の方々に原稿の改善にご協力をいただきました。特に光合成の専門家であり研究室の先輩でもある園池公毅博士には、数々のご助言をいただきました。参考文献の『光合成とはなにか』は園池さんの著作です。本書では光合成の章を書くにあたり、大いに参考にさせていただきました。また、川上直人博士、木下哲博士、辻寛之博士、中村郁子博士、篔雄介博士、嶋田知生博士からもご助言をいただきました。最後に、本書を編集してくださった永瀬敏章さんと、執筆に際して励ましをいただいた同僚や友人の皆さんに深く感謝いたします。

2015年2月　嶋田　幸久

本書の最後でこっそり打ち明けると、私は植物学はおろか、生物学についてもずぶの素人です。自然の不思議さや生命の神秘に人並みに関心はもっていても、本書の制作を始めた時点で、生物や植物についての基礎知識はほぼゼロに等しい水準でした。

私が生物を最後に勉強したのは高校1年のとき、しかも、テストで赤点をとらない程度の勉強です。高校卒業後は、時折思い出したように遺伝子や進化についての本を読み、自然や生物の姿を収めたテレビのドキュメンタリー番組を興味深く見る。生物とそんな程度の付き合いを続けていたら、どういう因果か、研究者を取材して原稿をまとめる書き仕事をポツポツとするようになり、それがきっかけといえばきっかけで、本書の制作に携わるようになりました。

この本は、植物のずぶの素人が、植物学の専門家（嶋田幸久先生）から直に講義を受け、素人の私自身が読んでわかるように、とことんまで噛み砕いて書き上げた本です。

そうかといって、わかりやすさのために内容の正確さを損ねることがないよう、最大限の手を尽くしました。内容の正しさの確認については、嶋田先生が一方ならぬ情熱を注ぎ込んでくださったおかげで、植物学の最先端の研究成果を、生物や植物についての予備知識がない人でも十分に楽しめる本に仕上がったのではないかと思っています。

「はじめに」でも記したように、植物に仕事や研究で関わる人以外、普段、植物に意識を向けることはそう多くはないはずです。私自身がその一人でしたが、この本を手掛けたことで、植物が「気になる存在」になりました。外出中に木を見かけては、枝ぶりや花の芽のつき方が気にかかる。森や林を見れば、光を求めて背伸び競争をする植物たちの苦労が偲ばれる一方で、木々に光を遮られた木陰の地表で、少ない光で光合成をする能力を身につけた植物たちのしたたかさに思いを馳せる……。植物への眼差しは、大きく変わりました。

もうひとつ、この本の制作を通じて強く印象づけられたことがあります。それは、植物の生きる仕組みや、その仕組みが進化の過程でどのように獲得されたかを学んでいくうち、「生物とはなにか」を考える道筋のようなものが見えてきた気がしたことです。

人間と植物は、見た目は似ても似つかぬ姿をしていますが、両者には共通する仕組みもあります。そのことは、はるか遠い遠い昔、人間と植物が共通の祖先から枝分かれして進化してきたことを強く示唆しています。人間も植物も同じように地球上で生き、その起源はおよそ40億年前の地球に誕生した原初の生命体にまでたどりつきます。そのことを思うと、生物や生命の不思議をあらためて強く実感します。本書を通じて、生命の壮大なドラマの一端を、感じ取っていただけると嬉しく思います。

最後になりましたが、理解の遅い私に粘り強くお付き合いくださった嶋田先生と、クモの糸で綱渡りをするような際どい制作進行になり、ご心配をおかけし続けたにもかかわらず、傍らでずっと励ましてくださった編集の永瀬敏章さんに、心よりお礼申し上げます。

２０１５年2月　萱原　正嗣

参考文献

●教科書・専門書など

〈高校学習用教材〉

『高等学校　生物Ⅰ・Ⅱ』三省堂

鈴木孝仁 監『改訂版フォトサイエンス生物図録』数研出版、2013年

啓林館　ユーザーの広場　生物Ⅰ　改訂版

http://keirinkan.com/kori/kori_biology/kori_biology_1_kaitei/index.html

〈大学1・2年生向け学習用教材〉

増田芳雄 監、山本良一、櫻井直樹 著『絵とき　植物生理学入門（改訂2版）』オーム社、2007年

塚谷裕一、荒木崇 編著『植物の科学（放送大学教材）』放送大学教育振興会、2009年

ディヴィッド・サダヴァ 他著、石崎泰樹 他訳『カラー図解　アメリカ版　大学生物学の教科書』シリーズ（講談社ブルーバックス）

〈大学3・4年生向け学習用教材〉

三村徹郎、鶴見誠二 編著『植物生理学』化学同人、2009年

桜井英博、柴岡弘郎 他著『植物生理学概論』培風館、2008年

塩井祐三、井上弘 他著『ベーシックマスター植物生理学』オーム社、2009年

池内昌彦、伊藤元己、箸本春樹 監訳『キャンベル生物学（原書9版）』丸善出版、2013年

中村桂子、松原謙一 監訳『細胞の分子生物学（第5版）』ニュートンプレス、2010年

〈植物生理学・植物ホルモンの専門書〉

小柴共一、神谷勇治 編『新しい植物ホルモンの科学（第2版）』講談社、2010年

高橋信孝、増田芳雄 編『植物ホルモン・ハンドブック（上・下）』培風館、1994年

種生物学会編『発芽生物学』文一総合出版、2009年

西谷和彦、島崎研一郎 監訳『テイツ・ザイガー植物生理学』培風館、2004年

山村庄亮、長谷川宏司 編著『動く植物――その謎解き』大学教育出版、2002年

●植物をテーマにした読みもの

日本植物生理学会編『これでナットク！ 植物の謎』講談社ブルーバックス、2007年

日本植物生理学会編『これでナットク！ 植物の謎Part2』講談社ブルーバックス、2013年

「植物の軸と情報」特定領域研究班 編『植物の生存戦略』朝日新聞社、2007年

園池公毅 著『光合成とはなにか』講談社ブルーバックス、2008年

鈴木英治 著『植物はなぜ5000年も生きるのか』講談社ブルーバックス、2002年

ダニエル・チャモヴィッツ 著、矢野真千子 訳『植物はそこまで知っている』河出書房新社、2013年

田中修 著『タネのふしぎ』Si新書、2012年

稲垣栄洋 著『植物の不思議な生き方』朝日文庫、2013年

●学習に役立つウェブサイト

日本植物生理学会みんなのひろば http://jspp.org/hiroba/

植物について質問したり、Q&Aを読んだりすることができます。

光合成の森 http://www.photosynthesis.jp

光合成の専門家が運営する光合成の紹介サイトです。

理科ねっとわーく（一般公開版） http://rikanet2.jst.go.jp

科学技術振興機構が運営する教員向け理科教材提供サイト「理科ねっとわーく」の一般公開版。ダーウィンの光屈性実験のビデオや植物ホルモンの働きのビデオが見られます。

著者略歴

嶋田 幸久（しまだ ゆきひさ）

1986年、京都大学理学部卒業。

1997年、東京大学大学院 理学系研究科 博士課程修了（理学博士）。

2010年より横浜市立大学 木原生物学研究所 教授 2024年より同研究所所長。

専門は植物生理学、研究分野は植物ホルモン（オーキシン）、環境応答、植物ゲノム科学など。

国際学術雑誌の編集委員や、NHK Eテレ教育番組の監修も務める。

萱原 正嗣（かやはら まさつぐ）

1976年生まれ。フリーランスのライター・編集者。大学卒業後、通信企業・コンピュータ企業での勤務を経て出版・編集の世界に。主に書籍の制作やインタビュー記事などを手掛ける。「むずかしいことをやさしく、やさしいことをふかく、ふかいことをおもしろく」（井上ひさし）をモットーに、好奇心と仕事の依頼の赴くまま、人文系から自然科学まで幅広いテーマを扱う。

植物《しょくぶつ》の体《からだ》の中《なか》では何《なに》が起《お》こっているのか

2015年 3月25日 初版発行
2025年 4月29日 第12刷発行

著者	嶋田《しまだ》 幸久《ゆきひさ》／萱原《かやはら》 正嗣《まさつぐ》
DTP	WAVE 清水 康広
図版	溜池 省三
校正	曽根 信寿
カバーデザイン	加藤 愛子（オフィスキントン）

発行者	内田 真介
発行・発売	ベレ出版 〒162-0832 東京都新宿区岩戸町12 レベッカビル TEL.03-5225-4790 FAX.03-5225-4795 ホームページ https://www.beret.co.jp/
印刷	三松堂株式会社
製本	根本製本株式会社

落丁本・乱丁本は小社編集部あてにお送りください。送料小社負担にてお取り替えします。

ISBN 978-4-86064-422-2 C0045　　編集担当 永瀬 敏章